基于工作过程导向的"十三五"规划立体化教材
高等职业教育机电一体化及电气自动化专业教材

机电传动控制

（第3版）

U0264764

主　编　蔡文斐　郑火胜
副主编　杨　可　杜海军
参　编　尹　久　劳泽锋
主　审　林新贵

华中科技大学出版社
http://www.hustp.com
中国·武汉

内 容 简 介

本书共分 6 个项目,内容包括:常用低压电器、三相异步电动机、三相异步电动机的电气控制、直流电动机及其电气控制、控制电机及其电气控制、典型机械设备的电气控制。每个项目都采用任务驱动的编写模式,以典型工作任务构建结构。每个任务包括任务导入、任务分析、相关知识、任务实施等,任务难度由简到繁、由易到难。

本书可作为高等职业教育机电一体化专业、数控专业及非电类等相关专业的教材,也可作为成人教育的电气控制相关课程教材,还可以供机电行业的工程技术人员用作参考书或电工考证培训教材。

图书在版编目(CIP)数据

机电传动控制/蔡文斐,郑火胜主编. —3 版. —武汉:华中科技大学出版社,2017.6
ISBN 978-7-5680-3000-7

Ⅰ.①机⋯ Ⅱ.①蔡⋯ ②郑⋯ Ⅲ.①电力传动控制设备 Ⅳ.①TM921.5

中国版本图书馆 CIP 数据核字(2017)第 124198 号

机电传动控制(第 3 版)   蔡文斐   郑火胜   主编
Jidian Chuandong Kongzhi

策划编辑:张 毅	
责任编辑:张 毅	
封面设计:孢 子	
责任校对:张 琳	
责任监印:朱 玢	
出版发行:华中科技大学出版社(中国·武汉)	电话:(027)81321913
武汉市东湖新技术开发区华工科技园	邮编:430223
录 排:武汉正风天下文化发展有限公司	
印 刷:武汉市籍缘印刷厂	
开 本:787mm×1092mm 1/16	
印 张:19	
字 数:471 千字	
版 次:2017 年 6 月第 3 版第 1 次印刷	
定 价:40.00 元	

高等职业教育的任务是培养动手能力强、职业素质高的高端型技能人才。为贯彻教育部〔2006〕16 号文件的精神,全面落实"以服务为宗旨、以就业为导向"的办学方针和"以就业为导向、以能力为本位"的教育教学指导思想,根据机电一体化专业职业岗位群的要求,在充分调研的基础上,我们组织了一些实践能力较强的教师和行业、企业一线专家共同编写了本书。

我们在编写过程中,提出了以工学结合为切入点,以工作过程为导向的教材建设思路。根据企业的工作实际,分析机电一体化专业职业岗位群的要求和工作内容,结合学校实训设备的实际,以项目为载体整合教材结构,以任务驱动安排教学内容,打破传统的学科型课程框架,以期达到落实先进的教学理念的目的。

机电传动控制是机电工程技术人员必须掌握的专业知识。为了帮助机电一体化专业及非电类专业学生尽快掌握机电传动方面的综合知识,本书从机电一体化技术需要出发,坚持理论知识以"必需、够用"为度,突出"教中做、做中学、学中练"这一核心指导原则,努力培养学生的综合应用能力和实际动手能力。

本书由湖北轻工职业技术学院蔡文斐、武汉城市职业学院郑火胜担任主编,由长江职业学院杨可、湖北工业职业技术学院杜海军担任副主编,湖北轻工职业技术学院尹久、劳泽锋参编。其中,蔡文斐编写绪论、项目 1~项目 3 和附录,杨可编写项目 4,郑火胜编写项目 5,杜海军编写项目 6,尹久、劳泽锋参与了部分章节编写。全书由蔡文斐统稿,由广州番禺职业技术学院林新贵主审。

在本书的编写过程中,参阅了多种同类教材和著作,特向其编著者致以衷心感谢。此外,本书在编写过程中得到了武汉船舶重装集团、湖北新冶钢有限公司及德国克朗斯股份有限公司武汉培训部等有关单位和部门的大力帮助,在此深表谢意。

由于编者知识水平有限,书中难免有不妥之处,敬请读者批评指正。

编 者
2017 年 3 月

绪论 ……………………………………………………………………………… 1

项目1 常用低压电器 ……………………………………………………………… 5
  学习任务1 常用低压电器的认知 ……………………………………………… 6
  学习任务2 常用低压电器的故障诊断与维修 ……………………………… 49
  思考与练习1 …………………………………………………………………… 54

项目2 三相异步电动机 …………………………………………………………… 56
  学习任务1 三相异步电动机的拆卸与装配 ………………………………… 57
  学习任务2 三相异步电动机运行时的参数测量 …………………………… 67
  思考与练习2 …………………………………………………………………… 84

项目3 三相异步电动机的电气控制 …………………………………………… 87
  学习任务1 三相异步电动机单向控制电路的安装与调试 ………………… 88
  学习任务2 三相异步电动机正反转控制电路的安装与调试 ……………… 105
  学习任务3 三相异步电动机 Y—△降压启动控制电路的安装与调试 …… 117
  学习任务4 三相异步电动机的调速、制动及控制电路 …………………… 133
  思考与练习3 …………………………………………………………………… 156

项目4 直流电动机及其电气控制 ……………………………………………… 158
  学习任务1 直流电动机的认知 ……………………………………………… 159
  学习任务2 直流电动机的电气控制 ………………………………………… 175
  思考与练习4 …………………………………………………………………… 203

项目5 控制电机及其电气控制 ………………………………………………… 205
  学习任务1 伺服电动机及其电气控制 ……………………………………… 206
  学习任务2 步进电动机及其电气控制 ……………………………………… 224
  思考与练习5 …………………………………………………………………… 245

项目6 典型机械设备的电气控制 ……………………………………………… 246
  学习任务1 C650型普通卧式车床电气控制电路分析 …………………… 247
  学习任务2 X62W型卧式万能铣床电气控制与维修 …………………… 268
  思考与练习6 …………………………………………………………………… 284

附录A 中级维修电工考试大纲 ………………………………………………… 286
附录B 中级维修电工鉴定要求 ………………………………………………… 288
附录C 中级维修电工技能试卷及评分标准 …………………………………… 292
附录D 电气图常用图形与文字符号的新旧标准对照表 ……………………… 294

参考文献 ………………………………………………………………………… 298

绪论

◀ **知识目标**

(1)了解机电传动控制的任务和目的；

(2)熟悉机电传动控制系统的发展；

(3)熟悉本课程的性质和基本任务。

◀ **能力目标**

(1)能够讲述机电传动控制系统的发展阶段；

(2)能够讲述本课程的基本任务。

一、机电传动控制的任务和目的

凡是以电动机为原动机,包含控制电动机的一整套控制系统,并能完成一定生产工艺过程要求的系统,都称为机电传动控制系统。生产机械称为电动机的负载。

1. 机电传动控制的任务

(1)将电能转换为机械能。

(2)实现生产机械的启动、停止以及速度的调节。

(3)满足各种生产工艺过程的要求。

(4)保证生产过程的正常进行。

2. 机电传动控制的目的

(1)从广义上讲,机电传动控制的目的就是要使生产设备、生产线、车间乃至整个工厂都实现自动化。

(2)从狭义上讲,机电传动控制的目的是控制电动机驱动生产机械,实现生产产品数量的增加(效率)、质量的提高(精度)、生产成本的降低、工人劳动条件的改善以及能量的合理利用等。

随着生产工艺的发展,不同生产领域对机电传动控制系统的要求越来越高。例如:①重型镗床为保证加工精度和表面粗糙度,要求在极慢的稳速下进给,即要求系统有很宽的调速范围;②轧钢车间的可逆式轧机及其辅助机械,正反转操作频繁,要求在不到1 s的时间内完成从正转到反转的过程,即要求系统能迅速启动、制动和反向;③电梯和提升机则要求启动和制动平稳,并能准确地停止在给定的位置上;④冷、热连轧机以及造纸机则要求各机架或各分部的转速保持一定的比例关系协调运转;⑤为了提高效率,由数台或十几台设备组成的生产自动线,要求统一控制或管理;⑥一些精密机床要求加工精度达到百分之几毫米,甚至几微米。

二、机电传动控制系统的发展概况

原始的机械设备由工作机构、传动机构和原动机(电动机)组成,其控制由工作机构和传动机构的机械配合实现。

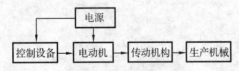

图 0-1　现代机电传动控制系统的一般组成

随着电气元件和自动控制系统的发展,设备的性能不断提高,机电传动及其控制系统也在不断发展,现代机电传动控制系统的一般组成如图 0-1 所示。

机电传动控制系统总是随着社会生产的发展而发展的。就其发展而言,可从机电传动和控制系统两个方面来讨论。

1. 机电传动的发展

1)成组拖动

一台电动机拖动一根天轴(或地轴),然后再由天轴(或地轴)通过皮带轮和皮带分别拖动多台生产机械。其特点是生产效率低、劳动条件差,一旦电动机出现故障,将造成成组的生产机械停车。

2）单电动机拖动

一台电动机拖动一台生产机械的各运动部件。这种拖动方式较成组拖动前进了一步，但当一台生产机械的运动部件较多时，其传动机构十分复杂。

3）多台电动机拖动

一台生产机械的各个运动部件分别由不同的电动机来拖动。这种拖动方式不仅大大简化了生产机械的传动机构，而且为生产机械的自动化提供了有利条件，现代机电传动基本上均采用这种拖动形式。

2. 机电传动控制系统的发展

控制系统伴随控制器件的发展而发展。随着功率器件、放大器件的不断发展，机电传动控制系统也日新月异地发展，它主要经历了以下四个阶段。

1）继电器-接触器控制

继电器-接触器控制出现在 20 世纪初，它借助简单的接触器与继电器，实现对控制对象的启动、停车、反转以及有级调速等控制。其特点是，简单、易掌握、价格低、易维修，许多通用设备至今仍采用这种控制系统。它的缺点是，控制速度慢、控制精度差且体积大、功耗大。

2）电机放大机控制

电机放大机控制是 20 世纪 30 年代出现的一种控制系统，它使控制系统从断续控制发展到连续控制，减少了电路的触点，提高了控制系统的可靠性并使生产效率得到提高。

3）磁放大器控制和大功率可控整流器控制

磁放大器控制和大功率可控整流器控制是 20 世纪 40 年代出现的一种控制系统，其最后的主流代表是大功率晶闸管、晶体管控制，它开辟了机电传动自动控制系统的新纪元，同时在控制理论中出现了采样控制、工业控制中出现了单片机和 PLC 控制。晶闸管、晶体管控制特点是，效率高、控制特性好、反应快、寿命长、易维护、体积小、质量轻。

4）计算机数字控制（CNC）

计算机数字控制（CNC）是 20 世纪 70 年代初出现的一种控制系统，主要应用于数控机床和加工中心。它强化了自动化程度，提高了机床的通用性和加工效率，并为机械加工的全部自动化创造了物质基础。

20 世纪 80 年代，由于数控机床、工业机器人和计算机的应用，出现了机械加工自动线——柔性制造系统（FMS），并成为实现自动化车间和自动化工厂的重要组成部分。机械制造自动化高级阶段是走向设计、制造一体化，即利用计算机辅助设计（CAD）与计算机辅助制造（CAM）形成产品设计和制造过程的完整系统。计算机集成制造系统（CIMS）的目标是实现制造过程的高效率、高柔性、高质量。研制计算机集成制造系统是人们今后的任务。

三、机电传动控制课程的性质和基本任务

1. 机电传动控制课程的性质

机电传动控制课程是一门应用性很强的专业基础课程。本课程实践性强，与生产实际联系紧密，知识的覆盖面较宽，具有强电与弱电结合，机、电、液结合的特点。机电传动与控制技术在生产、科学研究和其他领域有着十分广泛的应用。

本课程主要内容是，以电动机和其他执行电器为主要对象，重点介绍交、直流电动机，控

制电动机,常用低压电器的基本结构、原理与选用,基本电气控制电路的原理与应用,机床电气控制电路,电气控制电路的设计等内容。

本课程从应用的角度出发,力求理论联系实际,努力贯彻高职教育机电类岗位高技能人才培养的宗旨,以工学结合为指导思想,以就业为导向,强调学历教育与职业技能"双证"融合的教育理念,力求提高学生的动手能力和综合素质,积极实现高职教育高技能人才培养目标定位的教学内涵。

2. 机电传动控制课程的基本任务

(1)掌握交流电动机、直流电动机和控制电机的结构原理、种类、用途、型号及机械特性,达到能正确使用和选择的目的。

(2)熟悉常用低压电器的基本原理、用途及型号,达到能正确使用和选择的目的。

(3)掌握基本电气控制电路的工作原理和分析方法,具有电气控制电路的故障排查能力。

(4)熟悉和掌握典型生产机械电气控制电路,具有从事机电传动设备的安装、调试、运行和维护等技术工作的能力。

(5)初步具有设计、改造、革新一般生产机械控制系统的能力。

(6)配合电工考证。

项目 1
常用低压电器

1

本项目通过对指定的低压电器的认识,完成对组成电气控制电路的一些常用低压电器的型号、符号、工作原理、用途和主要技术参数的学习,达到能正确地选用和使用这些常用低压电器的目的。

◀ **知识目标**

(1)了解低压电器的概念与分类。

(2)熟悉常用低压电器的类型、用途、基本结构、外形特征及工作原理。

(3)熟悉常用低压电器的型号表示法、主要技术参数、文字符号和图形符号。

◀ **能力目标**

(1)能够正确识别、选用和使用常用低压电器。

(2)会测量低压电器的线圈电阻值、电压值、电流值,会判断触头的通断情况。

(3)能够完成对常用低压电器的维护及故障处理。

◀ 学习任务1　常用低压电器的认知 ▶

【任务导入】

传统的继电器、接触器控制技术是近代电气控制的基础,且目前仍被广泛应用。本任务将从应用方面介绍常用低压电器的用途、基本结构、工作原理、主要技术参数和选用方法。图1-1所示为一些常用低压电器。

图1-1　常用低压电器

【任务分析】

完成本任务的步骤是:先介绍一些低压电器的基本知识及发展方向,熟悉其工作原理;再对照低压电器的实物查阅相应的资料,认识低压电器的名称、符号和型号,熟悉其外形结构,以达到识别的目的;最后使用工具和仪表对一些低压电器进行检查与测试,熟悉其用途、主要参数,以达到正确地选择和使用低压电器的目的。

【相关知识】

一、电器的定义和类型

1. 电器的定义

电器是指能自动或手动接通和断开电路,以及能对电路或非电路现象进行切换、控制、保护、检测、变换和调节的设备。

2. 电器的类型

电器用途广泛,功能多样,构造各异,其分类方法很多,从使用角度常分为以下几种。

1) 按工作电压等级分类

(1)高压电器,指工作电压在交流1 200 V及以上或直流1 500 V及以上的各种电器。例如,高压熔断器、高压隔离开关、高压断路器等。

(2)低压电器,指工作电压在交流1 200 V以下或直流1 500 V以下的各种电器。例如,接触器、继电器、刀开关、按钮等。

2）按用途分类

（1）控制电器,指用于各种控制电路和控制系统的电器。例如,接触器、各种继电器、启动器等。

（2）保护电器,指用于保护电动机使其安全运行,以及保护生产机械使其不受损坏的电器。例如,熔断器、热继电器等。

（3）执行电器,指用于操作带动生产机械和支承与保持机械装置在固定位置上的电器。例如,电磁铁、电磁阀、电磁离合器等。

（4）配电电器,指用于电能的输送与分配的电器。例如,各类刀开关、断路器等。

（5）主令电器,指用于自动控制系统中发送动作指令的电器。例如,控制按钮、主令开关、行程开关等。

3）按动作性质分类

（1）非自动电器,指无动力机构而靠人力或外力来接通或切断电路的电器。例如,各类刀开关等。

（2）自动电器,指依靠指令或物理量（如电流、电压、时间、速度等）变化而自动动作的电器。例如,接触器、继电器等。

4）按工作原理分类

（1）电磁式电器,指依据电磁感应原理来工作的电器。例如,交直流接触器、各种电磁式继电器、电磁阀等。

（2）非电量控制电器,指靠外力或某种非电物理量的变化而动作的电器。例如,行程开关、按钮、时间继电器、温度继电器、压力继电器等。

二、电磁式电器的结构与工作原理

电磁式电器在电气自动化控制系统中使用最多,种类也很多,其工作原理和结构基本相同。就其结构而言,主要由电磁机构、触头系统和灭弧系统三大部分组成。

1. 电磁机构

电磁机构是电磁式电器的信号感测部分。它的主要作用是将电磁能量转换为机械能量并带动触头动作,从而完成电路的接通或分断。它通常采用电磁铁的形式,由吸引线圈、静铁芯（铁芯）、动铁芯（衔铁）等组成,其中动铁芯与动触点支架相连。常用电磁机构的形式如图 1-2 所示。

电磁式电器分为直流电磁式电器和交流电磁式电器两大类,它们都是利用电磁铁的原理制成的。电磁铁按励磁电流可分为直流电磁铁和交流电磁铁两种形式。其吸引线圈按接入电路的方式可以分为电压线圈和电流线圈。通常电压线圈采用并联方式接入,电流线圈采用串联方式接入。通常直流电磁铁的铁芯是用整块钢材或工程纯铁制成的,而交流电磁铁的铁芯为了减小涡流损耗则用硅钢片叠加而成。

1）吸引线圈

吸引线圈的作用是将电能量转换为磁场能量。按通入电流的种类不同,可分为直流线圈和交流线圈两种。

对于直流电磁铁,因其铁芯不发热,只有线圈发热,所以直流电磁铁的吸引线圈做成高而薄的瘦长形且不设线圈骨架,使线圈与铁芯直接接触,易于散热。

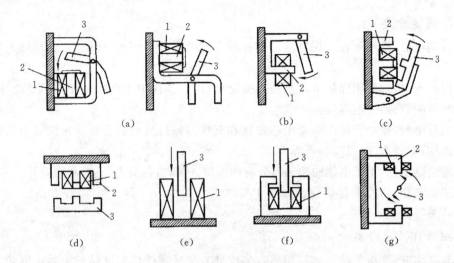

图 1-2 常用电磁机构的形式

1—线圈；2—铁芯；3—衔铁

对于交流电磁铁，因其铁芯存在磁滞和涡流损耗，线圈和铁芯都会发热，所以交流电磁铁的吸引线圈有骨架，使线圈与铁芯隔离并将线圈制成短而厚的形状，这样有利于线圈和铁芯的散热。

2）电磁式电器的工作原理

（1）交流电磁铁的工作原理。电磁线圈通电产生磁场，使动、静铁芯磁化而互相吸引，当动铁芯被吸引而向静铁芯运动时，与动铁芯相连的动触点也被拉向静触点，令其闭合从而接通电路。电磁线圈断电后，磁场消失，动铁芯在复位弹簧的作用下，回到原位，并牵动动、静触点，断开电路。图 1-3 所示为电磁铁的示意图。

（2）交流电磁铁中短路环的作用。由于交流电磁铁的磁通是交变的，线圈磁场对衔铁的吸引力也是交变的。当交流电流过零时，线圈磁通为零，对衔铁的吸引力也为零，衔铁在复位弹簧的作用下将产生释放运动，这就使得动、静铁芯之间的吸引力随着交流电的变化而变化，从而产生振动和噪声，加速动、静铁芯接触面积的磨损，引起结合不良，严重时还会使触点烧蚀。为了消除这一弊端，在铁芯柱面的一部分，嵌入一只短路环。图 1-4 所示为交流电磁铁的短路环示意图。短路环通常包围 2/3 的铁芯截面，一般用铜、锰白铜或镍铬合金等材料制成。

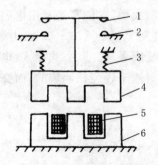

图 1-3 电磁铁的示意图

1—动触点；2—静触点；3—复位弹簧；
4—动铁芯；5—电磁线圈；6—静铁芯

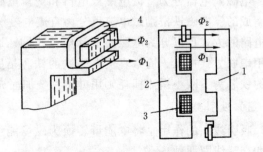

图 1-4 交流电磁铁的短路环示意图

1—衔铁；2—铁芯；3—线圈；4—短路环

2. 触头系统

触头是电器的执行部分,起接通和分断电路的作用。因此,要求触头的导电、导热性能良好,触头通常用铜或银制成。

1) 触头的接触电阻

铜和银的表面都容易氧化而生成一层氧化铜和氧化银。对于铜质材料的触头,这层氧化铜会使触头的接触电阻增加(氧化铜的电阻率是纯铜的十几倍),触头损耗增大,温度上升。但银质材料的触头则不一样,因为氧化银的电阻率与纯银的相差不大,且要在高温下才会形成,因此,银质触头具有较小和稳定的接触电阻。对于继电器和小容量的电器,其触头常采用银质材料;对于中大容量的低压电器,若采用铜质触头,则在结构设计上,触头最好采用滚动接触,这样可将氧化膜去掉。

在理想情况下,触头闭合时,接触电阻为零;触头断开时,接触电阻为无穷大。

2) 触头的类型

(1)按结构形式,触头分为桥式触头和指形触头两种。桥式触头又分为点接触桥式触头(见图 1-5(a))和面接触桥式触头(见图 1-5(b))两种。点接触桥式触头适用于小电流且触头压力小的场合,面接触桥式触头适用于大电流的场合。指形触头(见图 1-5(c))的接触面为一直线,触头接通或分断时会产生滚动摩擦,以利于去掉氧化膜,此种形式适用于通电次数多、电流大的场合。

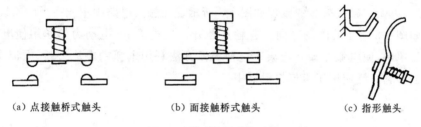

(a) 点接触桥式触头　　　　(b) 面接触桥式触头　　　　(c) 指形触头

图 1-5　触头的结构形式

(2)按功能,触头分为主触头和辅助触头两类。主触头用于接通和分断主电路,辅助触头用于接通和分断二次电路,还能起互锁和连锁作用。

(3)按位置,触头分为静触头和动触头两类。静触头固定不动,动触头可由连杆带着移动。

为了使触头接触得更加紧密,以减小接触电阻,并消除开始接触时产生的振动,在触头上装有接触弹簧,在刚刚接触时产生初压力,并且随着触头的闭合又增大触头的互压力,如图 1-6 所示。

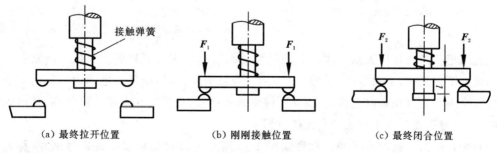

(a) 最终拉开位置　　　　(b) 刚刚接触位置　　　　(c) 最终闭合位置

图 1-6　触头的位置示意图

3．灭弧系统

1）电弧的产生

在触点由闭合状态过渡到断开状态的过程中,如果加在触头间隙两端的电压超过某一数值(在12～20 V之间),则触头间隙就会产生的电弧。电弧实际上是触头间气体在强电场作用下产生的电离放电现象,是一种炽热的电子流。

2）电弧的特点

外部有白炽弧光,内部有很高的温度,电流的密度也很大。

3）电弧的危害

电弧产生后,伴随高温产生并发出强光,将会烧损触头,缩短电器的使用寿命,使电路仍然保持导通状态,延迟了电路的切断时间,严重时会引起火灾或其他事故。因此,在电器中应采取适当的措施熄灭电弧。

4）电弧的灭弧方法

通常的灭弧方法有电动力灭弧、磁吹灭弧、窄缝灭弧和栅片灭弧四种。

(1)电动力灭弧。电动力灭弧的原理如图1-7所示。当触头断开时,在断口中产生电弧,在电动力 **F** 的作用下,电弧向外运动被拉长,加快冷却并熄灭。这种灭弧方法一般用于交流接触器中。

(2)磁吹灭弧。磁吹灭弧的原理如图1-8所示。在触头电路中串入一个磁吹线圈,负载电流产生如图1-8所示的磁场方向。在触头断开产生电弧后,电动力的作用使电弧被拉长并吹入灭弧罩中,使电弧冷却并熄灭。这种灭弧方法利用电弧的电流灭弧,电流越大,吹弧能力也越强。它广泛应用于直流接触器中。

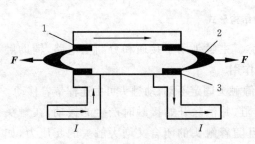

图 1-7　电动力灭弧原理图

1—动触点;2—电弧;3—静触点

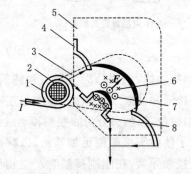

图 1-8　磁吹灭弧原理图

1—磁吹线圈;2—铁芯;3—导磁夹板;4—引弧角;
5—灭弧罩;6—磁吹线圈磁场;7—电弧电流磁场;8—动触头

(3)窄缝灭弧。这种灭弧方法是利用灭弧罩的窄缝来实现灭弧的。灭弧罩内只有一个窄缝,缝的下部宽些,上部窄些,如图1-9所示。当触头断开时,电弧在电动力的作用下进入窄缝内,窄缝可直接压缩电弧柱,使电弧同缝壁紧密接触,加强冷却和消电离作用,使电弧熄灭加快。窄缝灭弧常用于交流和直流接触器上。

(4)栅片灭弧。栅片灭弧的示意图如图1-10所示。灭弧栅由多片镀铜薄钢片(称为栅片)组成,栅片间相互绝缘。当电弧产生时,电动力的作用使电弧被拉入灭弧栅而被分割成数段串联的短弧,增强消电离能力,使电弧迅速冷却并很快熄灭。栅片灭弧常用于大电流的刀开关与大容量交流接触器中。不同种类的电器其灭弧方法不一样,应注意合理选用。

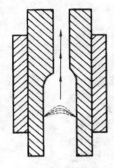

图 1-9　窄缝灭弧示意图

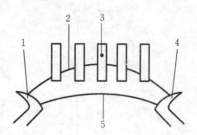

图 1-10　栅片灭弧示意图

1—静触点;2—短电弧;3—灭弧栅片;

4—动触点;5—长电弧

三、主电路中的低压电器

电气控制系统一般分成主电路和控制电路两大部分。下面将对主电路和控制电路中的低压电器分别进行介绍。

1. 开关电器

开关电器广泛用于配电电路,起到电源的隔离、通断控制以及电源与负载保护的作用。

1) 刀开关

刀开关主要用于不频繁地接通与分断交流、直流的电路,或用于电路与电源的隔离。在机床中,刀开关主要用作电源开关,它一般不用来通断电动机的工作电流。刀开关是结构最简单、应用最广泛的一种手动低压电器。

(1)刀开关的结构。

开启式负载刀开关又称为瓷底胶盖闸刀开关,其结构如图 1-11 所示。其主要由手柄、触刀、插座和绝缘底板组成,依靠手动来实现触刀插入插座或脱离插座,实现电路的接通与分断控制。

(2)刀开关的分类。

刀开关的种类很多,分类的方式也很多。按刀开关的极数,可分为单极、双极和三极;按刀开关的转换方向,可分为单投和双投;按刀开关的操作方式,可分为直接手柄操纵式和远距离连杆操纵式;按刀开关的通断电路和保护作用,可分为开启式负载刀开关(胶盖闸刀开关)、熔断器式刀开关(熔断器式隔离开关)和封闭式负载刀开关。

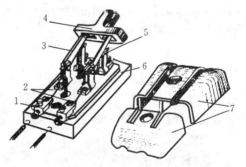

图 1-11　一般刀开关的结构

1—出线端子;2—熔体接线柱;3—触刀(动触头);

4—手柄;5—插座(静触头);6—绝缘底板;7—端盖

(3)刀开关的型号和符号。

常用的三极刀开关长期允许通过电流有 100 A、200 A、400 A、600 A 和 1 000 A 五种。目前生产的产品有 IID(单投)、IIS(双投)、IIK(开启式负载)、IIH(封闭式负载)、IIR(熔断器式)等开关系列。其中,HR5 刀开关中的熔断器采用 NT 型低压高分断型,并且结构紧凑,其分断能力高达 100 kA。

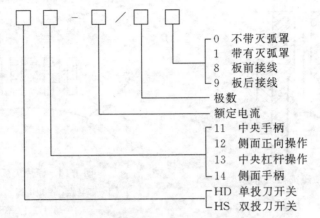

刀开关的图形符号和文字符号如图 1-12 所示。

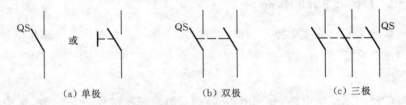

图 1-12 刀开关的图形符号和文字符号

(4)安装和使用时应注意的事项有如下两点。

①电源进线应接在静触头一边的进线端,用电设备应接在动触头一边的出线端,一般遵循上进下出、左进右出的原则。

②安装时,刀开关在合闸状态下手柄应该向上,不能倒装或平装,以防闸刀松动落下误合闸,造成安全事故。

2)转换开关

转换开关又称为组合开关,实质上为刀开关。它是一种多触头、多位置式可控多个回路的低压电器。转换开关一般用于电气设备中非频繁通断电路、换接电源和负载、测量三相电压以及直接控制小容量电动机的运行状态。转换开关较刀开关更灵巧方便,除通断外,还有转换功能。

(1)转换开关的结构。

转换开关由动触头(动触片)、静触头(静触片)、转轴、手柄、定位机构及外壳等部分组成,其动、静触头分别叠装于数层绝缘壳内,结构示意图如图 1-13 所示。HZ10 系列转换开关的外形图如图 1-14 所示,当转动手柄时,每层的动触片随方形轴一起转动。

(2)转换开关的主要参数。

转换开关有单极、双极和多极三种。其主要参数有额定电压、额定电流、允许操作频率、极数、可控制电动机的最大功率。额定电流有 10 A、20 A、40 A、60 A 等几种。

(3)转换开关的类型和符号。

转换开关常用的类型有 HZ15、HZ10、HZ5、HZ2、3ST、3LB 等系列。其中,HZ5 系列是类似于万能转换开关的产品,其结构和一般转换开关的有所不同,HZ15 系列为新型的全国

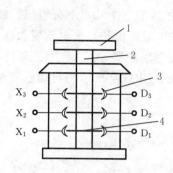

图 1-13　转换开关的结构示意图　　　　　图 1-14　HZ10 系列转换开关的外形图

1—转换手柄；2—公共轴；3—静触片；4—动触片

统一设计的更新换代产品,3ST、3LB 系列为从德国西门子公司引进技术生产的。

图 1-15 所示为三极转换开关的图形符号和文字符号、触点状态图及状态表。图中虚线表示操作位置,不同的操作位置的各对触点的通断表示于触点右侧,与虚线相交的位置上涂黑点的表示触点接通,没有涂黑点的表示触点断开。触点的通断状态还可以列表表示,表中"+"表示闭合,"−"或无记号表示断开。

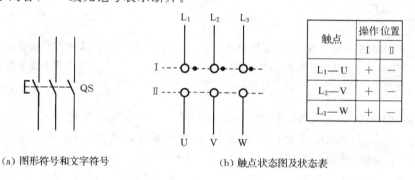

触点	操作位置	
	I	II
L₁—U	+	−
L₂—V	+	−
L₃—W	+	−

（a）图形符号和文字符号　　　　　　（b）触点状态图及状态表

图 1-15　三极转换开关的图形符号和文字符号、触点状态图及状态表

（4）选择刀开关与转换开关时应注意的事项如下。

①根据使用场合选择合适的产品型号和操作方式。

②其额定电压应等于或大于电路的额定工作电压,其额定电流应等于或大于电路的额定工作电流。电动机的启动电流较大,刀开关与转换开关的额定电流值应为$(1.5\sim2)I_N$(I_N为电动机额定电流),但只能用于 5 kW 以下的小容量电动机的启停和正反转控制。

③注意刀开关与转换开关的安装方式、外形尺寸与定位尺寸。

3）自动空气断路器

自动空气断路器以空气作为灭弧介质,故称为自动空气开关。机床、建筑电气设计由于电压多为 220～380 V,断路器灭弧介质为空气,故称空气开关或断路器都对。但对于电力系统来说,就要具体对待识别了。

自动空气断路器既可作为开关使用,又具有保护功能,是低压配电电路中应用广泛的一种保护电器。其作用是,当交、直流电路内的电气设备发生短路、过载或欠电压等故障时能自动切断电路,有效地保护串接在其后的电气设备。在正常条件下,它也可用于不频繁地按通和断开电路及控制电动机。

(1)自动空气断路器的结构和工作原理。

自动空气断路器主要由触头、灭弧系统和各种脱扣器等三个基本部分组成。脱扣器是自动空气断路器的主要保护装置,它包括电流脱扣器(作短路保护)、欠电压脱扣器(作欠压或失压保护)、热脱扣器(作过载保护)、分励脱扣器和复励脱扣器等。

图 1-16 所示为自动空气断路器的工作原理示意图。图 1-17 所示为自动空气断路器的图形符号和文字符号。

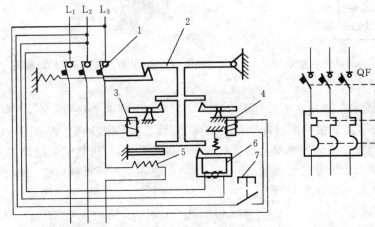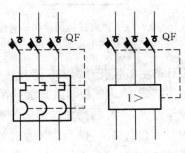

图 1-16　自动空气断路器的工作原理示意图　　　　　图 1-17　自动空气断路器的

1—主触头;2—自由脱扣机构;3—电流脱扣器;　　　　　　　　图形符号和文字符号

4—分励脱扣器;5—热脱扣器;6—欠电压脱扣器;7—按钮

开关是靠操作机构手动或电动合闸的,触头闭合后由自由脱扣机构将触头锁定在合闸的位置上。电流脱扣器的线圈串联在主电路中,若电路或设备短路,则主电路电流增大,线圈磁场增强,吸动衔铁,使自由脱扣机构动作,断开主触点,从而自动分断主电路而起到短路保护作用。电流脱扣器有调节螺钉,可以根据用电设备容量和使用条件手动调节脱扣器动作电流的大小。

欠电压脱扣器的线圈并联在主电路中:当电源电压正常时,衔铁是吸合的,此时,自由脱扣机构将触头锁定在合闸的位置上;若电源欠压或失压,欠电压脱扣器的线圈磁场减弱,衔铁释放,使自由脱扣机构动作,断开主触点,从而自动分断主电路而起到欠压或失压保护作用。

热脱扣器是一个双金属片热继电器。它的发热元件串联在主电路中。当电路过载时,过载电流使发热元件温度升高,双金属片受热弯曲,顶动自由脱扣机构动作,断开主触点,切断主电路而起过载保护作用。

分励脱扣器则用于远距离控制分断电路。另外,应注意的是一般自动空气断路器动作后,故障处理完毕还需手动复位,否则不能合闸。

(2)自动空气断路器的类型和型号。

自动空气断路器的类型繁多,按其结构特点可分为塑壳式(又名装置式)断路器、框架式(又名万能式)断路器、直流自动快速断路器、限流式断路器和漏电保护断路器等。

塑壳式断路器具有良好的保护性能,安全可靠、轻巧美观,适用于交流 50 Hz,电压为

500 V以内或直流电压为220 V的电路中,作不频繁地接通或分断电路用。塑壳式断路器普遍用作低压配电网络的保护开关、照明电路的控制开关。常用的型号有DZ5、DZ10、DZ15、DZ20、DZX10、DZX19、C45N、S060等系列。

框架式断路器主要用作低压配电网络的保护开关。这种开关一般用于交流380 V或直流440 V的配电系统中。其代表产品有DW5、DW10系列断路器。

自动空气断路器的型号及其含义如下。

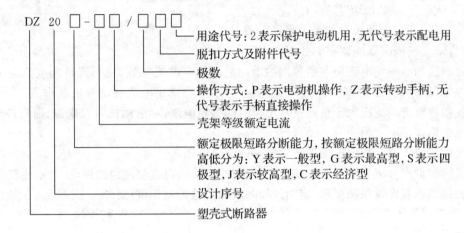

(3)自动空气断路器的技术数据。

自动空气断路器的主要技术参数有额定电压、额定电流、极数、脱扣器类型及其额定电流、脱扣器整定电流、主触头与辅助触头通断能力和动作时间等。表1-1所示为DZ20系列塑壳式断路器的主要技术参数。

(4)自动空气断路器的选用原则有如下几点。

①电压、电流的选择。自动开关的额定电压和额定电流应不小于电路的额定电压和最大工作电流。

②脱扣器整定电流的计算。热脱扣器的整定电流应与所控制负载的额定电流一致,自动开关电磁脱扣器的整定电流应大于负载电路正常工作时的最大电流。

表1-1 DZ20系列塑壳式断路器的主要技术参数

型 号	额定电流/A	机械寿命/次	电气寿命/次	电流脱扣器的整定电流范围/A	短路通断能力			
					交流		直流	
					电压/V	电流/kA	电压/V	电流/kA
DZ20Y-100	100	8 000	4 000	16,20,32,40,50,63,80,100	380	18	220	10
DZ20Y-200	200	8 000	2 000	100,125,160,180,200	380	25	220	25
DZ20Y-400	400	5 000	1 000	200,225,315,350,400	380	30	380	25
DZ20Y-630	630	5 000	1 000	500,630	380	30	380	25
DZ20Y-800	800	3 000	500	500,600,700,800	380	42	380	25
DZ20Y-1250	1 250	3 000	500	800,1 000,1 250	380	50	380	30

注:表中Y为一般型。

对于单台电动机来说,DZ 系列自动开关电磁脱扣器的瞬时脱扣整定电流 I_z 为

$$I_z \geqslant kI_q \qquad\qquad (1\text{-}1)$$

式中:k ——安全系数,可取 1.5～1.7 ;

I_q ——电动机的启动电流。

对于多台电动机来说,则 DZ 系列自动开关电磁脱扣器的瞬时脱扣整定电流 I_z 为

$$I_z \geqslant k(I_{qmax} + 电路中其他的工作电流)$$

式中:k ——安全系数,可取 1.5～1.7 ;

I_{qmax} ——几台电动机中的最大启动电流。

(5)自动空气断路器的调整有如下几点。

①过载脱扣器整定电流应与所控制的电动机的额定电流一致,脱扣器整定电流为 1.05 倍额定电流时,2 h 内不动作;脱扣器整定电流为 1.20 倍额定电流时,2 h 内动作。

②脱扣器整定电流应大于负载正常工作时的尖峰电流,对电动机负载来说,通常按启动电流的 1.7 倍整定。

③欠电压脱扣器的额定电压等于主电路的额定电压。

④级间保护配合应满足配电系统选择性保护的要求,以避免越级跳闸,扩大事故范围。

⑤根据电路或设备保护要求,定期复校各脱扣器整定动作值(每年 1～2 次)。

小知识

智能化低压断路器是采用微处理器或单片机作为核心的智能控制器,具有各种保护功能,可以实时显示电路中的各种电气量(如电压、电流、功率因数等),对电路进行在线监视、测量、试验、自诊断、通信等;能够对各种保护的动作参数进行显示、设定和修改。将电路故障时的参数存储在非易失存储器中,以便分析。目前国内生产的智能化低压断路器有塑壳式和框架式两种,主要型号有 DW45、DW40、DW914(AH)、DW19(3WE)。

4) 漏电保护断路器

漏电保护断路器是一种安全保护电器,在电路中作触电和漏电保护用。在电路或设备出现对地漏电或人体触电时,能迅速自动断开电路,有效地保证电路和人身安全。

(1)漏电保护断路器的结构与工作原理。

电流动作型漏电保护断路器主要由电子电路、零序电路互感器、漏电脱扣器、触头、试验按钮、操作机构及外壳等组成。

DZL18-20 型漏电保护断路器的工作原理如图 1-18 所示。

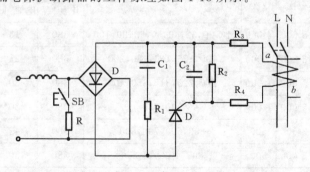

图 1-18　DZL18-20 型漏电保护断路器原理图

在电路正常工作时,零序电路互感器二次绕组无输出信号,保护断路器不动作。当电路发生漏电和触电事故时,只要漏电或触电电流达到漏电保护断路器的动作电流值,零序电路互感器二次绕组就会输出一个信号,使电子电路中的晶闸管 D 触发导通,整流桥 D 直流侧经晶闸管短接,使漏电脱扣器线圈中流过一个较大的电流,脱扣器动作,自动断开电路,起到保护作用。

(2)漏电保护断路器的型号及技术数据。

漏电保护断路器有单相式和三相式等形式。单相式主要产品有 DZL18-20 型;三相式有 DZ15L、DZ47L、DS250M 等,其中 DS250M 是采用瑞士 ABB 公司的技术生产的,可取代同类进口产品。

漏电保护断路器的额定漏电动作电流为 30~100 mA,漏电脱扣器动作时间小于 0.1 s。

(3)漏电保护断路器的使用方法。

漏电保护断路器接入电路时,应接在电能表和熔断器后面,安装时应按开关规定的标志接线。接线完毕后应按动试验按钮,检查保护断路器是否可靠动作。漏电保护断路器投入正常运行后,应定期校验,一般每月需在合闸通电状态下按动试验按钮一次,检查漏电保护断路器是否正常工作,以确保其安全性。

小问题

漏电附件、漏电保护断路器和漏电保护器三者有何异同? 漏电保护断路器与漏电保护器用于人身安全保护时,为什么漏电电流要小于 30 mA,漏电脱扣器动作时间要小于 0.1 s?

(1)从功能上看,三者都起漏电保护作用,防止人体触电。不同之处:①漏电保护断路器除了有漏电跳闸功能外,还有过载、短路跳闸功能;②漏电保护器可独立安装,而漏电附件则不能,它必须与小型断路器配合使用,也就是说,漏电断路器相当于漏电保护器加小型断路器或漏电附件加小型断路器。

(2)这两个参数的选择主要依据如下。①人体的感知电流:男的为 1.1 mA,女的为 0.7 mA。②摆脱电流:男的为 16 mA,女的为 10.5 mA,儿童的较小。③致死电流:一是电流达到 50 mA 就会引起心室颤动,有生命危险,当电流达到 100 mA 以上时,则立即将人致死,而当电流在 30 mA 以下时,人暂时不会有生命危险。④人的心脏每收缩扩张一次有 0.1 s 的间歇,而在这 0.1 s 内,心脏对电流最敏感,若电流在这一瞬间通过心脏,即使电流较小,也会引起心脏颤动,造成危险。

提示:自动空气断路器不具备漏电保护功能,这一点在使用时要特别注意,否则可能会出大问题。

2. 熔断器

熔断器是一种广泛应用于低压配电电路和电力拖动控制系统中的保护电器。熔断器串接于被保护电路中,当电路发生短路或严重过载时,能迅速切断电路,起到保护作用。

1)熔断器的结构

熔断器是由熔体、熔管、填料和绝缘底座等部分组成的。熔体呈丝状或片状。熔体通常有两种:一种是由铅锡合金和锌低熔点金属制成的,因不易灭弧,多用于小电流的电路中;另种由银、铜等较高熔点金属制成,易于灭弧,多用于大电流的电路。熔管是装熔体的外壳,由陶瓷、绝缘钢或玻璃纤维制成,在熔体熔断时兼有灭弧作用。图1-19所示为熔断器的结构。图1-20所示为熔断器的文字符号和图形符号。

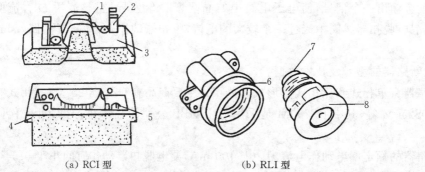

(a) RCI 型 　　　(b) RLI 型

FU

图1-19　熔断器的结构
1—熔体;2—动触头;3—瓷插件;4—瓷底座;
5—静触头;6—底座;7—熔体;8—瓷帽

图1-20　熔断器的文字符号和图形符号

2)熔断器的工作原理

当电路正常工作时,熔断器允许通过一定大小的电流,其熔体不熔化,当主电路发生短路或严重过载时,熔体中流过很大的故障电流,该电流产生的热量使熔体温度上升到熔点,熔体熔断,电路自动切断,从而达到保护目的。

熔断器的保护特性:电流通过熔体时产生的热量与电流的平方成正比。因此,电流越大,熔体熔断时间越短,这一特性称为熔断器的保护特性或安秒特性。熔断器的熔断时间与熔断电流的关系曲线如图1-21所示。当熔断器通过的电流为 $I/I_N \leqslant 1.25$ 时,熔体能长期工作;当 $I/I_N = 2$ 时,熔体在 $30\sim40$ s后熔断;当 $I/I_N > 10$ 时,认为熔体瞬时熔断。熔断器安秒特性数值关系如表1-2所示。

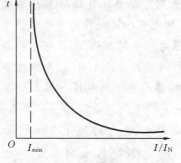

图1-21　熔断器的安秒特性曲线

表1-2　熔断器安秒特性数值关系

熔断电流	$(1.25\sim1.30)I_N$	$1.6I_N$	$2I_N$	$2.5I_N$	$3I_N$	$4I_N$
熔断时间	∞	1 h	40 s	8 s	4.5 s	2.5 s

3)熔断器的类型和型号

(1)瓷插式熔断器。瓷插式熔断器(RC1A 系列)是一种常见的结构简单的熔断器,价廉、外形小、带电更换熔丝方便,且有较好的保护特性,多用于民用和工业照明电路中。

RC1A 系列熔断器的额定电压为 380 V,熔断器的额定电流有 5 A、10 A、15 A、30 A、60 A、100 A、200 A 七个等级。

(2)封闭管式熔断器。封闭管式熔断器分为无填料、有填料和快速三种。无填料封闭管式熔断器广泛用于低压电网成套配电设备中作短路和连续过载保护用,其特点是,可拆卸,在熔体熔断后,用户可按要求自行拆开,重新装入熔体,RM10 系列为其代表产品。有填料封闭管式熔断器是一种大分断能力的熔断器,广泛用于供电电路及要求分断能力较高的场合,用于变电所主回路及电力变压器出线端供电电路、成套配电装置中,常用型号有 RT12、RT14、RT15、RT17 等系列。快速熔断器主要用于半导体功率器件或变流装置的短路保护,常用的有 RS 和 RLS 系列,应注意快速熔断器的熔体不能用普通熔断器的熔体代替,因为普通熔体不具备快速熔断的特点。

(3)螺旋式熔断器。螺旋式熔断器由熔管及支持件(瓷底座、带螺纹的瓷帽)组成,熔管内装有石英砂或惰性气体(用于灭弧),具有较高的分断能力,熔体熔断时还有信号指示装置。常用的有 RL6、RL7 系列,是一种有填料封闭管式熔断器,尺寸小,结构不十分复杂,更换熔体安全方便。RL6、RL7 系列多用于机床电路中。

(4)新型熔断器。新型熔断器有自复式熔断器和高分断能力熔断器两种。自复式熔断器利用金属钠作熔体,在常温下,钠的电阻很小,允许通过正常工作电流,当电路发生短路时,短路电流产生高温使钠迅速气化,气态钠电阻变得很高,从而限制了短路电流。在故障消除后,温度下降,金属钠重新固化,恢复其良好的导电性。其优点是能重复使用,不必更换熔体,但在电路中只能限制故障电流,而不能切断故障电路,一般与断路器配合使用,常用产品有 RZ1 系列。

随着电网供电容量的不断增加,对熔断器的性能指标提出了更高的要求,如根据德国 AEG 公司制造技术标准生产的 NT 型系列产品为低压高分断能力熔断器,额定电压为 660 V,额定电流为 1 000 A,分断能力可达 120 kA,适用于工业电气装置、配电设备的过载和短路保护。NT 型熔断器符合国际电工标准和我国新制定的低压熔断器标准,并且与国外同类产品具有通用性和互换性。NT 型熔断器规格齐全,具有功率损耗低、保护特性稳定、限流性能好、体积小等特点。同时,NT 型熔断器也可作导线的过载和短路保护用。另外,引进该公司制造技术还生产了 NGT 型熔断器,该系列为快速熔断器,作为半导体器件保护之用。

熔断器的型号及其含义如下。

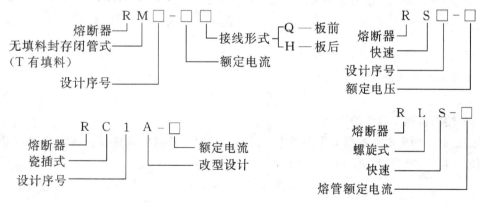

4)熔断器的主要技术参数

(1)额定电压是指熔断器长期工作时和分断后能承受的电压,取决于电路的额定电压,其值一般等于或大于电气设备的额定电压。

(2)额定电流是指熔断器长期工作时,各部分温升不超过规定值所能承受的电流。

(3)极限分断能力是指熔断器在规定的额定电压和功率因素(或时间常数)的条件下,能分断的最大电流值。表 1-3 所示为 NT 型熔断器的主要技术参数。

表 1-3　NT 型熔断器的主要技术参数

额定电压/V	额定电流/A	熔体额定电流/A	极限分断能力
500	160	4,6,10,16,20,25,32,35,40,50,63,80,100,125,160	500 V,120 kA
	250	80,100,125,160,200,224,250	
	400	125,160,200,224,250,300,315,355,400	
	630	315,355,400,425,500,630	
380	1 000	800,1 000	380 V,100 kA

5) 熔断器和熔体的选择

(1)熔断器类型的选择。

根据电路的要求、使用场合、安装条件和各类熔断器的使用范围来选择熔断器的类型。

(2)熔断器额定电压的选择。

熔断器额定电压必须等于或高于熔断器工作点的电压。

(3)熔体额定电流的选择。

熔体额定电流的选择要点如下。

①对于电炉和照明等电阻性负载,熔断器可用作过载保护和短路保护,熔断器的额定电流应稍等于或大于负载的额定电流。

②对于单台电动机,熔体额定电流为

$$I_{FU} \geqslant (1.5 \sim 2.5)I_N \tag{1-3}$$

当轻载启动或启动时间较短时,系数可取 1.5;当带负载启动、启动时间较长或启动较频繁时,系数可取 2.5。

③对于多台电动机,熔体额定电流为

$$I_{FU} \geqslant (1.5 \sim 2.5)I_{Nmax} + \sum I_N \tag{1-4}$$

式中:I_{Nmax}——容量最大的一台电动机的额定电流。

④对于电容设备,熔体额定电流为

$$I_{FU} \geqslant 1.6I_N \tag{1-5}$$

(4)熔断器额定电流的选择。

熔断器的额定电流根据被保护的电路及设备的额定负载电流选择。熔断器的额定电流必须等于或大于所装熔体的额定电流,即

$$I_{N,FU} \geqslant 1.6I_{FU} \tag{1-6}$$

(5)熔断器的额定分断能力。

熔断器的额定分断能力必须大于电路中可能出现的最大故障电流。

(6)熔断器上、下级的配合。

为满足选择保护的要求,应注意熔断器上、下级之间的配合,为此,应使上一级(供电干线)熔断器的熔体额定电流比下一级的(供电支线)大 1～2 个级差。

6) 熔断器的使用与维护

(1)安装前检查熔断器的型号、额定电流(电压)、额定分断能力等参数是否符合要求。

（2）安装时注意熔断器与底座触刀接触是否良好。

（3）熔断器熔断时应更换同一型号规格的熔断器。

（4）工业用的熔断器的更换应由专职人员操作，更换时应及时切断电源。

（5）应经常保持清洁，定期检修设备，若损坏应及时更换。

3. 接触器

接触器是一种远距离控制，能频繁接通和切断交、直流主电路的自动电器，在电气控制系统中应用十分广泛。接触器按主触点通过电流的种类，可分为交流接触器和直流接触器两种；按主触点系统的驱动方式，可分为电磁式接触器、气动式接触器和液压式接触器等多种，其中以电磁式接触器应用最广泛。

1）交流接触器

（1）交流接触器的结构。

交流接触器主要由触头系统、电磁系统和灭弧装置等三部分组成。CJ10-20 型交流接触器如图1-22所示。

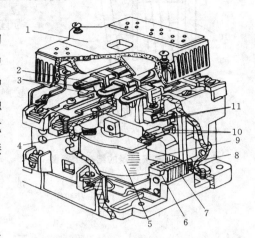

图 1-22　CJ10-20 型交流接触器

1—灭弧罩；2—触头压力弹簧片；3—主触头；
4—复位弹簧；5—线圈；6—短路环；7—静铁芯；
8—弹簧；9—动铁芯；10—辅助常开触点；
11—辅助常闭触点

①触头系统。接触器的触头用来接通和断开电路。交流接触器一般采用双断口桥式触头。

根据触头的用途，触头分为主触头和辅助触头两种。主触头用于通断电流较大的主电路，辅助触头用于通断电流较小的控制电路，它们由常开触头和常闭触头成对组成。

②电磁系统。电磁系统通常由吸引线圈、铁芯和衔铁三部分组成。

铁芯的结构形式有 E 形和 U 形两种。动作方式有直动式和转动式两种。

交流接触器铁芯上装有一个短路铜环，称为短路环。其作用是减少交流接触器吸合时产生的振动并降低噪声。

③灭弧装置。灭弧装置用来快速熄灭主触头在分断电路时所产生的电弧，保证触头不受电弧灼伤，并缩短分断时间。

④其他部分。交流接触器的其他部分包括底座、反作用弹簧、缓冲弹簧、触点压力弹簧、传动机构和接线柱等。

（2）交流接触器的工作原理。

当交流接触器的线圈通入电流后，在铁芯中产生磁场，动铁芯受到电磁力的作用，便向静铁芯移动，当电磁力大于弹簧的反弹力时，动铁芯就被静铁芯吸住。动铁芯在向下移动时，使动断触头断开，动合触头闭合；在电磁线圈断电后，电磁力消失，动铁芯在反作用弹簧的作用下，带动触头复位，即动断触头和动合触头都恢复原状。

根据交流接触器的工作原理可知，当线圈电压突然失去或线圈电压低于额定电压一定值时，电磁力为零或小于弹簧的反弹力，衔铁复位，即交流接触器本身具有失电压和欠电压保护作用。

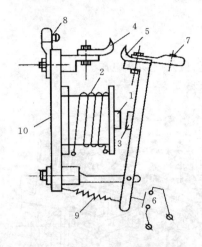

图 1-23 直流接触器的结构示意图
1—铁芯；2—线圈；3—衔铁；4—静触点；
5—动触点；6—辅助触点；7、8—接线柱；
9—复位弹簧；10—底板

2）直流接触器

直流接触器的结构和工作原理与交流接触器的基本相同，但是因为它主要用于控制直流用电设备，所以具体结构与交流接触器的有一些差别。图 1-23 所示为直流接触器的结构示意图。

（1）触头系统。

触头系统一般做成单极型或双极型，多采用滚动接触的指形触头。

（2）电磁系统。

线圈通过直流电，铁芯不会产生涡流，没有铁损耗，铁芯不发热。所以，铁芯可用整块铸铁或铸钢制成，铁芯不需装短路环。

（3）灭弧装置。

灭弧装置起灭弧作用，大容量的直流接触器一般采用磁吹灭弧。

3）接触器的类型和型号

常用的交流接触器有 CJ10、CJ12、CJ10X、CJ20、CJX1、CJX2、3TB、3TD、LC1-D 等系列。其中，CJ10、CJ12 系列为国内设计的早期系列产品，目前仍广泛地使用；CJ10X 系列为消弧接触器，是近几年发展起来的新产品；CJ20 系列为国内统一设计的新型接触器。

B 系列接触器优化了结构设计，采用倒装式结构，即主触头系统在后面，磁系统在前面，其优点是安装简便，更换线圈方便。主接线端靠近安装面，使接线距离缩短，且不用考虑灭弧距离，便于安装多种附件，如附加辅助触头组、位置锁紧器、定时器（气囊式和电子式）、机械连锁机构、电涌压抑器和自锁继电器等。接触器配有 WB30 自锁继电器，可以使接触器实现无声节电运行和断电自锁保持，其附件通用性好，容易卡装。B 系列交流接触器派生产品如 B75C 为切换电容接触器，主要适用于可补偿回路中接通和分断电力电容器，以调整用电系统的功率因数，接触器具有抑制接通电容时出现的冲击电流的功能。

除了上述交流接触器外，还有应用特殊场合的由晶闸管和交流接触器组合而成的混合式交流接触器和真空接触器等。混合式交流接触器能在灭弧的情况下通断负载。

接触器的图形符号和文字符号如图 1-24 所示。

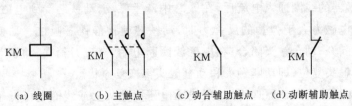

(a) 线圈 (b) 主触点 (c) 动合辅助触点 (d) 动断辅助触点

图 1-24 接触器的图形符号和文字符号

交流接触器型号的意义如下。

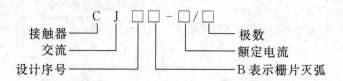

直流接触器型号的意义如下。

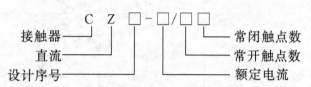

接触器的选择主要依据以下几个方面。

①选择接触器的类型。根据负载性质选择接触器的类型。

②选择接触器主触点的额定电压。额定电压应不小于主电路工作电压。

③选择接触器主触点的额定电流。额定电流应不小于被控电路的额定电流。

对于电动机负载,还应根据其运行方式,具体选择如下:

$$I_c \geqslant \frac{P_d \times 10^3}{KU_d} \tag{1-7}$$

式中:K——经验常数,一般取 $1 \sim 1.4$;

$\quad P_d$——电动机功率,单位为 kW;

$\quad U_d$——电动机额定线电压,单位为 V;

$\quad I_c$——接触器主触点电流,单位为 A。

④选择接触器吸引线圈的额定电压。吸引线圈的额定电压与频率要与所在控制电路的选用电压和频率相一致。直流接触器线圈加的是直流电压,交流接触器线圈一般加交流电压,但有时为了提高接触器的最大使用频率,交流接触器也采用直流线圈。吸引线圈的额定电压可以与主电路的额定电压相同,也可以根据需要选用与主电路的额定电压不相同的电压。

4)接触器的主要技术参数

额定电压是指主触头的额定工作电压。交流的有 36 V、127 V、220 V、380 V 等;直流的有 24 V、48 V、110 V、220 V、440 V 等。

吸引线圈的额定电压:直流线圈的有 24 V、48 V、110 V、220 V、440 V 等;交流线圈的有 36 V、127 V、220 V、380 V 等。

额定电流是指主触头的额定工作电流。它是指在一定条件(额定电压、使用类别和操作频率等)下规定的,目前常用的电流等级为 10~800 A。

机械寿命(1 000 万次以上)与电气寿命(100 万次以上)是产品质量的重要指标之一。

操作频率是指每小时允许操作的次数,一般为 300 次/h、600 次/h、1 200 次/h 等。

动作值指的是吸合电压和释放电压。规定接触器的吸合电压大于线圈额定电压的 85% 时应可靠地吸合,释放电压不高于线圈额定电压的 70%。

CJ20 系列交流接触器的主要技术参数如表 1-4 所示。

表 1-4 CJ20 系列交流接触器的主要技术参数

型号	额定电压/V	额定电流/A	可控制电动机最大功率/kW	最大操作频率/(次/h)	吸引线圈消耗功率		机械寿命/万次	电气寿命/万次
					启动功率/(V·A)	吸持功率/(V·A)		
CJ20-10	380	10	2.2	1 200 600	65	8.3	1 000	100
CJ20-25		25	11		93.1	13.9	1 000	100
CJ20-40		40	22		175	19	1 000	200
CJ20-63		63	30		480	57	1 000	200
CJ20-100		100	50		570	61	1 000	200
CJ20-160		160	85		855	82	1 000	200
CJ20-400		400	200		3 578	250	600	120
CJ20-630		630	300		3 578	250	600	120

常用的直流接触器有 CZ0、CZ18 等系列,其中 CZ18 系列为 CZ0 系列的换代产品。表 1-5 所示为 CZ18 系列直流接触器的主要技术参数。

表 1-5 CZ18 系列直流接触器的主要技术参数

型号	额定电压/V	额定电流/A	辅助触点数目	额定操作频率/(次/h)	吸引线圈电压值/V	线圈消耗功率/W	机械寿命/万次	电气寿命/万次
CZ18-40	440	40	两常开两常闭	1 200	24、48、110、220、440	22	500	50
CZ18-80		80		1 200		30		
CZ18-160		160		600		40		
CZ18-315		315		600		43		
CZ18-630		630		600		50	300	30

四、控制电路中的低压电器

1. 主令电器

主令电器是用来较为频繁地切换复杂的多回路控制电路的控制器,在自动控制系统中是专用于发送控制指令或信号的操作电器。常用的主令电器有控制按钮、行程开关、接近开关、主令控制器和万能转换开关等。

1) 控制按钮

控制按钮是一种用人力操作,具有储能(弹簧)复位的主令电器。它的结构虽然简单,却是应用很广泛的一种电器,主要用于远距离操作接触器、继电器等电磁装置,以切换自动控制电路。

(1)控制按钮的结构。

控制按钮主要由按钮帽,复位弹簧、动触头、静触头和外壳组成,其结构示意如图 1-25 所示。控制按钮可以做成单式按钮(一个常闭触头或常开触头)和复合式按钮(一个常闭触头和一个常开触头)。常用按钮的规格一般为交流电压 380 V,额定电流为 5 A。

控制按钮在外力作用下,首先断开常闭触点,然后再接通常开触点。复位时,常开触点先断开,常闭触点后闭合,请注意动作时的时间差。另外,因控制按钮在外力撤除后具有自动复位的特点,因此在连续控制中需加自锁装置。

(2)控制按钮的类型。

控制按钮可分为单联按钮、双联按钮和三联按钮三种。单联按钮只有一组常开触点和常闭触点;双联按钮有两组常开触点和常闭触点;三联按钮有三组常开触点和常闭触点。控制按钮的外形图如图1-26所示,文字符号和图形符号如图1-27所示。

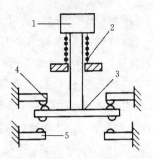

图1-25 控制按钮的结构示意图

1—按钮帽;2—复位弹簧;3—动触点;
4—常闭静触点;5—常开静触点

(a) LA10系列按钮 (b) LA18系列按钮 (c) LA19系列按钮

图1-26 控制按钮的外形图

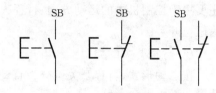

(a) 常开触点 (b) 常闭触点 (c) 复式触点

图1-27 控制按钮的文字符号和图形符号

(3)控制按钮的型号。

控制按钮的型号及其含义如下。

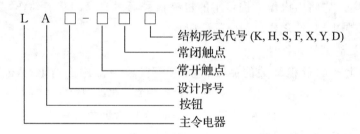

目前使用较多的产品有LA18、LA19、LA20、LA25和LAY3等系列。其中LA25系列为通用型按钮的更新换代产品,采用组合式结构,可根据需要任意组合其触点数目,最多可组成6个单元。

控制按钮的选用原则:根据使用场合、负载电流的性质、动作要求及控制方式来选择按钮的结构形式、触头数目、是否带指示灯及按钮的颜色等。

小知识

(1)按钮的颜色及含义。国标GB 5226.1—2008对按钮的颜色作如下规定:"启动/接通"按钮颜色应为白、灰、黑或绿色,优先用白色,但不允许用红色;"急停"和"紧急断开"按钮应使用红色;"停止/断开"按钮应使用黑、灰或白色,优先用黑色,不允许用绿色,也允许选用红色,但靠近紧急操作器件建议不使用红色;"启动/接通"与"停止/断开"交替操作的按钮应选用白、灰或黑色,不允许使用红、黄或绿色;"复位"按钮应为蓝、白、灰或黑色,如果它们还用于"停止/断开"按钮,最好使用白、灰或黑色,优先选用黑色,不允许用绿色。

（2）控制按钮在结构上有开启式(K)、紧急式(J)、自锁式(Z)、钥匙式(Y)，旋钮式(X)、保护式(H)等。如根据德国西门子公司技术标准生产的LAY3系列产品。

（3）灯光按钮的信息作用。A——指示。通过按钮上的灯亮,告知操作者需按压该按钮,以完成某种操作,按压后灯灭,以反映某个指令已被执行。当需要引起操作者注意(如警报)时,可采用闪光按钮,该按钮被按压后,闪光变定光,在警报未被排除前,定光不灭。B——执行。C——灯光按钮,不得用于事故按钮。

2）行程开关

行程开关是根据生产机械的某些运动部件的碰撞来发出控制指令的一种主令电器。它主要用于控制机械的运动方向、行程大小和限位保护等。当用于位置保护时,行程开关亦称为限位开关。

（1）行程开关的类型。

按运动形式,行程开关可分为直动式和转动式两类。按结构,行程开关可分为直动式、滚动式和微动式三种。

（2）行程开关的结构和动作原理。

从结构上来看,行程开关可分为操作机构、触头系统和外壳三部分。图1-28所示为LX19系列行程开关的外形图,它有一个常开触头和一个常闭触头。操作机构是行程开关的感应部分,用于接收机械设备发出的动作信号,并将此信号传递到触头系统。触头系统是行程开关的执行部分,它将由操作机构传来的机械信号通过自身的转换动作,变换为电信号,输出到相关的控制电路,使之作出相应的反应。

（3）行程开关的型号和符号。

目前,国内生产的行程开关的品种、规格很多,较为常用的有LXW5、LX19、LXK3、LX32、LX33和3SE3等系列。LXW5系列为微动开关。新型3SE3系列行程开关的额定工作电压为500 V,额定电流为10 A,其机械、电气寿命比常见的行程开关的更长。

行程开关的文字符号和图形符号如图1-29所示。

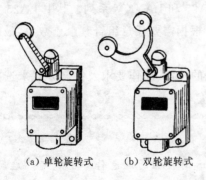

(a) 单轮旋转式　　(b) 双轮旋转式

图1-28　LX19系列行程开关的外形图

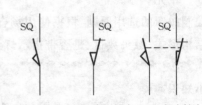

(a) 常开触头　(b) 常闭触头　(c) 复式触头

图1-29　行程开关的文字符号和图形符号

行程开关的型号及其含义如下。

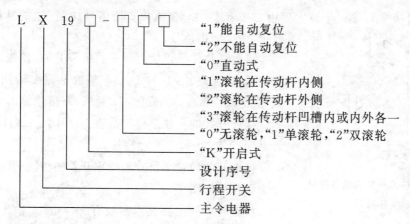

图中标注：

```
L X 19 □ - □ □ □
```

- "1"能自动复位
- "2"不能自动复位
- "0"直动式
- "1"滚轮在传动杆内侧
- "2"滚轮在传动杆外侧
- "3"滚轮在传动杆凹槽内或内外各一
- "0"无滚轮，"1"单滚轮，"2"双滚轮
- "K"开启式
- 设计序号
- 行程开关
- 主令电器

（4）行程开关的选用原则。

行程开关的选用原则：主要根据不同的使用场合，即机械位置对开关形式的要求，控制电路对触头的数量要求及电流、电压等级来确定其型号。

3）接近开关

接近开关又称为无触点行程开关，它是一种无接触式物体检测装置，是当某一物体接近信号机构时，由信号机构发出"动作"信号的一种位置开关。

（1）接近开关的作用和特点。

除了有行程开关行程控制和限位保护作用外，它还可用于检测金属体的存在、高速计数、测速、定位、变换运动方向、检测零件尺寸、液面控制及无触点控制等。

接近开关的特点：①接近开关是一种开关型传感器，它既有行程开关、微动开关的特性，又具有传感器的性能；②接近开关的动作可靠、性能稳定、频率响应快、寿命长、抗干扰能力强；③接近开关需防水、防震和耐腐蚀；④接近开关是一种无触点开关。正因为这些特点，接近开关在工业生产方面已得到广泛应用。

（2）接近开关的结构和工作原理。

接近开关按其工作原理分为高频振荡型、电容型、永磁型等三种，其中以高频振荡型最为常用。

高频振荡型接近开关的电路由振荡器、放大器和输出三部分组成。其基本原理是，当金属物体接近高频振荡器的线圈时，振荡回路参数将发生变化，振荡减弱直到终止而输出控制信号。图 1-30 所示为 LJ2 系列晶体管式接近开关的原理图。第一级是一个电容三点式振荡器，由三极管 T_1、振荡线圈 L 及电容 C_1、C_2 和 C_3 组成。一般情况下，振荡器的输出加到

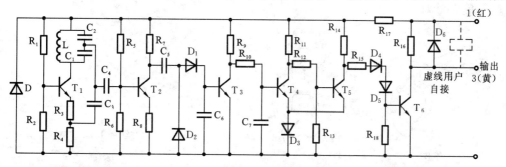

图 1-30　LJ2 系列晶体管式接近开关的原理图

三极管 T_2 的基极上,经 T_2 放大后由二极管 D_1、D_2 整流成直流信号加到 T_3 的基极,使 T_3 导通 T_4 截止,进而使 T_5 导通、T_6 截止,而无输出信号。

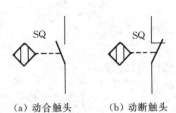

(a) 动合触头　　(b) 动断触头

图 1-31　接近开关的图形符号和文字符号

当金属物体靠近接近开关感辨头 L 时,使振荡器的振荡减弱,直至终止,这时 D_1、D_2 整流电路无输出电压,则 T_3 截止,T_4 导通,T_5 截止,T_6 导通,有信号输出。

接近开关的主要系列产品有 LJ2、LJ6、LXJ18 和 3SG 等系列。

接近开关的文字符号与行程开关的相同,其图形符号和文字符号如图 1-31 所示。

接近开关的主要技术参数有工作电压、输出电流、动作距离、重复精度等。

接近开关在使用时应注意:所加的电源电压不应超过其额定工作电压,负载电压应与接近开关的输出电压相符,负载电流不能超过其输出能力。在用于计数和测速时,其计数频率应小于接近开关的工作响应频率,否则会出现计数误差。

小讨论

在图 1-30 所示的接近开关的电路原理图中,二极管 D_6 的作用是什么?由此是否可看出产生过电压的本质是什么?电路中防止过电压的思路是什么?

4)万能转换开关

万能转换开关是一种多操作位置,可以控制多个回路的主令电器,常用作控制电路发布控制指令或用于远距离控制。万能转换开关也可作为电压表、电流表的换相开关,或作为小容量电动机的启动、调速和换向控制装置。

(1)万能转换开关的结构和工作原理。

LW6 系列万能转换开关由操作机构、面板、手柄及触点座等主要部件组成,其操作位置有 2~12 个,触点底座有 1~10 层,其中每层底座均可装 3 对触点,并由底座中间的凸轮进行控制,其结构示意图如图 1-32 所示。由于每层凸轮可做成不同的形状,因此,当手柄转动到不同位置时,凸轮的作用可使各对触点按所需要的规律接通和分断。LW6 系列万能转换开关还可装成双列形式,列与列之间用齿轮啮合,并由 1 个公共手柄进行操作,装入的触点最多可达到 60 对。

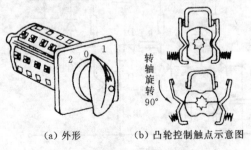

(a) 外形　　(b) 凸轮控制触点示意图

图 1-32　万能转换开关结构示意图

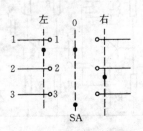

图 1-33　万能转换开关的图形符号及文字符号

(2)万能转换开关的型号和符号。

目前常用的万能转换开关有 LW5、LW6、LW8、LW9、LW12 和 LW15 等系列。其中，LW9、LW12 符合 IEC(国际电工委员会)标准。

万能转换开关各挡位电路通断状况的表示有两种方法:一种是图形表示法;另一种是列表表示法。图 1-33 所示为万能转换开关的图形符号和文字符号。

如图 1-33 所示,万能转换开关在零位时 1、3 两路接通,在左位时仅 1 路接通,在右位时仅 2 路接通。

5) 主令控制器与凸轮控制器

(1)主令控制器。

主令控制器可用来频繁地按预定顺序切换多个控制电路,它与磁力控制盘配合,可实现对起重机、轧钢机、卷扬机及其他生产机械的远距离控制。图 1-34 所示为主令控制器的结构示意图。当转动轴转动时,凸轮块随之转动,当凸轮块的凸起部分转到与小轮接触时,则推动支杆向外张开,使动触点离开静触点,将被控回路断开。当凸轮块的凹陷部分与小轮接触时,支杆在反力弹簧的作用下复位,使动触点闭合,从而接通被控回路。像这样安装一串不同形状的凸轮块,可使触头按一定顺序闭合与断开,以获得按一定顺序进行控制的电路。

主令控制器的主要产品有 LK14、LK15 及 LK16 等系列,LK14 系列主令控制器的额定电压为 380 V,额定电流为 15 A,控制电路数达 12 个。LK14 系列属于调整式主令控制器,闭合顺序可根据实际情况调整。

(2)凸轮控制器。

凸轮控制器是一种大型的手动控制器,主要用于起重设备中直接控制中小型绕线式异步电动机的启动、停止、调速、反转和制动,也适用于有相同要求的其他电力拖动场合。

凸轮控制器主要由触头、转轴、凸轮、杠杆、手柄、灭弧罩及定位机构等组成。图 1-35 所示为凸轮控制器的结构示意图,其工作原

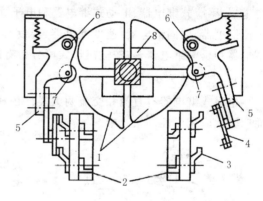

图 1-34 主令控制器的结构示意图

1,8—凸轮块;2—接线柱;3—静触点;4—动触点;
5—支杆;6—转动轴;7—小轮

理与主令控制器的基本相同。由于凸轮控制器可直接控制电动机工作,所以其触头容量大,并有灭弧装置,这是与主令控制器的主要区别。

凸轮控制器的优点是,控制电路简单,开关元件少,维修方便等;缺点是,体积较大,操作笨重,不能实现远距离控制。

目前使用的凸轮控制器主要有 KT10、KT14 及 KT5 等系列。

主令控制器与凸轮控制器的图形符号及触头在各挡位通断状态的表示方法与万能转换开关的类似,文字符号也用 SA 表示。图 1-36(a)所示为主令控制器的图形符号和文字符号,图 1-36(b)所示的通断表中"＋"表示接通该触头,"－"或无符号表示断开该触头。

2. 继电器

继电器是根据某种输入信号接通或断开小电流控制电路,实现远距离自动控制和保护的自动控制电器,其输入量可以是电流、电压等电量,也可以是温度、时间、速度、压力等非电

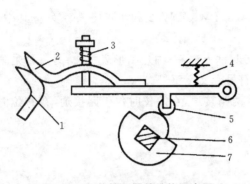

图 1-35 凸轮控制器的结构示意图

1—固定触头；2—动触头；3—触头弹簧；
4—返回弹簧；5—导轮；6—转轴；7—凸轮

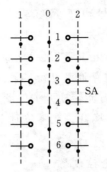

SA

触头号	1	0	2
1	+	+	
2		+	+
3	+	+	
4		+	+
5		+	+
6		+	+

（a）图形符号和文字符号　　（b）通断表

图 1-36 主令控制器的图形符号、
文字符号和通断表

量，而输出则是触点的动作或电路参数的变化。

继电器一般由感测机构、中间机构和执行机构三个基本部分组成。继电器的种类繁多，分类方式也很多。它按用途可分为控制继电器和保护继电器等；按动作原理可分为电磁式继电器、感应式继电器、电动式继电器和电子式继电器等；按感测的参数可分为电流继电器、电压继电器、时间继电器、速度继电器、温度继电器、压力继电器等；按动作时间可分为瞬时继电器和延时继电器等；按输出形式可分为有触点和无触点两类。

1）电磁式继电器

电磁式继电器有直流和交流两大类。由于它们结构简单、价格低廉、使用维护方便，因而广泛地应用于控制系统中。

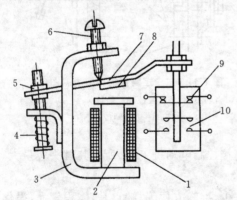

图 1-37 JT3 系列直流电磁式
继电器的结构示意图

1—线圈；2—铁芯；3—磁轭；4—弹簧；
5—调节螺母；6—调节螺钉；7—衔铁；
8—非磁性垫片；9—常闭触点；10—常开触点

电磁式继电器的结构及工作原理与接触器的类似。它们的主要区别在于：电磁式继电器可对多种输入量的变化作出反应，而接触器只有在一定的电压信号下动作；电磁式继电器用于切换小电流的控制电路和保护电路，而接触器用来控制大电流电路；继电器没有灭弧装置，触点也无主副之分等。

电磁式继电器的结构与接触器的大体相似，它也由电磁机构和触头系统两个主要部分组成。电磁机构由线圈、铁芯、衔铁组成。JT3 系列直流电磁式继电器的结构示意图如图 1-37 所示。触头系统中的触头接在控制电路中，且电流小，故没有灭弧装置。触头一般为桥式触头，有常开和常闭两种形式。

电磁式继电器一般有电流继电器、电压继电器和中间继电器等三种类型。

（1）电流继电器。

电流继电器有欠电流继电器和过电流继电器之分。电流继电器的线圈与被测量电路串联,以反映电路电流的变化,其线圈匝数少,导线粗,线圈阻抗小。

①欠电流继电器。当电流为(30%~65%)I_N时,衔铁吸合;当电流为(10%~20%)I_N时,衔铁释放。它用于电流过小时切断电路,起欠电流保护(正常时衔铁吸合,不正常释放)。

②过电流继电器。当电流为I_N时,衔铁释放;当电流为(110%~350%)I_N时,衔铁吸合。它用于电流过大时切断电路,起过电流保护作用(正常时衔铁释放,不正常时吸合)。

电流继电器的图形符号和文字符号如图 1-38 所示。

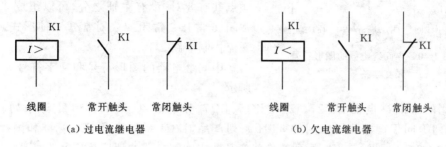

(a) 过电流继电器   (b) 欠电流继电器

图 1-38　电流继电器的图形符号和文字符号

常用的电流继电器的型号有 JL14、JL17、JL18、JT17、JT18 等系列。其中,JL14 系列为交直流电流继电器,JL18 系列为交直流电流继电器,JT18 系列为直流电磁式通用继电器。

③电流继电器的选用。在选用过电流继电器时,对于小容量直流电动机和绕线式异步电动机,继电器线圈的额定电流按电动机长期工作的额定电流选择;对于频繁启动的电动机,继电器线圈的额定电流应选大一些。

(2)电压继电器。

根据线圈两端电压大小接通或断开电路的继电器称为电压继电器。电压继电器可分为过电压继电器、欠电压继电器和零电压继电器三种。其线圈的特点是线圈导线细、匝数多,使用时应并联在主电路中。

①过电压继电器。当电压为(105%~120%)U_N时,衔铁吸合,触头动作(正常时衔铁处于释放状态)。它用于电压过大时切断电路,在电路中起过电压保护作用。

②欠电压继电器。当电压为(40%~70%)U_N时,衔铁释放,正常时衔铁吸合,不正常时衔铁释放。它在电路中起欠电压保护作用。

③零电压继电器。零电压继电器的释放值为(5%~25%)U_N,用于电压过小时切断电路,在电路中起零电压保护作用。

电压继电器的图形符号和文字符号如图 1-39 所示。

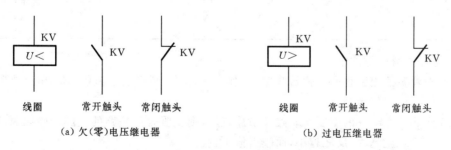

(a) 欠(零)电压继电器   (b) 过电压继电器

图 1-39　电压继电器的图形符号和文字符号

常用的电压继电器的型号有 JT4、JT18 等系列。

电压继电器的选用。线圈电压和电流应满足电路的要求,触点数量与容量应满足被控制电路的要求,也应注意电路是交流还是直流。

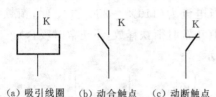

(a) 吸引线圈　(b) 动合触点　(c) 动断触点

图 1-40　中间继电器的图形符号
**　　　　　和文字符号**

(3)中间继电器。

中间继电器实质上是一种电压继电器,但它的触点数量多,容量较大,起到了中间放大的作用。触点共有 8 对,没有主辅之分,可以组成 4 常开 4 常闭、6 常开 2 常闭或 8 对常开三种形式,多用于交流控制电路。

中间继电器的图形符号和文字符号如图 1-40 所示。

常用的中间继电器有 JZ7、JZ14、JZ15、JZ17、JZC1、JZC4、JTX、3TH 等系列。其中,JZC1 系列等同于德国西子公司的 3TH 系列产品,JZC4 系列符合 IEC 标准和国标 GB/T 14048.10—2016 标准,是 JZ7 系列的换代产品。中间继电器的型号及其含义如下。

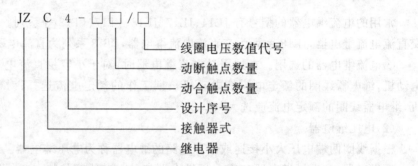

(4)电磁式继电器的主要技术参数。

表 1-6 所示为 JZC4 系列电磁式中间继电器的主要技术参数。

表 1-6　JZC4 系列电磁式中间继电器的主要技术参数

额定绝缘电压/V	约定发热电流/A	最小负载(可靠工作)	额定功率		电气寿命/(×10⁴ 次)	机械寿命/(×10⁴ 次)	线圈电压AC/V
			DC	AC			
660	10	0.6 VA(6V 或 10 mA 以上)	DC-11 220 V 33 W DC-13 50 W	AC-11 380 V 300 V·A AC-15 400 V·A	≥200	≥2 000	24、(36)、48、110、(127)、220、380

(5)电磁式继电器的整定。

①调整弹簧的松紧程度。弹簧收紧,反作用力增大,则吸引电流(电压)和释放电流(电压)也就越大,反之就越小。

②改变非磁性垫片的厚度。非磁性垫片越厚,衔铁吸合后磁路的气隙和磁阻就越大,释放电流(电压)也就越大,反之越小,而吸引值不变。

③改变初始气隙的大小。当反作用弹簧力和非磁性垫片厚度一定时,初始气隙越大,吸引电流(电压)就越大,反之就越小,而释放值不变。

(6)电磁式继电器的选用。

选用时主要依据继电器所保护或所控制的对象对继电器提出的要求,如触头的数量、种类,返回系数,控制电路的电压、电流、负载性质等。

2)时间继电器

时间继电器是一种利用电磁原理或机械动作原理实现触头延时接通或断开的自动控制电器。其种类很多,按其动作原理可分为电磁式、空气阻尼式、电动式、电子式和数字式;按时间继电器的延时方式可分为通电延时型和断电延时型。

(1)直流电磁式时间继电器。

直流电磁式时间继电器是在直流电磁式电压继电器的铁芯上增加一个阻尼铜套而构成的时间继电器。当线圈通电时,由于衔铁处于释放位置,气隙大,磁通小,铜套阻尼作用相对也小,因此,衔铁吸合时延时不显著(一般忽略不计)。而当线圈断电时,磁通变大,铜套阻尼作用也大,使衔铁延时释放而起到延时作用。因此,直流电磁式时间继电器仅用于断电延时。

直流电磁式时间继电器的优点是,结构简单、可靠性高、寿命长。其缺点是,仅能获得断电延时、延时精度不高且延时时间短,最长不超过 5 s。常用产品有 JT3 系列和 JT18 系列。

(2)空气阻尼式时间继电器。

空气阻尼式时间继电器是利用空气阻尼原理实现延时的。它由电磁机构、延时机构和触点系统三部分组成。电磁机构采用直动式双 E 形铁芯,触点系统借用 LX5 型微动开关,延时机构采用气囊式阻尼器。电磁机构可以是直流的,也可以是交流的。

空气阻尼式时间继电器可以做成通电延时型,JS7-A 系列时间继电器的原理示意图如图 1-41 所示。

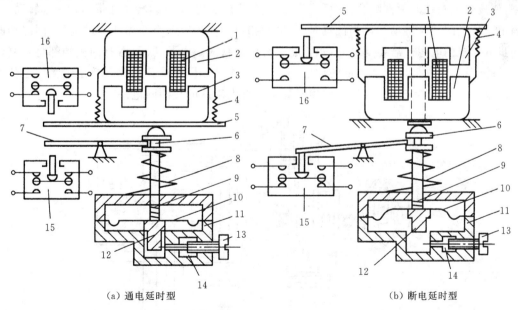

(a)通电延时型   (b)断电延时型

图 1-41 JS7-A 系列时间继电器的原理示意图

1—线圈;2—铁芯;3—衔铁;4—反力弹簧;5—推板;6—活塞杆;
7—杠杆;8—塔形弹簧;9—弱弹簧;10—橡皮膜;11—空气室壁;
12—活塞;13—调节螺杆;14—进气孔;15、16—微动开关现以通电延时型时间继电器为例介绍其工作原理。当线圈通电后,衔铁吸合,微动开关受压,其触头动作无延时。活塞杆在塔形弹簧的作用下,带动活塞及橡皮膜向上移动,但由于橡皮膜下方气室的空气稀薄,形成负压,因此活塞杆只能缓慢地向上移动,其移动的速度视进气孔的大小而定,可通过调节螺杆进行调整。经过一定的延时后,活塞杆才能移动到最上端。这时杠杆压动微动开关,使其常闭触点断开,常开触点闭合,起到通电延时作用。

当线圈断电时,电磁吸力消失,衔铁在反力弹簧的作用下释放,并通过活塞杆将活塞推向下端,这时橡皮膜下方气室内的空气通过橡皮膜、弱弹簧和活塞的肩部所形成的单向阀,迅速地从橡皮膜上方的气室缝隙中排掉,微动开关迅速复位,无延时。

空气阻尼式时间继电器的优点是,结构简单、延时范围大、寿命长、价格低廉且不受电源电压及频率波动的影响。其缺点是,延时误差大、无调节刻度指示。空气阻尼式时间继电器一般适用于延时精度要求不高的场合。

空气阻尼式时间继电器常用的产品有 JS7-A、JS23 等系列。其中 JS7-A 系列的主要技术参数如下:延时范围有 $0.4\sim60$ s 和 $0.4\sim180$ s 两种,延时误差为 $\pm15\%$;操作频率为 600 次/h,触点容量为 5 A。

在使用空气阻尼式时间继电器时,应保持延时机构的清洁,防止因进气孔堵塞而失去延时作用。

(3)电动式时间继电器。

电动式时间继电器由微型同步电动机拖动,也有通电延时型和断电延时型两种类型。常用的产品有 JS11 系列。

该系列通电延时型时间继电器的结构及工作原理如图 1-42 所示。当只接通同步电动机电源时,齿轮 z_2 和 z_3 绕轴空转而转轴本身不转。如需要延时,则接通离合电磁铁线圈回路,使离合电磁铁的衔铁吸合,从而将齿轮 z_3 刹住。齿轮 z_2 继续转动并带动轴一起转动,当固定在轴上的凸轮转动到适当位置时,推动脱扣机构使延时触点组做相应的动作,同时切断同步电动机的电源。需要复位时,只需将离合电磁铁线圈电源切断,所有的机构都将在复位游丝的作用下,立即回到动作前的位置,并为下一次动作做好准备。改变整定装置中定位指针的位置,可改变延时设定时间,整定时要求离合电磁铁的线圈断电。

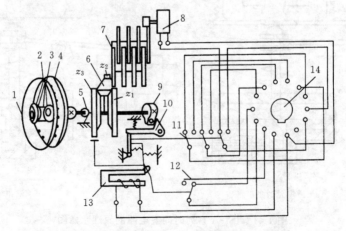

图 1-42 JS11 系列通电延时型电动式时间继电器的原理示意图
1—延时整定处;2—指针定位;3—指针;4—刻度盘;5—复位游丝;6—差动轮系;7—减速齿轮;
8—同步电动机;9—凸轮;10—脱扣机构;11—延时触点;12—瞬时触点;13—离合电磁铁;14—插头

电动式时间继电器的优点是,延时范围宽(0~72 h),整定偏差和重复偏差小,延时时间不受电源电压波动和环境温度变化的影响等。其缺点是,机械结构复杂、价格贵、延时精度受电源频率的影响等。

目前,电动式时间继电器的型号除 JS11 系列外,还有高精度电动式时间继电器 3PR 系列和 3PX 系列,其中 3PX 系列为密封型,安装方式有卡轨式、螺钉式和板面式三种。

(4)电子式时间继电器。

电子式时间继电器具有延时长、调节范围宽、体积小、延时精度高和使用寿命长等特点。电子式时间继电器按延时原理,可分为阻容充电延时型和数字电路型两种;电子式时间继电器按输出形式,可分为有触点式和无触点式两种。

图 1-43 所示为 JS20 系列场效应晶体管时间继电器的电气原理图。接通电源,通过电阻 R_{10}、R_{P1}、R_2 对电容 C_2 充电,电压按指数规律上升,此时场效应晶体管 T_1 的负栅偏压值逐渐减小,但只要 u_{GS} 的绝对值不大于场效应晶体管的阻断电压 u_P 的绝对值,即 $|u_C - u_S| > |u_P|$,场效应晶体管 T_1 就不会导通,直到 u_C 上升到 $|u_C - u_S| < |u_P|$ 时,T_1 开始导通,D 点电位下降使 T_2 趋于导通,并使场效应晶体管的 u_P 降低,使负栅偏压越来越小,晶体管 T_2 迅速由截止变为导通,并触发晶闸管 SCR 使其导通,同时 KA 动作。此过程所需要的时间即为时间继电器的通电延时时间。KA 动作后,C_2 经 KA 常开触点对电阻 R_9 放电,同时氖灯 Ne 亮,并使 T_1、T_2 截止,为下次延时做好准备。

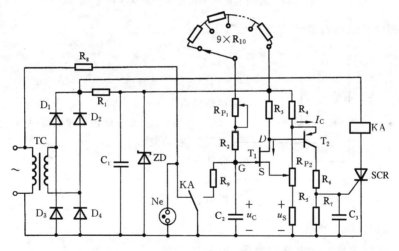

图 1-43 JS20 系列场效应晶体管时间继电器的电气原理图

电子式时间继电器常用的产品有 JSJ、JS20、JSS、JSZ7、3PU、ST3P 和 SCF 等系列。JS20 系列产品规格齐全,有通电延时型和断电延时型,并带有瞬动触点,具有延时范围长、调整方便、性能稳定、延时误差小等优点。JSS 系列为数字电路型电子式时间继电器,通过计数进行延时,其规格有消除型、积累型和循环型。JSS 系列可用拨码开关设定时间范围,延时范围从 0.1 s 到 9 999 min 可调,具有延时范围宽、精度高、寿命长等优点。JSZ7 系列是根据德国西门子公司技术标准生产的时间继电器,其主要技术指标、性能、外形和安装尺寸与同类进口产品的基本相同。

(5)数字式时间继电器。

数字式时间继电器按时基发生器构成原理可分为电源分频式、RC 振荡式和石英分频式三种。数字式时间继电器采用计数器或微处理器进行延时。数字式时间继电器延时范围宽广、精度高、工作可靠、体积小、功耗小、延时过程可数字显示且延时方法灵活,但电路复杂、价格较高。

目前,市场上的数字式时间继电器的型号较多,有 DH48S、DH14S、DH11S(DH 为数显)、JSS14S、JS14、JS14P 等系列。其中,JSS14S 与 JS14、JS14P、JS10 系列兼容,替换方便。DH48S 系列为数显时间继电器,延时范围为 0.01~99 h,任意预置。

时间继电器的图形符号和文字符号如图 1-44 所示,各触头的动作特点如下。①通电延时型时间继电器的触头:通电时,延时触头不动作,延时一段时间后才动作,但瞬时触头立即动作;断电时,无论延时触头还是瞬时触头都立即复位。②断电延时型时间继电器的触头:通电时,无论延时触头还是瞬时触头都立即动作;断电时,延时触头不复位,延时一段时间后才复位,但瞬时触头立即复位。

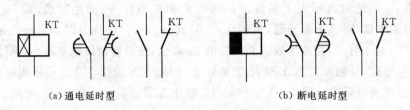

(a) 通电延时型　　　　　　　　　　(b) 断电延时型

图 1-44　时间继电器的图形符号和文字符号

JS20 系列时间继电器型号及其含义如下。

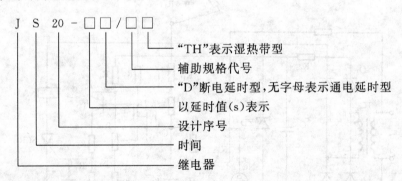

- "TH"表示湿热带型
- 辅助规格代号
- "D"断电延时型,无字母表示通电延时型
- 以延时值(s)表示
- 设计序号
- 时间
- 继电器

(6)时间继电器的选用。

①延时方式应满足控制电路的要求。

②根据延时范围和精度选择继电器的种类。要求不高的场合,宜采用空气阻尼式,要求很高或延时很长的场合,可采用电动式,一般情况可考虑晶体管式。

③根据控制电路电压选择吸引线圈的电压。

④要考虑时间继电器的外形尺寸、安装方式和价格等因素。

3) 热继电器

热继电器的主要作用是实现电动机的过载保护及断相保护。三相异步电动机在实际运行中,经常遇到过载的情况。如果过载不大,并且持续的时间不长,只要电动机绕组不超过允许的温升,这种过载就是允许的。过载的时间过长,绕组的温升超过了允许值,将会加剧绕组绝缘的老化,缩短电动机的使用寿命,更严重时电动机的绕组可能会烧坏。因此,三相异步电动机在长期运行中,需要对其进行过载保护。

(1)热继电器的结构及工作原理。

热继电器主要由热元件、双金属片、触点系统等组成。双金属片是热继电器的感测元件,它由两种不同线膨胀系数的金属用机械辗压而成。线膨胀系数大的称为主动层,小的称为被动层。图1-45(a)所示为热继电器的结构示意图。

电器是利用电流的热效应原理来实现对电动机的过载保护的,与熔断器一样,热继电器也具有反时限保护特性。如图1-45(a)所示,当热元件串接在电动机定子绕组中时,若电动机正常工作,热元件产生的热量虽然能使双金属片弯曲,但还不能使热继电器动作。当电动机过载时,流过热元件的电流增大,经过一定时间后,双金属片推动导板使热继电器触点动作,切断电动机的控制电路,实现过载保护。

断相运行是电动机烧毁的主要原因之一,因此,要求热继电器还应具备断相保护功能。如图1-45(b)所示,热继电器的导板采用差动机构,在断相工作时,其中两相电流增大,一相逐渐冷却,这样可使热继电器的动作时间缩短,从而更有效地保护电动机。

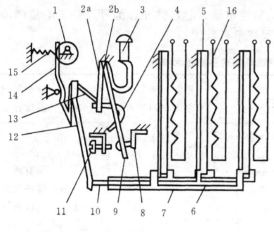
（a）结构示意图

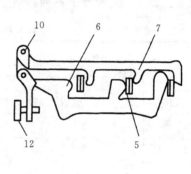
（b）差动式断相保护示意图

图 1-45　热继电器的结构示意图

1—电流调节凸轮;2a、2b—簧片;3—手动复位机构;4—弓簧;5—主双金属片;
6—外导板;7—内导板;8—常闭静触点;9—动触点;10—杠杆;11—复位调节螺钉;
12—补偿双金属片;13—推杆;14—连杆;15—压簧;16—热元件

(2)热继电器型号和技术参数。

热继电器的图形符号和文字符号如图1-46所示。

热继电器的常用产品有JR16、JR20、JRS1(法国 TE公司的 LR1-D)、JRS2（德国西门子公司的 3UA 系列）、T 系列（瑞士 ABB 公司的产品）LR1-D 等系列。其中,JR20、JRS1 系列具有断相保护、温度补偿、整定电流可调、手动复位功能。安装方式上,热继电器除有分立结构外,还增设了组合结构,可通过导电杆与挂钩直接插接在接触器上(JR20 系列可与 CJ20 系列相接)。热继电器型号及其含义如下。

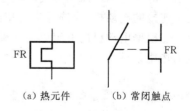
（a）热元件　　（b）常闭触点

图 1-46　热继电器的图形符号
和文字符号

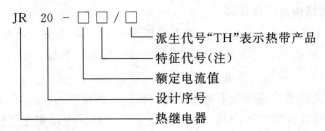

注:"Z"表示与交流接触器组合安装;

"L"表示独立安装;

"GZ"表示标准导轨组合安装;

"GL"表示标准导轨独立安装。

根据瑞士 ABB 公司技术标准生产的新型 T 系列热继电器的规格齐全,其整定电流可达 500 A,另外作为 T 系列的派生产品 T-DU 系列,其整定电流最大可达 850 A,是与新型接触器 EB 系列、EH 系列配套的产品。T 系列热继电器符合 IEC、VDE(德国电气工程师协会)等国际标准,可取代同类进口产品。

热继电器的主要技术参数有额定电压、整定电流、相数、热元件编号及整定电流调节范围等。表 1-7 所示为 T 系列热继电器的主要技术参数。

表 1-7　T 系列热继电器的主要技术参数

型号	电压相数	额定电流/A	热元件		挡数	复位方式	操作次数/(次/h)	电气寿命/次	断相保护温度补偿
			最小规格/A	最大规格/A					
T16	三相660V	16	0.11~0.16	12~17.60	22	手动	15	5 000	均有断相保护功能温度补偿−20~+50 ℃
T25		25	0.10~0.25	24~32	18				
TSA45		45	0.28~0.40	30~45	21	手动和自动			
T105		105	27~42	80~115	6				
T170		170	90~130	140~200	3				
T250		250	100~160	250~400	3				
T370		370	100~160	310~500	4				

(3)热继电器的选用。

①根据电动机的使用场合来确定热继电器的型号,一般情况下可选用两相结构的热继电器。对于电网电压均衡性较差,无人看管的电动机,宜选用三相结构的热继电器。对于三角形连接的电动机,应选择带断相保护功能的热继电器。

②根据电动机的额定电流来确定热元件的额定电流(或热元件编号)。热元件的额定电流的选用条件为

$$I_{NFR} \geqslant I_N \tag{1-8}$$

式中:I_{NFR}——热元件的额定电流;

　　I_N——负载的额定电流。

热继电器的整定电流是指热继电器的热元件允许长期通过又不致引起继电器动作的电流值。对于某一热元件,可通过调节其电流调节旋钮,在一定范围内调节其整定电流。

热继电器的整定电流为

$$I_{FRT} \approx (1.05 \sim 1.1)I_N$$

③双金属片式热继电器一般用于轻载、不频繁启动电动机的过载保护。

④对于电动机长期过载保护,除采用热继电器外,还可采用温度继电器。例如,PTC热敏电阻埋入式温度继电器就可用于电动机的过载保护,还可用于电动机的断相保护、改善通风散热条件等。

4)速度继电器

速度继电器主要用于鼠笼式异步电动机的反接制动控制,故又称为反接制动继电器。

速度继电器主要由转子、定子和触头三部分组成。转子是一个圆柱形永久磁铁。定子是一个鼠笼式空心圆环,由硅钢片叠成,并装有鼠笼式绕组。

图1-47所示为速度继电器的结构示意图。工作时,速度继电器转子的轴与被控制电动机的轴相连接,当电动机转动时,速度继电器的转子随之转动,在空间上产生旋转磁场,切割定子绕组并产生感生电流。当达到一定转速时,定子在感应电流和力矩的作用下跟随转动,转速达到一定数值时,装在定子轴上的摆锤推动簧片(动触片)动作,使常闭触头分断,常开触头闭合。当电动机转速低于某一数值时,定子产生的转矩减小,所有触头在簧片作用下复位。

常用的速度继电器有YJl型和JF20型。JF20型有两对动合、动断触头。通常速度继电器的动作转速为120 r/min以上,复位转速在100 r/min以下,转速在3 000~6 000 r/min间能可靠动作。

速度继电器的图形符号和文字符号如图1-48所示。

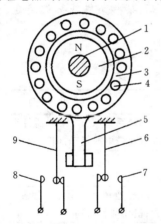

图1-47 速度继电器的结构示意图
1—转轴;2—转子;3—定子;4—绕组;
5—摆锤;6、9—簧片;7、8—静触点

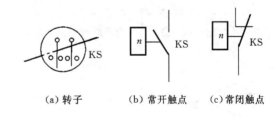

(a)转子　　(b)常开触点　　(c)常闭触点

图1-48 速度继电器的图形符号和文字符号

3. 信号灯

信号灯又称指示灯,在控制电路中用作灯光指示信号。

1)信号灯的结构及电压等级

信号灯由灯座、灯罩、灯泡和外壳组成。灯罩由有色玻璃或塑料制成,通常有红色、黄色、绿色、白色、橙色等颜色。灯泡一般是白炽灯、氖灯或发光二极管(LED),发光二极管是今后的发展趋势。发光二极管具有体积小、使用寿命长(可连续工作30 000 h以上)、工作电流小、温升低、能耗小等特点,是高效节能产品。

灯泡的额定电压通常有6 V、12 V、24 V、36 V、48 V的安全电压等级及110 V、127 V、

220 V、380 V、660 V 的非安全电压等级,以适应多种控制电压的信号指示。

2) 信号灯的型号及其含义

我国生产的信号灯主要系列有 AD1、AD2、AD11、XDJ1、XDY1 等系列。AD1 系列的灯泡有白炽灯和氖灯两种,采用变压器或电阻降压;AD2 系列为白炽灯,采用电容降压;AD11 系列为半导体节能信号灯;XDJ1 系列采用发光二极管作为电源。这些产品可替代进口和各型的老产品。

信号灯的型号及其含义如下。

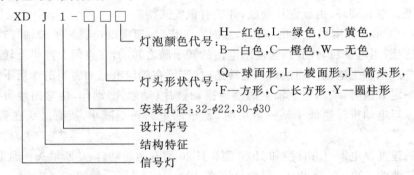

3) 信号灯的作用及颜色含义

信号灯的指示的作用是借以引起操作者的注意,或指示操作者应做的某种操作。

信号灯的执行的作用是借以反映某个指令、某种状态、某些条件或某类演变,正在执行或已被执行。

信号灯的颜色及含义如表 1-8 所示。

表 1-8 信号灯的颜色及含义

颜色	含义	说明	应用举例
红	危险或告急	有危险或须立即采取行动	润滑系统失压;保护器件动作而停车;有触及带电或运动部件的危险
黄	注意	情况有变化或即将发生变化	温度或压力异常;当仅能承受允许的短时负载
绿	安全	正常或允许进行	冷却通风正常;自动控制系统运行正常;机器准备启动
蓝	按需要指定用意	除红、黄、绿三色之外的任何指定用意	遥控指示;选择开关在"设定"位置
白	无特定用意	任何用意,例如不能确切用红、黄、绿时,以及用作"执行"时	—

小问题

在电动机的主电路中既然装有熔断器,为什么还要装热继电器?装有热继电器是否就可以不装熔断器?为什么?

二者在电路中的作用不可相互替代。这是因为:①二者的保护目的及保护特性不一样;②短路保护和过载保护的动作要求不一样;③保护的选择性。当电路发生短路故障时,要求短路保护装置立即动作,以避免事故进一步扩大。而只有当电路发生长时间过载故障时,过载保护装置才动作,这样可躲过电动机的启动电流或短时过载电流,从而可避免电动机启动或电动机短时过载时出现不必要的停车。熔断器由于保护特性具有瞬时性(热惯性很小),在电路中主要起短路保护(或设备严重过载保护)作用,而不能起过载保护作用;热继电器由于保护特性具有较大的热惯性不能立即动作,因此,不能起短路保护作用而只能起过载保护作用。

【任务实施】

一、实施环境

(1)电工实训室或机电传动控制实训室。

(2)工具:钢丝钳、偏口钳、螺丝刀。仪器仪表:自耦变压器、万用表、500 V 兆欧表。器材:ZY31SB 电气控制实训台及待认识的其他各类低压电器元件。

(3)相应的低压电器资料或专业网站、多媒体教学设备等。

二、实施步骤

1. 认识前的准备

(1)各组组长陈述并提交本次任务的实施方案和完成任务的措施。

(2)各组备齐所需工具、仪表及低压电器元件。

(3)组内任务分配。

2. 常用低压电器识别

(1)根据摆放的低压电器实物,写出各电器的名称、型号规格及表示它们的图形符号和文字符号。

(2)了解给定的每个低压电器型号的含义并说明其用途。

(3)用万用表 $R\times1$ 挡判断给定的低压电器各触点的分、合情况,并观察万用表的电阻变化情况,总结出用万用表判断常开、常闭触点的方法。

小经验

用万用表判断常开、常闭触点的方法是:选择万用表 $R\times1$ 挡,用手或旋具同时按下动触头并用力均匀(切忌将旋具用力过猛,以防触点变形或损坏器件)。

(1)常闭触点:用万用表表笔分别接触常闭触点的两接线端时,$R=0$;手动操作后,$R=\infty$。

(2)常开触点:用万用表表笔分别接触常开触点的两接线端时,$R=\infty$;手动操作后,$R=0$。

3. 任务总结与点评

1) 任务总结

(1)各组选派一名学生代表陈述本次任务的完成情况;

(2)各组互相提问,探讨识别器件,元器件铭牌参数及元器件测量的体会;

(3)各组上交最终成果。

2) 点评要点

(1)元器件的国家规定;

(2)同类元器件的不同外观形状；

(3)测量中的误差。

4.验收与评价

(1)成果验收：老师根据实训考核标准，结合各组完成的实际情况，给出考核成绩。

(2)评价标准。评价标准如表1-9所示。

表1-9　评价标准

序号	考核内容	配分	考核要求	评分标准
1	写出各元器件的名称	20	能通过查阅资料正确地写出每一个元器件的名称,名称和实物一致	每错一个扣3分
2	写出各元器件的铭牌参数	15	元器件的铭牌参数书写正确	每错一处扣5分
3	测量方法	15	测量仪表选择正确,电阻、电流、电压各测量方法正确	仪表选择不对扣10分,测量仪表挡位每错一处扣5分
4	写出各元器件的测量参数	30	电路接线正确	每错一处扣5分
5	完成情况陈述	20	表述清楚,口述答辩正确	对元器件的名称、参数、功能等表述不清楚每项扣5分

【拓展与提高】

一、其他类型继电器

1.固态继电器

1）固态继电器

固态继电器（简称SSR），是用现代微电子技术与电力电子技术发展起来的一种新型无触点开关电器，也是一种能将电子控制电路和电气执行电路进行良好电隔离的功率开关电器。固态继电器一般为四端有源器件，它有两个输入控制端，两个输出端，输入与输出间有一个隔离器件，只要在输入端加上直流或脉冲信号，输出端就能进行开关的通断转换，实现相当于电磁式继电器的功能。

2）固态继电器的种类

(1)固态继电器根据负载电源类型，可分为直流型固态继电器（DC-SSR）和交流型固态继电器（AC-SSR）。直流型固态继电器以功率晶体管作为开关元件，交流型固态继电器以晶闸管作为开关元件。

(2)固态继电器根据输入/输出之间的隔离形式，可分为光耦合隔离和磁耦合隔离两种。

(3)固态继电器根据控制触发信号，可分为过零型、非过零型、有源触发型和无源触发型。

3）固态继电器的工作原理

图1-49所示为一单相交流光耦合式固态继电器的工作原理图。当无输入信号时，光敏二极管 D_2 截止，T_1 饱和导通（T_2 截止），SCR_1 的控制极被钳制在低电位而关断，T_1 经桥整

$D_3 \sim D_6$ 而引入的电流很小，双向晶闸管 SCR_2 不足以触发导通。当有输入信号时，D_1 导通，T_1 截止。当电源电压大于过零区电压（约 ± 25 V）时，经 R_3、R_4 分压，$u_A > u_{T2_{be}}$，T_2 导通，T_2 经桥整 $D_3 \sim D_6$ 而引入的电流很小，不足使 SCR_2 触发导通。当电源电压小于过零区电压（约 ± 15 V）时，经 R_3、R_4 分压，$u_A < u_{T2_{be}}$，T_2 截止，SCR_1 的控制极通过 R_5、R_6 分压获得触发信号，SCR_1 导通，这种状态相当于短路，此时 SCR_2 控制极获得从 $R_8 \to D_3 \to SCR_1 \to D_6 \to R_9$ 和 $R_9 \to D_5 \to SCR_1 \to D_4 \to R_8$ 正反两个方向的触发脉冲，使 SCR_2 触发导通，即输出端 B、C 两点导通，接通负载电路。SCR_2 一旦导通，不管输入信号存在与否，都只有当电流过零才能恢复关断，切断负载电路。电阻 R_{10} 和电容 C 组成浪涌吸收器。

固态继电器的图形符号和文字符号如图 1-50 所示。

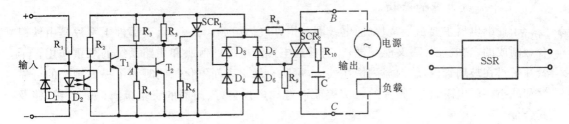

图 1-49　单相交流光耦合式固态继电器的工作原理图　　　　图 1-50　固态继电器的图形符号和文字符号

4）固态继电器的型号与主要技术参数

（1）固态继电器的型号。

常用的产品有 DJ 型系列固态继电器和 GTJ6 型多功能固态继电器。其中，DJ 型系列是利用脉冲控制技术研制的新型固态电子继电器，采用无源触发方式。

（2）固态继电器的主要技术指标。

以 DJ 型系列固态继电器为例。额定电流：输出额定电流有 1 A、3A、5 A、10 A 等。额定电压：220/380 V，选择时应根据负载电流确定规格。输出高电压：≥95％电源电压。输出低电压：≤5％电源电压。击穿电压：≥2 500 V。绝缘电阻：输入与输出之间电阻不小于 100 MΩ。此外，还有开启时间不大于 1 ms 和关闭时间不大于 10 ms 等。

5）固态继电器的特点

固态继电器无触点，无火花，工作可靠，开关速度快，无噪声，无电磁干扰，抗干扰能力强，且寿命长，体积小，耐振动，防爆，防潮，防腐蚀，能与 TTL、DTL、HTL 等逻辑电路兼容，以微小的控制信号直接驱动大电流负载。

固态继电器过载能力差，有通态压降，有断态电流，交直流不能通用，触点组数少；另外，过电压、过电流及电压上升率、电流上升率等指标差，使用温度范围窄，价格高。

6）固态继电器使用的注意事项

（1）固态继电器应根据负载类型（阻性、感性）来选用，并要采用有效的过电压吸收保护。

（2）输出端要采用 RC 回路或加非线性压敏电阻吸收瞬变电压。

（3）过电流保护应采用专门保护半导体器件的熔断器或动作时间小于 10 ms 的熔断器。

（4）安装时采用散热器，要求接触良好，且对地绝缘。

（5）应避免负载侧两端短路。

固态继电器目前已广泛应用于计算机外围接口装置、电炉加热、恒温系统、数控机械、遥控系统、工业自动化装置、信号灯光控制、仪器仪表、医疗器械、保安系统以及军事武器电控系统等领域。

2. 干簧继电器

干式舌簧继电器简称干簧继电器,是近年来迅速发展起来的一种新型密封触点的继电器。普通的继电器由于动作速度迟缓,同时因线圈的电感较大,其时间常数也较大,因而对信号的反应不够灵敏。另外,普通继电器的触头暴露在盒外,易受污染,使触头接触不可靠。干簧继电器克服了上述缺陷,具备动作速度快、高度灵敏、工作稳定可靠和功率消耗低等优点,故在自动控制装置和通信设备中得到广泛应用。

1) 干簧继电器的结构

干簧继电器主要由干簧片、通电线圈及惰性气体组成。其中,重要部件干簧片是由铁镍合金制成的,它既能导磁又能导电,兼有普通电磁继电器的触头和磁路系统的双重作用。干簧片密封在玻璃管内,管内充满惰性气体,可防止触头表面氧化。同时为了提高触头的可靠性和减小接触电阻,在干簧片的触头表面镀有导电性良好、耐磨的贵重金属(如金、铂、铑及其合金)。

干簧片的触头有两种:一种是如图 1-51(a)所示的动合式触头;另一种则是如图 1-51(b)所示的切换式触头。触头的动作:利用干簧片被磁化产生磁极,通过同性磁极相互排斥,使动断触头断开或动合触头闭合;在干簧片失去磁性后,依靠干簧片自身的弹性而自动复位,使各触头恢复原位。

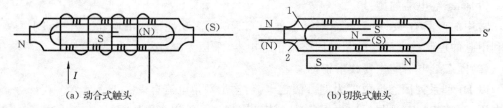

(a) 动合式触头　　　　　　　　　　(b) 切换式触头

图 1-51　干簧继电器的结构示意图

1、2—簧片

2) 干簧继电器的工作原理

在干簧管的外面套一励磁线圈就可构成一只完整的干簧继电器,如图 1-51(a)所示。当线圈通以电流时,在线圈的轴向产生磁场,该磁场使密封管内的两根干簧片被磁化,于是两干簧片的触头产生极性相反的两种磁极,它们相互吸引而闭合。当切断线圈电流时,磁场消失,两干簧片也失去磁性,依靠干簧片自身的弹性而自动复位,使触头恢复原位(断开)。

图 1-51(b)所示为另一种干簧继电器,它是直接利用一块永久磁铁靠近干簧片来励磁的。当永久磁铁靠近干簧片时,干簧片被磁化,触头闭合,当永久磁铁离开干簧片时,干簧片失去磁性,触头复位(断开)。

3. 温度继电器

温度继电器用于电动机、变压器和一般电气设备的过载堵转等过热的保护。使用时将温度继电器埋入电动机绕组或介质,当绕组或介质温度超过允许温度时,继电器就快速动作断开电路,将电气设备退出运行。当温度下降到复位温度时,继电器又自动复位。

常用的温度继电器有双金属片式温度继电器和热敏电阻式温度继电器。温度继电器的文字符号为 ST,图形符号如图1-52所示,θ 可以标注实际的动作温度。

双金属片式温度继电器采用封闭式结构,内部有盘式双金属片,双金属片受热后线性膨胀,双金属片弯曲,带动触点动作。双金属片式温度继电器的动作温度是以电动机绕组的绝缘等级为基础来划分的,有 50 ℃、60 ℃、70 ℃、80 ℃、95 ℃、105 ℃、115 ℃、125 ℃、135 ℃、145 ℃、165 ℃共 11 个规格。温度继电器的返回温度一般比动作温度低 5~10 ℃。

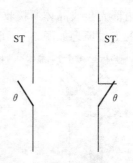

图 1-52　温度继电器的文字符号和图形符号

电动机不论是因过载(电流过大)还是其他原因(如铁芯过热而导致绕组过热)引起绕组过热,温度继电器都可以动作。双金属片式温度继电器加工工艺复杂,且容易老化,常用的有 JW2、JW4、JW6 系列。

4. 液位继电器

液位继电器的作用是根据液位的高低变化来发出控制信号。根据工作原理不同,液位继电器可分为金属小浮球液位继电器、光电液位继电器、激光液位继电器和音叉液位继电器等。液位继电器的文字符号为 ST,图形符号如图 1-53 所示。

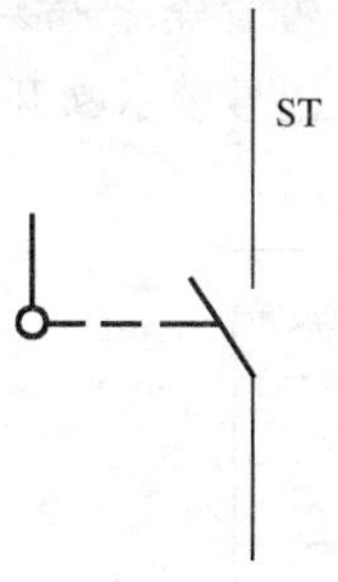

图 1-53　液位继电器的文字符号和图形符号

1)金属小浮球液位继电器

金属小浮球液位继电器是一种结构简单、使用方便、安全可靠的液位控制器。它比一般机械开关体积小、速度快、工作寿命长;与电子开关相比,它又有抗负载冲击能力强的特点。金属小浮球液位继电器在造船、造纸、发电设备、石油化工、食品工业、水处理、电工、液压机械等方面都得到了广泛的应用。

金属小浮球液位继电器的工作原理如下。

在密闭的非导磁性管内安装有一个或多个干簧管,然后将此管穿过一个或多个中空且内部有环形磁铁的小浮球,将小浮球置于被控制的液体内,液位的上升或下降会带动小浮球一起移动,从而使该非导磁性管内的干簧管产生吸合或断开的动作,并输出一个开关信号。

金属小浮球液位继电器的技术参数如下。触点容量:50 W。开关电压:AC 220 V/DC 200 V。开关电流:0.5 A。绝缘阻抗:100 MΩ。触点阻抗:<100 mΩ。工作温度:−10~200 ℃。工作压力:<1.0 MPa。介质比重:>0.6。

2)光电液位继电器

光电液位继电器是一种结构简单、使用方便、安全可靠的液位控制器,它使用红外线探测,可避免因阳光或灯光的干扰而引起误动作。其体积小、安装容易,有杂质或带黏性的液体中均可使用,外壳材质为聚碳酸酯(简称 PC),所以耐油、耐水、耐酸碱。它在造纸、静水/污水处理、印刷、发电设备、石油化工、食品饮料、电工、液压机械等方面都得到了广泛的应用。

光电液位继电器的工作原理:利用光线的折射及反射原理,光线在两种不同介质的分界面将产生反射或折射现象,即当被测液体处于高位时,则被测液体与光电开关形成一种分界面;当被测液体处于低位时,则空气与光电开关形成另一种分界面,这两种分界面使光电开关内部光接收晶体所接收的反射光强度不同,即对应两种不同的开关状态。光电液位继电器的工作原理如图1-54所示。

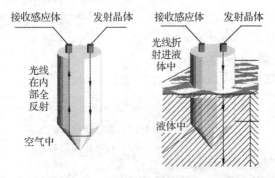

图 1-54 光电液位继电器的工作原理

光电液位继电器的技术参数如下。电源电压:DC 10～40 V。输出电流:≤20 mA。工作温度:－20～80 ℃。工作压力:≤1 MPa。消耗电流:<12 mA。感应头材质:玻璃纤维/玻璃。

二、其他类型开关电器

1. 倒顺开关

倒顺开关用于控制电动机的正反转及停止。它由带静触点的基座、带动触点的鼓轮和定位机构组成。开关有三个位置:向左45°(正转)、中间(停止)和向右45°(反转)。倒顺开关触点的状态图及状态表如图1-55所示。图中虚线表示操作位置,不同的操作位置的各对触点的通断表示于触点右侧,与虚线相交的位置上涂黑点表示触点接通,没有涂黑点表示触点断开。触点的通断状态还可以列表表示,表中"＋"表示闭合,"－"或无记号表示断开。

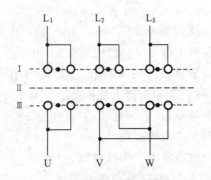

操作位置 触点	I 正转	II 停止	III 反转
L_1—U	＋	－	＋
L_2—V	＋	－	＋
L_3—W	＋	－	＋
L_2—W			＋
L_3—V	－	－	＋

图 1-55 倒顺开关触点的状态图和状态表

2. 光电开关

光电开关的功能是处理光的强度变化,利用光学元件,在传播媒介中间使光束发生变化;利用光束来反射物体,使光束经过长距离发射后瞬间返回。光电开关由发射器、接收器和检测电路三部分组成。发射器对准目标发射光束,发射的光束一般来源于发光二极管(LED)和激光二极管。接收器由光电二极管或光电三极管组成,在接收器的前面,装有光学元件,如透镜和光圈等。检测电路能滤出有效信号和应用该信号。

1) 光电开关的类型

根据光电开关在检测物体时,发射器所发出的光线被折回到接收器的途径的不同,即检测方式不同,光电开关可分为对射式、漫反射式、镜面反射式等。

光电开关按输出状态,可以分为常开型和常闭型。当检测不到物体时,对于常开型的光电开关,光电开关内部的输出晶体管截止,负载断电不工作,对于常闭型,则因光电开关内部的输出晶体管的导通,负载得电而工作;当检测到物体时,常开型的输出晶体管导通,负载得电工作,而常闭型的输出晶体管截止,负载断电不工作。

光电开关按输出形式,可分为 NPN 二线、NPN 三线、NPN 四线、PNP 二线、PNP 三线、PNP 四线、AC 二线、AC 五线(自带继电器),以及直流 NPN/PNP/常开/常闭多功能等几种常用的形式输出。

2)光电开关的介绍

(1)对射式光电开关。

对射式光电开关如图 1-56 所示,它包含在结构上相互分离且光轴相对放置的发射器和接收器,发射器发出的光线直接进入接收器。当被检测物体经过发射器和接收器之间且阻断光线时,光电开关就产生了开关信号,作用距离的典型值可以达到 50 m(同一轴线上的两个光电开关)。对射式光电开关的特点是,有效距离大、能分辨不透明的反光物体、抗干扰能力强,但装置的消耗大。当被检测物体不透明时,用对射式光电开关检测是可靠的检测模式。

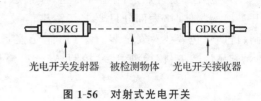

图 1-56　对射式光电开关

(2)漫反射式光电开关。

漫反射式光电开关如图 1-57 所示,它是一种集发射器和接收器于一体的传感器,当有被检测物体经过时,光电开关发射器发射足量的光线,光线反射到接收器,于是光电开关就产生了开关信号,作用距离的典型值为 3 m。漫反射式光电开关的有效作用距离是由目标的反射能力决定的。当被检测物体的表面光亮或其反光率极高时,用漫反射式光电开关检测是首选的检测模式。

(3)镜面反射式光电开关。

镜面反射式光电开关如图 1-58 所示,它集发射器和接收器于一体,光电开关发射器发出的光线经过反射镜,反射回接收器,当被检测物体经过且完全阻断光线时,光电开关就产生了检测开关信号。光通过的时间是 2 倍的信号持续时间,有效作用距离范围为 0.1~20 m。镜面反射式光电开关的特征:辨别不透明的物体;借助反射镜部件,形成高的有效距离范围;不易受干扰,在野外或者有灰尘的环境中仍可以可靠地使用。

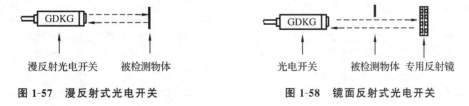

图 1-57　漫反射式光电开关　　　　图 1-58　镜面反射式光电开关

(4)槽式光电开关。

槽式光电开关如图 1-59 所示,它的结构通常是标准的 U 形结构,其发射器和接收器分别位于 U 形槽的两边,并形成一光轴,当被检测物体经过 U 形槽且阻断光轴时,光电开关就产生了能检测到的开关量信号。槽式光电开关比较安全可靠,适合检测高速变化、分辨透明与半透明物体。

(5)光纤式光电开关。

光纤式光电开关如图 1-60 所示,它采用塑料或玻璃光纤传感器来引导光线,以实现被检测物体不在相近区域的检测。通常,光纤式光电开关分为对射式和漫反射式。

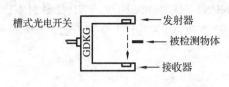

图 1-59 槽式光电开关

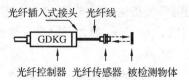

图 1-60 光纤式光电开关

3）光电开关的特点与应用

光电开关的特点是，小型，高速，非接触，而且与 TTL、MOS 等电路容易结合。用光电开关检测物体时，大部分只要求其输出信号有高低之分即可。光电开关广泛应用于工业控制、自动化包装线及安全装置中（用作光控制和光探测装置），可在自控系统中用作物体检测、产品计数、料位检测、尺寸控制、安全报警及计算机输入接口等。

三、低压电器的检测

1）交流接触器释放电压的测试

交流接触器释放电压的测试电路如图 1-61 所示，其步骤如下。

（1）按照图 1-61 所示接线。

（2）将调压变压器的输出调到零位置，闭合刀开关 QS_1。闭合刀开关 QS_2，将调压变压器的输出电压从零升高，直至交流接触器吸合，在此过程中注意观察接触器的工作情况。

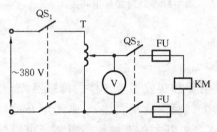

图 1-61 交流接触器释放电压的测试电路

（3）转动调压器手柄，使电压均匀下降，同时注意接触器的动作变化。

（4）对交流接触器的最低吸合电压进行测试。从释放电压开始，每次将电压上调 10 V，然后闭合刀开关，观察接触器是否闭合。如此重复，直到交流接触器能可靠地闭合为止，记录结果按表 1-10 填写。

表 1-10 交流接触器吸合/释放电压测试记录表 单位：V

电源电压	开始出现噪声的电压	接触器释放电压	释放电压/额定电压	最低吸合电压	吸合电压/电源电压

注意 ①接线要求牢靠、整齐、清楚、安全；②操作时要胆大、心细、谨慎，不允许用手触及电气元件的导电部分以免触电及意外损伤；③通电观察接触器动作情况时，要注意安全，禁止碰触带电部位。

◇◇

小问题

对一台 5.5 kW 的三相鼠笼式异步电动机进行运行控制，板面为明配线，试选择熔断器及熔体、热继电器、交流接触器、电源开关的型号，主回路绝缘导线的截面。

（1）估算电动机额定工作电流：$I_{N,M} \approx 2P_N = 11$ A。

（2）估算熔体额定电流：$I_{FU} \approx 2.5 I_{N,M} = 27.5$ A，可选 30 A。

（3）估算熔断器额定电流：$I_{N,FU} \geqslant I_{FU} = 30$ A，可选 RL1-60 型。

（4）估算热继电器额定电流：$I_{N,FR} \geqslant I_{N,M} = 11$ A，热元件额定电流选 16 A（调节范围10～16 A），可选 JR0-20/3 型。过载保护整定值：$I_{FR,TR} \approx 1.1 I_{N,M} = 12$ A。

（5）估算交流接触器额定电流：$I_{N,FR} \geqslant I_{N,M} = 11$ A，可选用 CJX 2-16 型、CJ 10-20 型。

（6）估算电源开关额定电流：$I_{N,QS} \approx (1.5 \sim 2.0) I_{N,M} = 20$ A，可选 20 A 开关。

（7）估算主回路铝绝缘导线的截面：$A = I_{N,M} / J = 2.2$ mm²，可选 BLV-500-(3×2.52)型导线。

2）时间继电器的改装

将 JS7-2A 型时间继电器改装为 JS7-4A 型时间继电器，其改装步骤如下。

（1）松开线圈支架紧固螺钉，取下线圈和铁芯总成部件。

（2）将总成部件沿水平方向旋转 180°后，重新旋上紧固螺钉。

（3）观察延时和瞬时触头的动作情况，将其调整到最佳位置上。调整延时触头时，可旋松线圈和铁芯总成部件的安装螺钉，向上或向下移动后再旋紧。

（4）旋紧各安装螺钉，进行松动检查，若达不到要求须重新调整。

（5）通电校验：将装配好的时间继电器按图1-62所示电路接线，进行通电校验。通电校验要做到一次通电校验合格。通电校验合格的标准为：在 1 min 内通电频率不低于 10 次，做到各触点工作良好，吸合时无噪声，铁芯释放无延缓，并且每次动作的延时时间一致。

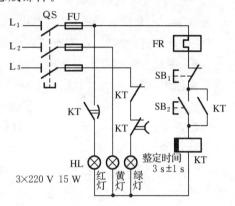

图 1-62　JS7-4A 时间继电器校验电路

3）按钮的检测

（1）检查外观是否完好。

（2）手动操作：用万用表检查按钮的常开和常闭（动合、动断）工作是否正常。

◀ 学习任务2　常用低压电器的故障诊断与维修 ▶

【任务导入】

交流接触器是电气控制系统中应用最为广泛的一种自动控制元件。本任务以 CJ10-20 型交流接触器的拆装与维修为载体，使用一些工具和仪表在规定的时间内完成对 CJ10-20 型交流接触器的拆装。

【任务分析】

完成本任务的步骤如下：一是了解 CJ10-20 型交流接触器的结构及工作原理，介绍低压电器的拆装步骤及注意事项;二是对照电器实物观察外形及主要技术参数并做好记录,拆卸和组装交流接触器的电磁系统时,应仔细观察各部件的位置并做好记录;三是按拆装步骤进行实际操作,对出现的故障进行分析并提出处置方法;四是对组装好的交流接触器进行检查和调试。拆装和测试时注意工具和仪表正确与合理使用方法。

【相关知识】

各种低压电器由于长期使用、缺乏周期性的维护及维护不当,或多或少地会出现一些故障。作为电气维修人员,必须了解和掌握一些电器的维护和维修知识,为以后从事设备放维护和维修打下基础。

一、常用低压电器故障维修基本知识

1. 触点的故障维修及调整

触点的一般故障有触点过热、磨损、熔焊等。其检修顺序和方法如下。

(1)打开外盖,检查触点表面的氧化情况和有无污垢。银触点的氧化层的电导率与纯银的差不多,银触点氧化可不做处理。对于铜触点,要用小刀轻轻地刮去其表面的氧化层。如触点沾有污垢,要用汽油将其清洗干净。

(2)观察触点表面有无灼伤、烧毛,如有烧毛现象,要用小刀或整形锉整修毛面。整修时不必将触点表面整修得过分光滑,因为过于光滑会使触点接触面减小;不允许用纱布或砂纸来修整触点的毛面。

(3)如触点有熔焊,应更换触点。如因触点容量不够而产生熔焊,更换时应选容量大一些的电器。

(4)检查触点的磨损情况,若磨损到原厚度的 $1/3 \sim 1/2$ 时应更换触点。

(5)检查触点有无机械损伤,若弹簧变形造成压力不够,需调整其压力,使触点接触良好。用纸条测试触点压力:将一条比触点稍宽的纸条放在动静触点之间,若纸条很容易拉出,说明触点的压力不够,如通过调整达不到要求,则应更换弹簧。用纸条测定压力需凭经验,一般小容量的电器稍用力,纸条便可拉出,较大容量的电器,纸条拉出后有撕裂现象,出现这种现象说明触点压力比较合适。若纸条被拉断,说明触点压力太大。

2. 电磁系统的故障维修

铁芯和衔铁的端面接触不良或衔铁歪斜、短路环损坏、电压太低等,都会使衔铁噪声大,甚至造成线圈过热或烧毁。

1)衔铁噪声大

修理时应拆下线圈,检查铁芯和衔铁之间的接触面是否平整,有无油污。若不平整应锉平或磨平,如有油污要清洗。若铁芯歪斜或松动,应加以校正或紧固。检查短路环有无断裂,如断裂应按原尺寸用铜块制好换上,或将粗铜丝敲成方截面,按原尺寸制好,在接口处气焊修平即可。

2)线圈故障

线圈的主要故障是通过的电流过大以致过热或烧毁。这类故障通常是由线圈绝缘损坏、受机械损伤造成匝间短路或接地造成的。电源电压过低、铁芯和衔铁接触不紧密,也都会使线圈电流过大,线圈过热以致烧毁。线圈若因短路烧毁,需更换。如果线圈短路的匝数

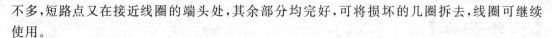

不多,短路点又在接近线圈的端头处,其余部分均完好,可将损坏的几圈拆去,线圈可继续使用。

3)衔铁吸不上

在线圈接通电源后,衔铁不能被铁芯吸合,应立即切断电源,以免线圈被烧毁。若线圈通电后无振动和噪声,要检查线圈引出线连接处有无脱落,用万用表检查是否断线或烧毁;通电后如有振动和噪声,应检查活动部分是否被卡住,铁芯和衔铁之间是否有异物,电源电压是否过低。

二、常用低压电器故障维修

低压电器种类很多,除了触头系统和电磁机构的故障外,还有本身特有的故障,常用低压电器常见故障如表 1-11 所示。

表 1-11　常用低压电器故障维修

故障类型		可能的原因	处理方法
接触器	触点断相	某相触点接触不好或连接螺钉松脱,使电动机缺相运行,发出"嗡嗡"声	立即停车检修
	触点熔焊	接触器的触点因为长时间通过过载电流而引起两相或三相触点熔焊,此时虽然按"停止"按钮,但触点不能断开,电动机不会停转,并发出"嗡嗡"声	立即切断电动机控制的前一级开关,停车检查修理
	灭弧罩碎裂	外部因素或其他原因	原本带有灭弧罩的接触器决不允许不带灭弧罩使用,若发现灭弧罩碎裂应及时更换
热继电器	热元件烧坏	热继电器的动作频率太高,或负载侧发生短路,短路电流过大,造成电动机不能启动或启动时有"嗡嗡"声	立即切断电源,检查电路,排除短路故障,更换合适的热继电器
	热继电器误动作	整定电流偏小;电动机启动时间过长;操作频率过高;环境温差太大,使用场合强烈的冲击和振动;连接导线太细,电阻增大	合理地选用热继电器,并合理调整整定电流值;在启动时将热继电器短接,限定操作方法或改用过电流继电器;改善使用环境;按要求连接导线
	热继电器不动作	整定电流值偏大,以至过载很久,热继电器仍不动作;导板脱出或动作机构卡住	根据负载合理调整整定电流值,将导板重新放入,并试验动作机构的灵敏程度,或排除卡住故障
低压断路器	不能合闸	电源电压太低;失压脱扣器线圈开路;热脱扣器的双金属片未冷却复原以及机械原因	将电源电压调到规定值;更换失压脱扣器线圈;热脱扣器的双金属片复位后再合闸;更换锁链及搭钩,排除卡阻
	失压脱扣器不能使断路器分闸	传动机构卡死,不能动作,或主触头熔焊	检修传动机构,排除卡死故障,更换主触头
	自动掉闸	热脱扣器的整定值太小,造成启动电动机时自动掉闸;工作一段时间后自动掉闸,造成电路停电	重新整定或者更换热元件

【任务实施】

一、实施环境

(1)电工实训室或机电传动控制实训室。

(2)工具:钢丝钳、偏口钳、螺丝刀、锉刀。仪器仪表:自耦变压器、万用表、500 V 兆欧表。器材:CJ10-20 型交流接触器、汽油(或酒精)。

(3)相应的低压电器维修资料或专业网站、多媒体教学设备等。

二、实施步骤

1. 拆装前的准备

(1)各组组长陈述并提交本次任务的实施计划方案和完成任务的措施。

(2)各组备齐所需工具、仪表及 CJ10-20 型交流接触器。

(3)组内任务分配。

2. 交流接触器的拆装

1) 交流接触器的外观检查

检查交流接触器是否完整无缺,各接线端和螺钉是否完好。

2) 交流接触器的拆卸

(1)卸下灭弧罩紧固螺钉,取下灭弧罩。

(2)拉紧主触头定位弹簧,将主触头侧转 45°后取下,取下主触头压力弹簧。

(3)松开交流接触器的接触器底座的盖板螺钉,取下盖板。在松盖板螺钉时,要用手按住螺钉并慢慢放松。

(4)取下静铁芯缓冲绝缘纸片及静铁芯。

(5)取下静铁芯支架及弹簧。

(6)拔出线圈接线端的弹簧夹片,取下线圈。

(7)取下反作用弹簧。

(8)取下衔铁和支架。

(9)从支架上取下动铁芯定位销。

(10)取下动铁芯和绝缘纸片。

3) 交流接触器的观察

仔细观察交流接触器的结构,零部件是否完好无损;观察铁芯上的短路环、位置及大小;记录交流接触器有关数据。

4) 交流接触器的检修

(1)检查灭弧罩有无破裂或烧损,清除灭弧罩内的金属飞溅物和颗粒。

(2)检查触头的磨损程度,磨损严重时应更换触头。

(3)清除铁芯端面的油垢,检查铁芯有无变形及端面接触是否平整。

(4)检查触点压力弹簧及反作用弹簧是否变形或弹力不足,如有需要则更换弹簧。

(5)检查电磁线圈是否短路、断路及出现发热变色现象。

5) 交流接触器的装配

按拆卸的逆顺序进行装配:①安装反作用弹簧;②安装电磁线圈和缓冲弹簧;③安装铁

芯;④安装底盖,拧紧螺钉。安装时,不要碰损零部件。

注意 ①拆装时要认真、细致、有耐心;②初次拆卸应做好笔录,不能损坏元件,不允许硬撬;③拆下的零部件应放入容器,以免丢失;④修理接触器时不能用砂皮打光;⑤检修后应检查活动部分有无机械卡死。

6)交流接触器的测试

连接测试电路(见图1-61),对装配后的接触器进行测试,其测试内容及步骤参见本项目任务1拓展与提高中的低压电器检测。

3. 任务总结与点评

1)任务总结

(1)各组选派一名学生代表陈述本次任务的完成情况;

(2)各组互相提问,探讨拆装的体会;

(3)各组上交最终成果。

2)点评要点

(1)触点的接触电阻;

(2)国内及进口接触器的型号含义及区别;

(3)拆装工艺。

3)验收与评价

(1)成果验收。教师根据实训考核标准,结合各组完成的实际情况,给出考核成绩。

(2)评价标准。评价标准如表1-12所示。

表1-12 评价标准

序号	考核内容	配分	考核要求	评分标准
1	拆卸前和拆卸后的记录	10	记录正确	每错一个扣3分
2	拆卸	20	拆装步骤正确,方法得当	拆装步骤不对扣5分,方法不当扣3分
3	装配与检修	30	装配步骤正确,方法得当;检修方法得当	装配步骤不对扣5分,检修方法不当扣5分
4	测试	20	电路接线正确、测量仪表选择正确	仪表选择不对扣10分,测量仪表挡位每错一处扣5分
5	完成情况陈述	20	表述清楚,口述答辩正确	对元器件的名称、参数、功能等表述不清楚每项扣5分

【拓展与提高】

我国低压电器产品的发展历程与趋势

20世纪60年代至70年代,是我国低压电器产业的形成阶段。我国在模仿苏联的技术的基础上,设计开发出第一代统一设计的低压电器产品。第一代低压电器产品的结构尺寸大,材料消耗多,性能指标不理想,品种规格不齐全。

1978—1990年,我国更新换代和引进国外先进技术,制造出第二代低压电器产品。产品技术指标明显提高,保护特性较完善,产品体积缩小,结构上适应成套装置要求,成为此后很长一段时间内我国低压电器的支柱产品。

1990—2005年,我国自行开发试制了智能化的第三代低压电器产品,以DW40等产品为代表,其性能优良、工作可靠、体积小,具有电子化、智能化、组合化、模块化和多功能化,总体技术性能达到或接近国外20世纪80年代末、90年代初的水平。

第三代低压电器产品较之第二代低压电器产品,具有高性能、小型化和智能化三个特点。所谓的高性能是指控电量提高了1倍。从体积看,与第一代低压电器产品相比又小了很多,仅为第一代低压电器产品体积的1/4。另外,电磁技术与芯片技术得到应用,这使得低压电器开始带有智能化的功能,所以第三代产品又称为智能电器。

2009年开始向市场投入国内第四代低压电器产品,第四代低压电器产品与第三代低压电器产品有质的区别。随着微机处理器在低压电器领域的大量应用,网络化、可通信已成为国内第四代低压电器产品的主要特征之一。此外,智能型、小型化等已经成为低压电器的发展趋势。

第四代低压电器产品与前三代低压电器产品的区别,主要是加速老低压产品的淘汰速度,其中最具代表性的就是断路器的智能脱扣器。

资料显示,施耐德、西门子等国外厂商生产的新一代低压电器,由于采用了计算机技术和数字技术,研发的智能脱扣器能够对电网中的参数进行计算和分析,从而提高了断路器的保护精度和可靠性。这些差异化的特点,将促使国外的新一代低压电器开拓大量的市场并得到用户的欢迎。

思考与练习 1

一、选择题

1. 电压继电器的线圈与电流继电器的线圈相比,具有的特点是(　　)。

   A. 电压继电器的线圈与被测电路串联

   B. 电压继电器的线圈匝数多、导线细、电阻大

   C. 电压继电器的线圈匝数少、导线粗、电阻小

   D. 电压继电器的线圈匝数少、导线粗、电阻大

2. 断电延时型时间继电器的动合触点为(　　)。

   A. 延时闭合的动合触点　　　　　　　　B. 瞬动动合触点

   C. 瞬时闭合延时断开的动合触点　　　　D. 延时闭合瞬时断开的动合触点

3. 在延时精度要求不高、电源电压波动较大的场合,应选用(　　)。

   A. 空气阻尼式时间继电器　　　　　　　B. 晶体管式时间继电器

   C. 电动式时间继电器　　　　　　　　　D. 上述三种都不合适

4. 通电延时型时间继电器的动作情况是(　　)。

   A. 线圈通电时触点延时动作,断电时触点瞬时动作

   B. 线圈通电时触点瞬时动作,断电时触点延时动作

   C. 线圈通电时触点不动作,断电时触点瞬时动作

   D. 线圈通电时触点不动作,断电时触点延时动作

5. 热继电器在电路中可起到(　　)保护作用。

   A. 短路　　　　　　B. 过流过热　　　　　　C. 过压　　　　　　D. 失压

二、填空题

1. 高压电器的电压等级为 _____,低压电器的电压等级为 _____。

2. 电磁式低压电器的基本结构是 _____、_____ 和 _____。

3. 触头按形状可分为桥式触头和 _____。桥式触头又分为 _____ 桥式触头和 _____ 桥式触头。

4. 常用的灭弧方法有 _____、_____、_____ 和 _____。

5. 自动空气开关集控制和多种保护功能于一身,除能实现接通和分断电路外,还能对电路或电气设备发生的 _____、_____、_____ 等故障进行保护。

6. 行程开关又称限位开关或位置开关,它利用生产机械运动部件的碰撞,使其内部 _____ 动作,分断或切换电路,从而控制生产机械 _____、_____ 或 _____ 状态。

7. 漏电保护器主要用于当发生人身触电或漏电时,能迅速 _____ 电源,保障人身安全,防止触电事故。

8. 按钮一般红色表示 _____,绿色表示 _____,黑色表示 _____。

9. 接触器的作用是能频繁地 _____ 或 _____ 交直流主电路,实现远距离控制。

三、判断题

1. 交流接触器通电后如果铁芯吸合受阻,将导致线圈烧毁。( )

2. 直流接触器比交流接触器更适用于频繁操作的场合。( )

3. 低压断路器又称为自动空气开关。( )

4. 闸刀开关可以用于分断堵转的电动机。( )

5. 熔断器的保护特性是反时限的。( )

6. 低压断路器具有失压保护的功能。( )

7. 热继电器的额定电流就是其触点的额定电流。( )

8. 热继电器的保护特性是反时限的。( )

9. 行程开关、限位开关、终端开关是同一种开关。( )

10. 万能转换开关本身带有各种保护。( )

四、问答题

1. 什么是低压电器?常用的低压电器有哪些?

2. 单向交流电磁铁短路环断裂或脱落后,工作中会出现什么故障?为什么?

3. 额定电压相同,交流电磁线圈误接入直流电源或直流线圈误接入交流电源会发生什么现象?为什么?

4. 电动机启动电流远大于热继电器整定电流,电动机启动时热继电器会不会动作?为什么?如何防止可能发生的误动作?

5. 说明触点分断时电弧产生的原因及常用的灭弧方法。

6. 交流接触器频繁操作后线圈为什么会发热?其衔铁卡住后会出现什么后果?

7. 交流接触器能否串联使用?为什么?

项目 2
三相异步电动机

本项目主要介绍三相异步电动机的结构、分类、工作原理、机械特性和工作特性,讨论三相异步电动机的常见故障分析、判断与排除。

◀ **知识目标**

(1)了解机电传动控制的任务、目的及机电传动控制系统的发展。

(2)掌握机电传动系统的运动方程式及运动状态的分析。

(3)熟悉和掌握三相异步电动机的结构、分类及工作原理。

(4)掌握三相异步电动机的机械特性和工作特性。

◀ **能力目标**

(1)正确理解三相异步电动机的型号、铭牌含义。

(2)掌握三相异步电动机的接线及选用原则。

(3)会使用工具独立完成三相异步电动机的拆卸,认识三相异步电动机的各个部分。

(4)能使用工具独立完成三相异步电动机的装配,并测试其性能。

(5)会利用工具、仪表对三相异步电动机的常见故障进行判断并排除。

◀ 学习任务1 三相异步电动机的拆卸与装配 ▶

【任务导入】

图 2-1、图 2-2 所示为 Y2-112M-2 型三相异步电动机的外形图和结构图。本任务要求完成三相异步电动机的拆卸和装配,并对装配好的电动机进行相关检查,完成通电运行。

图 2-1　Y2-112M-2 型三相异步电动机外形图　　图 2-2　Y2-112M-2 型三相异步电动机结构图

【任务分析】

完成本任务的步骤如下:①介绍三相异步电动机的一些基本知识;②查阅三相异步电动机的使用手册和维修手册,熟悉电动机的拆装步骤与方法;③对三相异步电动机进行拆卸和装配,并熟悉和掌握三相异步电动机的种类、结构与工作原理。拆卸电动机还需要用到一些工具和仪表,因此要求大家了解这些工具和仪表的用途和正确使用方法。

【相关知识】

一、三相异步电动机的基本结构

1. 电机的类型
电机的类型很多,按其功能用途来分,可以归纳如下,如图 2-3 所示。

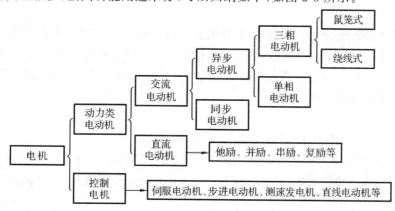

图 2-3　电机的类型

2．三相异步电动机的基本结构

1）三相异步电动机的结构

三相异步电动机的种类很多,但各类三相异步电动机的基本结构是相同的。三相异步电动机主要由定子、转子和气隙三大部分组成,此外,还有端盖、轴承、接线盒、风扇等其他附件。定子是静止不动的部分,转子是旋转的部分,且定子和转子之间有气隙。图2-4所示为三相异步电动机的结构图。

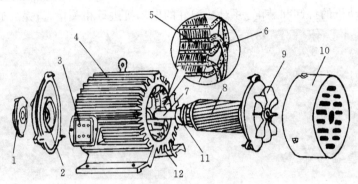

图 2-4 三相异步电动机的结构图

1—轴承盖;2—端盖;3—接线盒;4—散热筋;5—定子铁芯;6—定子绕组;
7—转轴;8—转子;9—风扇;10—风罩;11—轴承;12—机座

2）各组成部分的作用

(1)定子。

定子的主要作用是产生旋转磁场。三相异步电动机的定子一般由机座、定子铁芯与定子绕组等部分组成。

①机座:由铸铁或铸钢浇铸成形,它的作用是保护和固定三相异步电动机的定子绕组。中小型三相异步电动机的机座还有两个端盖支承着转子。机座是三相异步电动机的重要组成部分。通常,机座的外表要求散热性能好,所以一般都铸有散热片。

②定子铁芯:异步电动机定子铁芯是电动机磁路的一部分,由0.35～0.5 mm厚的、表面涂有绝缘漆的薄硅钢片叠压而成,用来减小由于交变磁通而引起的铁芯涡流损耗。定子和转子的钢片如图2-5所示。硅钢片较薄而且片与片之间是绝缘的,铁芯内有均匀分布的槽口,用来嵌放定子绕组。

③定子绕组:定子绕组是三相异步电动机的电路部分,当三相异步电动机的三相绕组通入三相对称电流时,就会产生旋转磁场。三相绕组由三个彼此独立的绕组组成,每个绕组在空间上相差120°。每个绕组又由若干线圈连接而成,线圈由绝缘铜导线或绝缘铝导线绕制。定子绕组的线圈示意图如图2-6所示。

(2)转子。

转子由转子铁芯、转子绕组和转轴三部分组成。

①转子铁芯:用0.5 mm厚的硅钢片叠压而成,套在转轴上,转子硅钢片冲片如图2-5所示。转子铁芯的作用和定子铁芯的作用相同,一方面作为电动机磁路的一部分,另一方面用来安放转子绕组。

②转子绕组:异步电动机的转子绕组分为绕线式和鼠笼式两种,由此将交流电动机分为

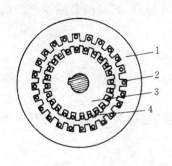

图 2-5 定子和转子的钢片
1—定子铁芯硅钢片;2—定子绕组;
3—转子铁芯硅钢片;4—转子绕组

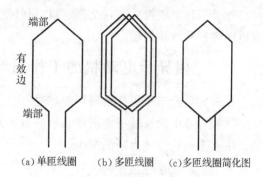

(a)单匝线圈　(b)多匝线圈　(c)多匝线圈简化图

图 2-6 定子绕组的线圈示意图

绕线式异步电动机与鼠笼式异步电动机。

③绕线式绕组:与定子绕组一样,也是一个三相绕组,一般接成 Y 形,三相引出线分别接到转轴上的三个与转轴绝缘的集电环上,通过电刷装置与外电路相连,这就有可能在转子电路中串接电阻或产生电动势以改善电动机的运行性能,如图 2-7 所示。

④鼠笼式绕组:在转子铁芯的每一个槽中插入一根铜条(称为导条),在铜条两端各用一个铜环(称为端环)把导条连接起来,称为铜排转子,如图 2-8(a)所示。也可用铸铝的方法,把转子导条和端环风扇叶片用铝液一次浇铸而成,称为铸铝转子,如图 2-8(b)所示。中小型异步电动机一般采用铸铝转子。

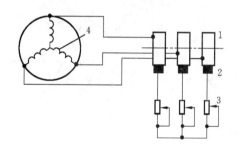

图 2-7 绕线式转子绕组与外加变阻器的连接
1—集电环;2—电刷;3—变阻器;4—转子绕组

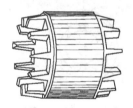

(a)铜排转子　　(b)铸铝转子

图 2-8 笼形转子绕组

(3)气隙。

三相异步电动机的气隙是均匀的,是磁路的组成部分之一,中小型异步电动机的气隙一般为 0.2~1.5 mm。

气隙的大小对三相异步电动机的性能影响极大。气隙大,则磁阻大,由电网提供的励磁电流(滞后的无功电流)大,使电动机运行时的功率因数降低。但是气隙过小,将使装配困难,运行不可靠,易发生"扫膛"。

(4)其他部分。

其他部分包括端盖、风扇等。端盖除了起防护作用外,在端盖上还装有轴承,用于支承转子轴。风扇则用来通风冷却电动机。

注意 绕线式异步电动机还装有电刷短路装置。当电动机启动完毕而又不需调速时,可操作手柄将电刷提起切除全部电阻,同时使三只集电环短路,其目的是减少电动机在运行中电刷磨损和摩擦损耗。

二、三相异步电动机的工作原理

1. 三相异步电动机旋转磁场的产生

三相异步电动机转子之所以会旋转并实现能量转换,是因为转子气隙内有一个旋转磁场。下面来讨论旋转磁场的产生。

1) 旋转磁场的产生

当电动机定子绕组通以三相对称电流时,各相绕组中的电流将产生自己的磁场。由于电流随时间变化而变化,它们产生的磁场也将随时间变化而变化,而三相电流产生的合成磁场不仅随时间变化而变化,而且在空间上旋转,故称旋转磁场。

三相定子绕组如图 2-9 所示,U_1U_2、V_1V_2、W_1W_2 为三相定子绕组,在空间上彼此相隔 120°,接成 Y 形。若三相绕组的首端 U_1、V_1、W_1 接在三相对称电源上,则有三相对称电流通过三相绕组。若电源的相序为 U、V、W 且 U 相的初相角为零,则各相电流的瞬时值为

$$i_U = \sin\omega t$$
$$i_V = \sin(\omega t - 120°)$$
$$i_W = \sin(\omega t + 120°)$$

三相交流电流波形图如图 2-10 所示。

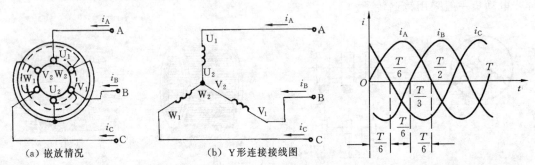

（a）嵌放情况　　　　（b）Y 形连接接线图

图 2-9　三相定子绕组　　　　图 2-10　三相交流电流波形图

假设电流为正值时,在绕组中从始端流向末端,电流为负值时,在绕组中从末端流向首端。在 $\omega t = 0°$ 的瞬间,$i_U = 0$,i_V 为负值,i_W 为正值,根据右手螺旋定则,三相电流所产生的磁场叠加,便形成一个合成磁场,如图 2-11(a)所示,可见此时的合成磁场是一对磁极(即二极),上为北极 N,下为南极 S。

在 $\omega t = 60°$,即经过 1/6 周期后,i_U 由零变成正的最大值,i_V 仍为负值,$i_W = 0$,如图 1-11(b)所示,这时合成磁场的方位与 $\omega t = 0°$ 时的相比,已按逆时针方向转过了 60°。应用同样的方法,可以得出如下结论:当 $\omega t = 120°$ 时,合成磁场就按逆时针方向转过了 120°,如图2-11(c)所示;当 $\omega t = 180°$ 时,合成磁场按逆时针方向旋转了 180°,如图 2-11(d)所示;按此分析,当 $\omega t = 360°$ 时,合成磁场按逆时针方向旋转了 360°,即转一周,此时又与图 2-11(a)所示的一样。

由以上分析可知,当对称三相电流 i_U、i_V、i_W 分别通入对称三相绕组 U_1U_2、V_1V_2、

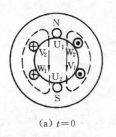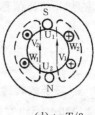

（a）$t=0$　　　　（b）$t=T/6$　　　　（c）$t=T/3$　　　　（d）$t=T/2$

图 2-11　两极旋转磁场示意图

W_1W_2 时，所产生的合成磁场是一个随时间变化而变化且在空间上产生旋转的磁场。它是三相异步电动机产生旋转的主要原因。

2）旋转磁场的转速（同步转速）

三相电动机定子旋转磁场的转速 n_0，与定子电流频率 f 及磁极对数 p 有关，其关系为

$$n_0 = \frac{60f}{p} \tag{2-1}$$

式中：f——电源频率，我国的电源频率为 50 Hz；

p——电动机的磁极对数。

当电动机的磁极对数 $p=1$ 时，同步转速为 3 000 r/min；电动机的磁极对数为 $p=2$ 时，同步转速为 1 500 r/min；电动机的磁极对数为 $p=3$ 时，同步转速为 1 000 r/min。

3）旋转磁场的旋转方向

旋转磁场的旋转方向由三相交流电的相序决定，改变三相交流电的相序，即将 U—V—W 变为 U—W—V，则旋转磁场反向。因此，若要改变电动机的转向，只要将定子绕组接到电源的三根导线中的任意两根相线对调就可以实现了。

2. 三相异步电动机的工作原理

图 2-12 所示为三相异步电动机的工作原理示意图。其工作原理如下：在电动机的对称三相定子绕组内通入三相对称交变电流后，电动机气隙中产生旋转磁场，设旋转磁场按顺时针方向旋转，此时转子导体沿逆时针方向旋转切割磁力线，从而产生感应电动势，其方向由右手定则判定。由于转子导体是闭合的，所以，在感应电动势的作用下，转子导体内有感应电流流过，即转子电流。转子电流在旋转磁场中与磁场相互作用产生电磁力，其方向用左手定则判定。电磁力对转轴形成一个转矩，称为电磁转矩 T，同时实现电能到机械能的变换。电磁转矩 T 的方向与旋转磁场方向一致，驱动着转子顺着旋转磁场的方向转动。

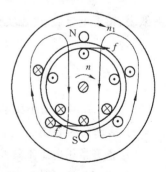

图 2-12　三相异步电动机的工作原理示意图

注意　①由于转子电流的产生和电能的传递是基于电磁感应现象实现的，所以异步电动机也称为感应电动机。②绕线式异步电动机和鼠笼式异步电动机的转子虽然构造不同（前者是通过电刷和滑环同外部电路连接形成闭合回路），但工作原理基本相同。

3. 三相异步电动机的转差率

由于转子转速不等同于同步转速，所以将这种电动机称为异步电动机，而将转速差 n_0-n

与同步转速 n_0 的比值称为异步电动机的转差率,用 S 表示,即

$$S = \frac{n_0 - n}{n_0} \qquad (2\text{-}2)$$

式中:n_0——旋转磁场的转速(同步转速);

n——转子的转速。

通常异步电动机在额定负载时,n 接近于 n_0,转差率 S 很小,为 0.015~0.060。

小问题

转差率 S 与电动机的运行状态有何关系?能量如何转换?

① 当 $0 < n < n_0$ 时,即 $0 < S < 1$ 时,电动机为电动运行状态(电能 → 机械能);

② 当 $n > n_0$ 时,即 $S < 0$ 时,电动机为发电运行状态或再生发电制动状态(机械能 → 电能);

③ 当 $n < 0$ 时,即 $S > 1$ 时,电动机为电磁制动运行状态(机械能和电能 → 热能);

④ 当 $n = 0$ 时,即 $S = 1$ 时,电动机为停止状态。

【任务实施】

一、实施环境

(1)机电传动控制实训室。

(2)装有三相异步电动机的生产机械或实训室实验用电动机、手锤、活扳手、套筒扳手、拉具、卡尺、吹尘器、铜棒、铜板块、偏口钳、螺丝刀、润滑油、煤油、变压器油、万用表、500 V 兆欧表、钳形电流表、电控实训台、导线、多媒体教学设备、专业网站等。

(3)相应的三相异步电动机使用、维修手册或资料。

二、实施步骤

以 Y2-112M-2 型小功率三相异步电动机为例。

1. 拆卸前的准备

(1)备齐常用电工工具及拉具等拆卸工具。

(2)查阅并记录被拆电动机的型号、外形和主要技术参数。

(3)在端盖、轴、螺钉、接线桩等零件上做好标记,以便修复后的装配。

2. 拆卸步骤

三相异步电动机拆卸示意图如图 2-13 所示。

(1)切断电源。拆开电动机与电源的连线,并对电源线的接头做好绝缘处理。

(2)脱开皮带轮或联轴器,松掉地脚螺钉和接地螺栓。

(3)拆卸皮带轮或联轴器,先将皮带轮或联轴器上的紧定螺钉或销子松脱或取下,再用专用工具转动丝杠,把皮带轮或联轴器慢慢拉出。

(4)卸下电动机尾部的风罩、风扇。拆卸完皮带轮后,就可把风罩卸下来。然后取下风

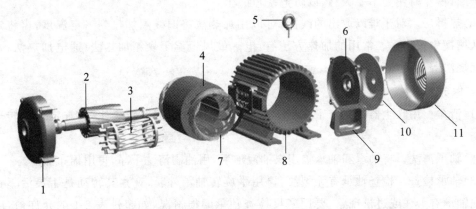

图 2-13 三相异步电动机拆卸示意图

1—前端盖;2—转子转芯;3—转子绕组;4—定子铁芯;5—吊环;6—后端盖;
7—定子绕组;8—机座;9—接线盒;10—风扇;11—风罩

扇上的定位螺栓,用锤子轻敲风扇四周,旋卸下来或从轴上顺槽拔出,卸下风扇。

(5)拆下前轴承外盖和前、后端盖。用木棒伸进定子铁芯顶住前端盖内侧,用榔头将前端盖敲离机座,最后拉下前、后轴承及轴承内盖。一般小型电动机都只拆风扇一侧的端盖。

(6)从定子中取出转子。

3．拆卸方法

1) 轴承的拆卸

拆卸轴承常用的方法有:用木板拆卸,如图 2-14(a)所示;用铜棒拆卸,如图 2-14(b)所示;用拉具拆卸,如图 2-14(c)所示。此外还有加热拆卸和轴承在端盖内的拆卸等。

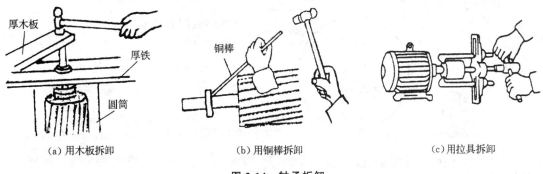

(a)用木板拆卸   (b)用铜棒拆卸   (c)用拉具拆卸

图 2-14 轴承拆卸

2) 小型转子的取出

小型转子可直接从定子腔中抽出,抽出转子时应小心缓慢,不能歪斜。对于大中型电动机,其转子质量较重,则要用起重设备将转子吊出。

3) 旧绕组的拆除

(1)旧绕组拆除前应详细记录电动机的铭牌数据和绕组数据。

(2)冷拆法。在小型电动机中,一般采用半封口式线槽,拆卸绕组比较困难,方法是,用一把锋利的带斜度的扁铲,将扁铲的斜面平放在槽口上,用铁锤敲击,便可以将导线一根一根地铲断，操作时用力不要太猛，以防把铁芯铲坏。

（3）热拆法。对于难以取出的线圈，可以用加热法将旧线圈加热到一定温度，再将定子绕组从槽楔中拉出来。常用的加热方法有：电热鼓风恒温干燥箱加热法；通电加热法；木柴直接燃烧法等。

4．保养

（1）清尘。用吹尘器吹去定子绕组中的积尘，并用抹布擦净转子体，检查定子和转子有无损伤。

（2）轴承清洗。将轴承和轴承盖用煤油浸泡后，用油刷清洗干净，再用棉布擦净。

（3）轴承检查。检查轴承有无裂纹，再用手旋转轴承外套，观察其转动是否灵活、均匀，如发现轴承有卡住或过松现象，要用塞尺检查轴承磨损情况，如超过表 2-1 的允许值，应考虑更换轴承。

表 2-1　滚动轴承的允许磨损值

轴承内径/mm	最大磨损/mm	轴承内径/mm	最大磨损/mm
20～30	0.1	85～120	0.3～0.4
35～80	0.2	120～150	0.4～0.5

（4）更换轴承。更换轴承时，应将其放入 70～80 ℃的变压器油中加热 5 min 左右，待防锈脂全部熔去后，再用煤油清洗干净，并用棉布擦净待装。

5．装配

电动机的装配工序与拆卸时的工序相反。装配前，各配合处要先清理除锈，装配时应按各部件拆卸时所做标记复位。

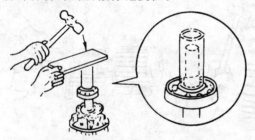

图 2-15　冷套法装配轴承

轴承的装配方法如下。

（1）冷套法。如图 2-15 所示，把轴承套到轴上，用一段铁管，一端对准轴颈，顶在轴承的内圈上，用手锤敲打另一端，缓慢地敲入。

（2）热套法。轴承可放在温度为 80～100 ℃的变压器油中，加热 20～40 min，趁热迅速把轴承一直推到轴肩，轴承冷却后自动收缩套紧。

已装配的轴承要在其内、外套之间加注润滑脂，但不要过满，要均匀。轴承的内、外盖中也要加注润滑脂，一般使其占盖内容积的1/3～1/2。

6．拆卸和装配时注意事项

（1）在拆卸端盖前，不要忘记在端盖和机座的接缝处做好标记。

（2）拆卸转子和安装转子时，注意不要碰伤定子绕组。

（3）在拆卸和装配时要小心，不要损坏零部件。

（4）竖立转子时，地面上必须垫木板。

(5)紧固端盖螺栓时,要按对角线方向上左右逐步拧紧。

(6)在拆卸和装配时,不能用手锤直接敲打零部件,必须垫上铜块或木板。

(7)操作时注意安全及环境保护。

【拓展与提高】

一、兆欧表的使用与应用

1. 兆欧表的使用

兆欧表的用途是测量大电阻和绝缘电阻。兆欧表有三个接线端,其中 L—电路,E—接地,G—保护环。

1)使用前检查

开路实验:L 端和 E 端断开,摇动手柄到额定转速,指针应在"∞"的位置。

短路实验:L 端和 E 端短接,缓慢摇动手柄,指针应在"0"的位置。

2)使用方法

用兆欧表测量时,被测电阻两端分别与 L 端和 E 端相连,平衡地转动手柄,使转速保持在 120 r/min 左右,通常在 1 min 后读取数据。

3)使用注意事项

(1)测量前,必须将被测设备表面处理干净,同时切断电源,并接地短路放电,以保障人身和设备的安全,获得正确的测量结果。

(2)测量时,兆欧表应放置平衡,并远离带电导体和磁场,以免影响测量的准确度。

(3)在兆欧表停止转动和被测设备放电以后,才可用手拆除测量连线。

2. 兆欧表的应用

1)检查三相异步电动机各绕组对地的绝缘电阻

使用兆欧表,将 E 端接在不涂漆的机壳上,L 端依次接在各相绕组的引出端,平衡地转动手柄,使转速保持在 120 r/min 左右,分别测其阻值,应不小于 0.5 MΩ。

2)检查三相异步电动机三相绕组之间的绝缘电阻

使用兆欧表,将 L 端和 E 端分别接在两相绕组的引出端,平衡地转动手柄,使转速保持在 120 r/min 左右,测其阻值,应不小于 0.5 MΩ。

小问题

在实际使用中,能否用万用表的电阻挡判断绕组是否接地? 它与用兆欧表判断绕组接地有什么区别?

用万用表的电阻挡测量,可以判断绕组是否接地(接地时电阻很小或为零),但难以测出具体的绝缘电阻值(无法判断绝缘程度);而用兆欧表既可判断绕组是否接地,又可以测出具体的绝缘电阻值。

二、钳形电流表的使用与应用

1. 钳形电流表的使用

钳形电流表可以在不切断电路的情况下进行电流测量。

1）使用方法

捏紧扳手，铁芯张开，被测电路可穿入铁芯内，放松扳手，铁芯闭合，被测电路作为铁芯的一组线圈（工作类似电流互感器）。

2）使用注意事项

（1）只限于被测电路电压不超过 600 V 时使用，使用前对机械表要调零，对数字表则无须调零。

（2）要选择合适的量程，转换量程挡位应在不带电的情况下进行，以免损坏仪表。

（3）测量时应注意相对带电部分的安全距离，以免发生触电事故。

（4）测量 5 A 以下的小电流时，将被测导线多绕几圈穿入钳口进行测量，实际电流数值应为读数除以放进钳口内的导线根数。

2. 钳形电流表的应用

钳形电流表可测量电动机的空载电流（空载电流不大，一般为额定电流的 20%～50%）。

三、三相异步电动机装配后的检查

1. 机械检查

机械检查主要检查机械部分的装配质量，包括：所有紧固螺钉是否拧紧；转子转动是否灵活，有无扫膛、有无松动；轴承是否有杂声等。

2. 电气性能检查

电气性能检查的检查内容如表 2-2 所示。

表 2-2　装配后的检查记录

铭牌额定值	电压＿＿＿＿V，电流＿＿＿＿A，转速＿＿＿＿r/min，功率＿＿＿＿kW，接法＿＿＿＿		
实际检测	三相电源电压	U_{UV}＿＿＿V，U_{VW}＿＿＿V，U_{WU}＿＿＿V	
	三相绕组电阻	U 相＿＿＿Ω，V 相＿＿＿Ω，W 相＿＿＿Ω	
	绝缘电阻	对地绝缘	U 相对地＿＿＿MΩ，V 相对地＿＿＿MΩ，W 相对地＿＿＿MΩ
		相间绝缘	U、V 间＿＿＿MΩ，V、W 间＿＿＿MΩ，W、U 间＿＿＿MΩ
	三相电流	空载	I_U＿＿＿A，I_V＿＿＿A，I_W＿＿＿A
	转速	空载	＿＿＿r/min

（1）直流电阻三相平衡。

（2）绝缘电阻测定。用 500 V 兆欧表检测三相绕组每相对机壳的绝缘电阻和相间绝缘电阻，其阻值不得小于 0.5 MΩ。

（3）三相电流测量。按铭牌要求接好电源线，在机壳上接好保护接地线，接通电源，用钳形电流表检测三相空载电流，看是否符合要求。

（4）温升检查。检查电动机温升是否正常，运转中有无异响。

学习任务 2 三相异步电动机运行时的参数测量

【任务导入】

受机电实训车间的委托,要求对车间内的 C650 车床和 X62W 铣床的主轴电动机进行参数测试,完成机电设备的日常维护工作,为学生实训及生产提供保障。

【任务分析】

对正常运行的电动机,需要对其进行维护,对出现故障的电动机,需要对其进行正确诊断,查出原因并迅速排除。本任务通过对正常运行的 C650 车床和 X62W 铣床的主轴电动机进行参数测量,使学生掌握三相异步电动机的机械特性、日常维护知识及初步具有电动机运行维护的能力,在工作中能够熟练、规范、安全地使用电动机。在训练中,要求学生能根据工作任务搜集相关信息,通过讨论、分析、实施及检查评估等过程完成任务并获得相应的岗位工作能力。

【相关知识】

一、三相异步电动机的铭牌

在三相异步电动机的外壳上,钉有一块铭牌。铭牌上注明了电动机的主要技术数据,是选择、安装、使用和修理(包括重绕组)电动机的重要依据,铭牌的主要内容如表 2-3 所示。

表 2-3 三相异步电动机的铭牌

三相异步电动机			
型号 Y2-112M-2		编号 ××××	
4 kW		8.23 A	
380 V	2 890 r/min	LW79dB(A)	
接法 △	防护等级 IP54	50 Hz	××kg
ZBK 2007-88	工作制 S1	F 级绝缘	××年××月
××电机厂			

1. 型号

我国中小型三相电动机型号的系列为 Y 系列,是按 IEC(国际电工委员会)标准设计生产的,它是以电动机中心高度为依据编制型号的,如 Y2-112M-2。

异步电动机的型号 ——— Y2-112M-2

中心高度 112 mm

2 极

中机座(L—长机座;S—短机座)

小知识

(1)异步电动机型号的表示方法,一般采用汉语拼音的大写字母和阿拉伯数字组成,可以表示电动机的种类、规格和用途等,如异步电动机用大写字母 Y 表示。

(2)中心高度越大,电动机容量就越大,因此,异步电动机按容量大小分类与中心高度有关:63~315 mm 的为小型,315~630 mm 的为中型,630 mm 以上的为大型;在同样的中心高度下,机座越长,则容量越大。

2. 额定值

额定值规定了电动机正常运行状态和条件,它是选用、安装和维修电动机时的依据。异步电动机的铭牌上标注的主要额定值如下。

1) 额定功率 P_N

额定功率 P_N 指在满载运行时,电动机轴上所输出的额定机械功率,单位为 kW。

2) 额定电压 U_N

额定电压 U_N 指额定运行时,接到电动机定子绕组上的线电压,单位为 V。三相电动机要求所接的电源电压值的变动一般不应超过额定电压的 ±5%。电压过高,电动机容易烧毁;电压过低,电动机难以启动,即使启动,电动机也可能带不动负载,容易烧坏。

3) 额定电流 I_N

额定电流 I_N 指三相电动机在额定电源电压下,输出额定功率时,流入定子绕组的线电流,单位为 A。若超过额定电流过载运行,三相电动机就会过热乃至烧毁。

三相异步电动机的额定功率与其他额定数据之间的关系为

$$P_N = \sqrt{3} U_N I_N \cos\varphi_N \eta_N \tag{2-3}$$

式中:$\cos\varphi_N$—— 额定功率因数;

　　　η_N—— 额定效率。

4) 额定频率 f_N

额定频率 f_N 指电动机所接的交流电源的频率,我国规定标准电源频率为 50 Hz。

5) 额定转速 n_N

额定转速 n_N 指三相异步电动机在额定工作情况下运行时电动机轴上输出的转速,单位为 r/min,一般略小于对应的同步转速 n_0。如 $n_0 = 1\,500$ r/min,则 $n_N = 1\,440$ r/min。

6) 绝缘等级

绝缘等级指电动机绕组及其绝缘部件所采用的绝缘材料的等级。它表明电动机的耐热能力或电动机允许的最高工作温度。绝缘材料的耐热性能等级如表 2-4 所示。目前,国产电动机使用的等级可分为 A、E、B、F 和 H 5 种。

表 2-4　绝缘材料的耐热性能等级

绝缘等级	Y	A	E	B	F	H	C
最高允许温度/℃	90	105	120	130	155	180	>180

7）定额工作制

定额工作制指三相异步电动机按铭牌值工作时，可以允许连续运行的时间和顺序，可分为连续定额（S1）、短时定额（S2）和周期断续定额（S3）三种。

8）防护等级 IP

防护等级 IP 表示三相异步电动机外壳的防护方式。

小知识

（1）对于 380 V 的三相交流异步电动机，$I_N \approx 2P_N$，因此，可以根据电动机的额定功率估算出额定电流，即 1 kW 按 2 A 电流估算。

（2）IP（international protection）防护等级系统是由 IEC 所起草的。将电动机依其防尘、防湿气的特性加以分级。IP 防护等级是由两个数字所组成的，第一个数字表示电动机防尘、防止外物侵入的等级，第二个数字表示电动机防湿气、防水侵入的密闭程度，数字越大表示其防护等级越高。如 IP44 中第一位数字"4"表示电动机能防止直径或厚度大于 1 mm 的固体进入电动机内壳，第二位数字"4"表示能承受任何方向的溅水。

（3）定额工作制。

①连续工作状态：连续工作状态是指电动机带额定负载运行时，运行时间很长，使电动机的温升可以达到稳态温升的工作方式。

②短时工作状态：短时工作状态是指电动机带额定负载运行时，运行时间很短，使电动机的温升达不到稳态温升；停机时间很长，使电动机的温升可以降到零的工作方式。

③周期断续工作状态：周期断续工作状态是指电动机带额定负载运行时，运行时间很短，使电动机的温升达不到稳态温升；停止时间也很短，使电动机的温升降不到零，工作周期小于 10 min 的工作方式。

二、三相异步电动机的连接与维护保养

1. 三相异步电动机的连接

1）出线端子的排列

三相异步电动机定子绕组的首端和末端通常都安装在电动机接线盒内的接线柱上，首端分别标为 U_1、V_1、W_1，末端分别标为 U_2、V_2、W_2。这六个出线端在接线盒里的排列如图 2-16 所示。

2）定子绕组的连接方式

定子绕组的连接方式有星形（Y）和三角形（△）两种，分别如图 2-17 所示。定子绕组的连接只能按规定方法连接，不能任意改变接法，否则会损坏三相异步电动机。

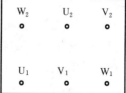

图 2-16 出线端子的排列

定子绕组的连接方式，视电源的线电压而定。如对线电压为 380 V 的电源，若三相绕组连接成 Y 形，每相绕组承受相电压 220 V；三相绕组连接成△形，每相绕组承受相电压 380 V。通常电动机铭牌上标有符号 Y/△和数字 380/220，前者表示定子绕组的接法，后者表示对应于不同接法应加的线电压值。

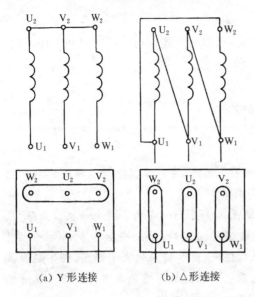

(a) Y形连接　　(b) △形连接

图 2-17　定子绕组的连接方式

【例 2.1】　若电源线电压为 380 V,现有两台电动机,其铭牌数据如下,试选择定子绕组的连接方式。

(1)Y90L-4,功率为 1.1 kW,电压为 220/380 V,连接方式为△/Y,电流为 4.67/2.7A,转速为 1 400 r/min,功率因数为 0.79。

(2) JZL2-4,功率为 4.0 kW,电压为 380/220 V,连接方式为△/Y,电流为 8.8/5.1 A,转速为 1 400 r/min,功率因数为 0.82。

【解】　Y90L-4 电动机应接成 Y 形,如图 2-17(a)所示。JZL2-4 电动机应接成△形,如图 2-17(b)所示。

2. 三相异步电动机的日常维护保养

对三相交流异步电动机进行日常维护保养一般包括以下内容:①应经常对电动机进行清洁,防止水滴、油污、灰尘进入内部;②经常检查轴承,定期上油、换油及清洗轴承;③电动机工作电流不应超过额定电流;④经常检查电动机各部分温度是否符合技术规定;⑤经常观察电动机的噪声和振动是否正常;⑥经常保持绕线式异步电动机滑环或电刷光滑、清洁、接合紧密;⑦经常检查电动机定子绕组的绝缘电阻,该电阻不能低于规定标准值;⑧电动机外壳接地应牢固完好;⑨保持电动机通风畅通无阻;⑩经常紧固电动机的引出线,保持接线整齐美观。

三、三相异步电动机的电磁转矩、机械特性与工作特征

电磁转矩是三相异步电动机最重要的物理量之一,它是表征一台电动机拖动生产机械能力的大小。机械特性是它的主要特性。

1. 三相异步电动机的电磁转矩

三相异步电动机的电磁转矩 T 是由旋转磁场的每极磁通 Φ 与转子电流 I_2 相互作用而产生的,其大小与 Φ 和 I_2 的乘积成正比,此外,它还和转子回路的功率因数 $\cos\varphi_2$ 有关,其表达式为

$$T = K_T\Phi I_2\cos\varphi_2 \tag{2-4}$$

式中:K_T——电动机结构有关的常数;

Φ——磁通;

I_2——转子电流;

$\cos\varphi_2$——转子回路的功率因数。

$$I_2 = 4.44f_1N_2\Phi/\sqrt{R_2^2+(SX_{20})^2} \tag{2-5}$$

$$\cos\varphi_2 = R_2/\sqrt{R_2^2+(SX_{20})^2} \tag{2-6}$$

综合式(2-4)、式(2-5)和式(2-6)及 $E_1 = 4.44f_1N_1\Phi$,并忽略定子电阻 R_1 和漏电感 X_1 的压降,可得电磁转矩的另一表达式为

$$T = K \frac{SR_2 U^2}{R_2^2 + (SX_{20})^2} \qquad (2-7)$$

由此可知,电磁转矩 T 与电压 U 的平方成正比。当施加在定子每相绕组上的电压降低时,启动转矩下降明显;当电压 U 一定,转子参数 R_2 和 X_{20} 一定时,电磁转矩与转差率 S 有关,我们通常将电磁转矩与转差率 S 的关系 $T = f(S)$ 曲线称为 $T\text{-}S$ 曲线。

2. 三相异步电动机的机械特性

三相异步电动机的机械特性是指在电源电压 U_1、电源频率 f_1 及电动机参数一定,且定子绕组按规定接线时,电动机电磁转矩 T 与转速 n 或转差率 S 之间的关系,即 $n = f(T)$ 或 $S = f(T)$。它包括固有机械特性和人为机械特性。

1) 固有机械特性

三相异步电动机在额定电压和额定频率下,用规定的接线方式,定子和转子电路中不接任何电阻或电抗时的机械特性称为固有机械特性或自然机械特性。

(1)固有机械特性曲线。

根据式(2-2)和式(2-7)可得到三相异步电动机的固有机械特性曲线,如图 2-18 所示。从特性曲线可以看出,其上有四个特殊点可以决定特性曲线的基本形状和异步电动机的运行性能,这四个特殊点如下。

①理想空载转速点 A:从图 2-18 可看出,在 A 点,$T = 0$,$n = n_0 = 60 f_1 / p$,$S = 0$,此时电动机不进行机电能量转换,处于浮接状态。实际上,异步电动机是不可能运行于这一点的。

②额定工作点 B:在 B 点,$T = T_N$,$n = n_N$($S = S_N$)。

③最大转矩点 C(临界工作点):在 C 点,电磁转矩为最大值 T_{max}($T = T_{max}$),相应的转差率为 S_m($S = S_m$)。

④启动工作点 D:在 D 点,$S = 1$,$n = 0$,$T = T_{st}$。此时,电磁转矩为启动转矩 T_{st}。

(2)额定转矩与额定转差率。

①额定转矩为

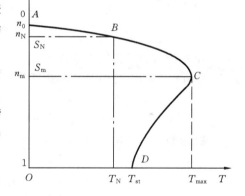

图 2-18 三相异步电动机的固有
机械特性曲线

$$T_N = 9\,550 \frac{P_N}{n_N} \qquad (2-8)$$

②额定转差率为

$$S_N = \frac{n_0 - n_N}{n_0} \qquad (2-9)$$

式中:P_N——电动机的额定功率;

n_N——电动机的额定转速,一般为 $n_N = (0.94 \sim 0.985) n_0$;

S_N——电动机的额定转差率,一般为 $S_N = 0.06 \sim 0.015$;

T_N——电动机的额定转矩,单位为 N·m。

(3)临界转差率与最大电磁转矩。

①临界转差率 S_m 为

$$S_m = R_2 / X_{20} \qquad (2\text{-}10)$$

②最大电磁转矩 T_{max} 为

$$T_{max} = K \frac{U^2}{2X_{20}} \qquad (2\text{-}11)$$

从式(2-10)和式(2-11)可看出:当电源频率 f_1 及电动机的参数一定时,最大转矩 T_{max} 与定子电压 U 的平方成正比,这说明异步电动机对电源电压的波动是很敏感的;T_{max} 与转子电阻 R_2 的大小无关,但临界转差率 S_m 却与 R_2 成正比。当增加转子外串电阻 R_2' 时,T_{max} 不变,而 S_m 随外串电阻的增加而变大,特性曲线变软。

(4)异步电动机的过载能力系数。

通常将固有机械特性上最大转矩 T_{max} 与额定转矩 T_N 之比称为过载能力系数或过载倍数,用 λ_m 表示,有

$$\lambda_m = \frac{T_{max}}{T_N} \qquad (2\text{-}12)$$

过载能力系数表征电动机承受冲击负载能力的大小。各种电动机的过载能力系数在国家标准中都有规定,一般三相异步电动机如普通的 Y 系列的 $\lambda_m = 1.6 \sim 2.2$;起重机和冶金机械用的 YZ 和 YZR 绕线式异步电动机的 $\lambda_m = 2.5 \sim 2.8$。

(5)启动转矩。

启动转矩为

$$T_{st} = K \frac{R_2 U^2}{R_2^2 + (SX_{20})^2} \qquad (2\text{-}13)$$

由式(2-13)可得以下结论。

①在给定的电源频率及电动机参数的条件下,T_{st} 与定子电压 U 的平方成正比。

②在一定范围内,增加转子回路电阻 R_2,可以增大启动转矩 T_{st}(因为可提高转子回路的功率因数 $\cos\varphi_2$);当 $S = S_m = 1$ 时,$T_{st} = T_{max}$,启动转矩最大。

③当 U、f_1 一定时,若转子的电抗增大,则 T_{st} 将大为减小。

(6)转矩-转差率特性的实用表达式。

在实际应用中,为了简化计算,常用下式进行电磁转矩的计算:

$$T = 2T_{max}/(S/S_m + S_m/S) \qquad (2\text{-}14)$$

从式(2-14)可看出,当 $S \ll S_m$ 时,有

$$T = \frac{2T_{max}}{S_m}S \qquad (2\text{-}15)$$

式(2-15)表明,转矩 T 与转差率 S 是成正比的直线关系,即异步电动机的机械特性在一定范围内呈线性关系,异步电动机通常运行在此线性范围内。

临界转差率实用表达式为

$$S_m = S_N(\lambda_m + \sqrt{\lambda_m^2 - 1}) \qquad (2\text{-}16)$$

(7)启动转矩倍数 λ_{st}。

异步电动机的启动转矩 T_{st} 与额定转矩 T_N 之比用启动转矩倍数 λ_{st} 来表示,即

$$\lambda_{st} = T_{st} / T_N \qquad (2\text{-}17)$$

启动转矩倍数 λ_{st} 也是异步电动机的重要性能指标之一。只有 T_{st} 大于负载启动转矩 T_2,电动机才能启动。一般 $\lambda_{st} = 1 \sim 1.2$。

2）人为机械特性

人为改变电动机的某个参数后所得到的机械特性,称为异步电动机的人为机械特性。

由式(2-7)可知,异步电动机的机械特性与电动机的参数有关,也与外加电源电压、电源频率、定子电路中的电阻或电抗、转子电路中的电阻或电抗有关。

获得人为机械特性的目的是获得所需的拖动性能。在机电传动系统中,人们可以通过合理地利用人为机械特性对异步电动机进行启动、调速和制动控制。

异步电动机的人为机械特性可分为降低电源电压的人为机械特性、转子回路串电阻的人为机械特性、定子回路串电阻或电抗的人为机械特性和改变定子电源频率的人为机械特性等四种。

(1)降低电源电压的人为机械特性。

图 2-19 所示为降低电源电压的人为机械特性曲线。

①当电源电压降低时,n_0 和 S_m 不变,而 T_{max} 和 T_{st} 将却因与 U^2 成正比而大大减小。

②在同一转差率情况下,人为机械特性和固有机械特性转矩之比等于电压的平方之比。电压越低,过载能力与启动转矩越低,人为机械特性曲线越往左移。

异步电动机对电网电压的波动非常敏感,运行时,如电网电压降低太多,会出现电动机带不动负载或者根本不能启动的现象。

例如,电动机运行在额定负载 T_N 下,即使 $\lambda_m = 2$,若电网电压下降到 $70\% U_N$,则由于

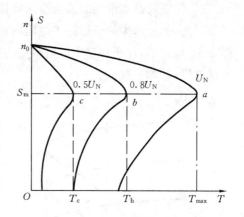

图 2-19 降低电源电压的人为机械特性曲线

$$T_{max} = \lambda_m T_N \left(\frac{U}{U_N}\right)^2 = 2 \times 0.7^2 \times T_N = 0.98 T_N$$

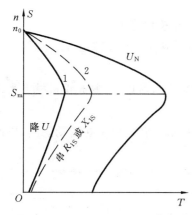

图 2-20 定子回路串电阻或电抗的人为机械特性曲线

电动机也将会停转。所以,对于正在运行的电动机,在电网电压下降,而负载不变的条件下,电动机转速会下降,转差率 S 增大,电流 I_2 增加,造成电动机过载。过载时间长会使电动机的温升超过允许值,影响电动机的使用寿命,严重时会烧毁绕组。

(2)定子回路串电阻或电抗的人为机械特性。

图 2-20 所示为定子回路串电阻或电抗的人为机械特性曲线。在电动机定子回路串电阻或电抗后,电动机端电压为电源电压减去定子串电阻或电抗的压降,致使定子绕组相电压降低,这种情况下的人为机械特性与降低电源电压时的相似。图 2-20 中,实线 1 为降低电源电压的人为机械特性曲线;虚线 2 为定子回路串电阻 R_{1s} 或电抗 X_{1s} 的人为机械特性曲线。

①最大转矩要比降低定子电源电压的大一些。

②功率因数低,不经济,因而很少使用。

(3)改变定子电源频率的人为机械特性。

图 2-21 所示为改变定子电源频率的人为机械特性曲线。改变定子电源频率 f_1 对三相异步电动机的机械特性的影响是比较复杂的,下面只定性地分析。一般变频调速常采用恒转矩调速,即希望最大转矩保持为恒值,为此在改变频率的同时,电源电压也要进行相应的变化,即要保持 $U/f = C$(恒值)不变,其实质上就是要保证电动机中的气隙磁通维持不变。这样,在上述条件下就存在 $n_0 \propto f$,$S_m \propto 1/f$,即保持 T_{max} 不变的关系。

①随着频率的降低,理想空载转速 n_0 将减小。

②临界转差率 S_m 增大,启动转矩 T_{st} 将增大,而最大转矩 T_{max} 基本保持不变。

(4)转子回路串电阻的人为机械特性。

图 2-22 所示为转子回路串电阻时的人为机械特性曲线。在转子回路串入电阻 R_{2r}(见图 2-22 (a))后,转子回路中的电阻变为 $R_2 + R_{2r}$,它是通过滑环电刷机构将三相转子绕组与外接电阻 R_{2r} 相连接的。

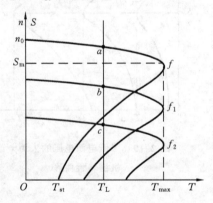

图 2-21　改变定子电源频率的
人为机械特性曲线

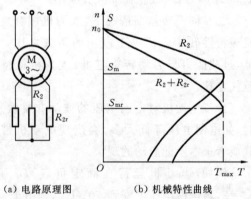

(a) 电路原理图　　(b) 机械特性曲线

图 2-22　转子回路串电阻的人为机械特性

①此时的人为机械特性与固有机械特性相比是一条特性较软的曲线。

②R_{2r} 增大,启动转矩 T_{st} 将增加,S_m 增大,而理想空载转速 n_0、最大转矩 T_{max} 则保持不变。这一点可由式(2-1)、式(2-10)和式(2-12)分析得知。

一定范围内增加转子电阻,可以增加电动机的启动转矩 T_{st},所以,一些起重机械上大多采用绕线式异步电动机。

实际使用时,可以选择适当的电阻 R_{2r},使 $T_{st} = T_{max}$,使最大转矩发生在启动瞬间,以改善绕线式异步电动机的启动性能。

小讨论

(1)人为改变电动机机械特性的方法有哪些?目的是什么?

(2)根据图 2-19 所示的人为机械特性曲线,分析三相异步电动机在一定负载转矩下运行时,如果电源电压降低,电动机的转矩、定子电流和转速 n 如何变化?

3. 三相异步电动机的工作特性

三相异步电动机的工作特性是指当外加电源电压 U_1 为常数、频率 f 为额定值时,电动机的转速 n、定子电流 I_1、功率因数 $\cos\varphi_1$、电磁转矩 T、效率 η 等与输出功率 P_2 的关系曲线。

这些关系曲线可以通过三相异步电动机直接带负载,由实验的方法测得,我们可以通过三相异步电动机的工作特性曲线来判断它的工作性能的好坏,从而达到正确选用电动机,以满足不同的工作要求的目的。图 2-23 所示的是三相异步电动机的不同工作特性曲线。

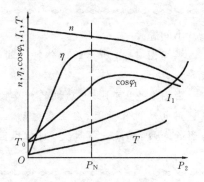

图 2-23 三相异步电动机的
不同工作特性曲线

1) 转速特性 $n = f(P_2)$

三相异步电动机的转速 n,在电动机正常运行的范围内随负载 P_2 的变化而变化不大,所以,转速特性曲线是一条向下略有倾斜的曲线,是一条"硬"特性曲线,如图 2-23 所示。

2) 转矩特性 $T = f(P_2)$

三相异步电动机空载时 $P_2 = 0$,电磁转矩 T 等于空载制动转矩 T_0。随着 P_2 的增加,已知 $T_2 = \dfrac{9.55 P_2}{n}$,若 n 保持不变,则 T_2 为通过原点的直线。考虑到 P_2 增加时,n 稍有降低,故 $T_2 = f(P_2)$ 是随着 P_2 增加略向上翘的曲线。在 $T = T_0 + T_2$ 中,由于 T_0 很小,可认为它是与 P_2 无关的常数,所以,$T = f(P_2)$ 将比 T_2 平行上移 T_0,如图 2-23 所示。

3) 定子电流特性 $I_1 = f(P_2)$

三相异步电动机空载时,转子电流 I_2 近似为零,定子电流等于励磁电流 I_0。随着负载的增加,转速下降(S 增大),转子电流增大,定子电流也增大。当 $P_2 > P_N$ 时,由于 $\cos\varphi_1$ 降低,I_1 增长更快些,如图 2-23 所示。

4) 功率因数特性 $\cos\varphi_1 = f(P_2)$

三相异步电动机运行时,必须从电网中吸取感性无功功率,它的功率因数总是滞后的,且永远小于 1。三相异步电动机空载时,定子电流基本上只有励磁电流,功率因数很低,一般不超过 0.2。当负载增加时,定子电流的有功电流增加,使功率因数提高。接近额定负载时,功率因数也达到最高。超过额定负载时,转速降低较多,转差率增大,使转子电流与电动势之间的相位角 φ_1 增大,转子的功率因数下降较多,引起定子电流中的无功电流分量增大,因而电动机的功率因数 $\cos\varphi_1$ 逐渐下降,如图 2-23 所示。

5) 效率特性 $\eta = f(P_2)$

由图 2-23 可知,异步电动机空载时,$P_2 = 0$,$\eta = 0$。三相异步电动机轻载时,效率也很低。但随着输出功率 P_2 的增加,效率 η 也开始增加。正常运行时,因主磁通变化很小,所以铁损耗变化不大,机械损耗变化也很小,它们合起来称为不变损耗。定、转子铜损耗与电流的平方成正比,随着负载变化而变化,称为可变损耗。当不变损耗等于可变损耗时,电动机的效率达最大。对于中小型异步电动机,当 $P_2 = (0.7 \sim 1.0)P_N$ 时,效率最高。如果负载继续增大,可变损耗增加得较快,效率反而降低。

小问题

根据图 2-23 所示的工作特性曲线,讨论电动机的功率因数和效率对电动机容量选择的指导意义。

由图 2-23 可见,电动机的效率曲线和功率因数曲线在额定负载附近达到最高。因此,在选用电动机容量时,应注意电动机与负载相匹配。如果选得过小,电动机长期过载运行,会影响寿命;如果选得过大,则功率因数和效率都很低,浪费能源,即出现所谓的"大马拉小车"现象。

【任务实施】

一、实施环境

(1)机加工车间。

(2)装有三相异步电动机的加工机床、试电笔、偏口钳、螺丝刀、万用表、电桥、500 V 兆欧表、钳形电流表、导线、多媒体教学设备、专业网站等。

(3)相应的三相异步电动机维护维修手册或资料。

二、实施步骤

1. 测量前的准备

(1)备齐常用电工工具及仪表。

(2)测量方案的设计。

2. 测量步骤

(1)与车间师傅沟通,提交测量方案和测量方案的签字记录。

(2)查阅并记录被测量机床的主轴电动机的铭牌数据。

(3)用钳形电流表测量每相空载电流。

(4)用万用表测量电源电压。

(5)用钳形电流表测量每相工作电流。

(6)将电动机断电、验电、放电,拆除电源线。

(7)用兆欧表测量电动机相对地、相间的绝缘电阻。

(8)用万用表粗测电动机绕组直流电阻和用单臂电桥精测电动机绕组直流电阻。

(9)清理测量现场,与车间师傅完成交接。

3. 测量记录单

测量记录单可参考表 2-2,由实训指导老师指导,学生自行设计测量记录单。评价标准如表 2-5 所示。

表 2-5　评价标准

序号	考核内容		配分	评分标准
1	方案设计	(1)方案设计思路; (2)实施步骤策划	10	(1)方案设计思路不清扣 5 分; (2)实施步骤策划不合理扣 5 分

续表

序号	考核内容		配分	评分标准
2	课前准备	(1)安全意识及劳动保护; (2)方案设计	10	(1)缺乏安全意识扣4分; (2)没有按要求穿戴劳动保护扣2分; (3)没有方案设计扣4分
3	测量空载电流	用钳形电流表测量电动机每相空载电流	10	(1)带电测量未注意安全扣2分; (2)挡位选择错误扣1分; (3)带电换挡1分; (4)测量时钳形电流表使用不规范扣3分; (5)测量数据错误扣3分
4	测量电源电压	用万用表测量电源电压	10	(1)带电测量未注意安全扣5分; (2)挡位选择错误扣2分; (3)测量错误3分
5	测量工作电流	用钳形电流表测量电动机每相空载电流	20	(1)带电测量未注意安全扣5分; (2)挡位选择错误扣2分; (3)带电换挡5分; (4)测量时钳形电流表使用不规范扣3分; (5)测量数据错误扣5分
6	检测前的准备	(1)将电动机断电、验电、放电; (2)拆除电源线,拆除连接片	10	(1)未断电本项不得分; (2)未验电扣2分; (3)未放电扣2分; (4)未拆除电源线引线扣2分; (5)未拆除电动机连接片扣4分
7	测量绝缘电阻	测量电动机相对地、相间的绝缘电阻	10	(1)兆欧表选择错误扣2分; (2)接线错误扣2分; (3)测量时仪表使用不规范每一处扣1分,扣满3分为止; (4)少测量一项扣3分
8	测量直流电阻	(1)用万用表粗测电动机绕组直流电阻; (2)用单臂电桥精测电动机绕组直流电阻	10	(1)未粗测量绕组电阻值扣2分; (2)未按正确使用方法操作每错误一处扣1分,扣满3分为止; (3)损坏单臂电桥指针扣3分; (4)测量数据错误扣2分
9	综合素质	(1)坚韧和能吃苦的品质; (2)独到见解和创新精神; (3)团队合作与沟通能力	5	(1)无坚韧和能吃苦的品质扣1分; (2)无独到见解和创新精神扣1分; (3)缺乏团队合作与沟通能力扣3分
10	安全文明生产	(1)养成良好的生产习惯; (2)营造良好的学习气氛	5	(1)未按要求填写操作记录扣2分; (2)未清理现场就离开扣1分; (3)工具摆放杂乱扣1分; (4)安全责任心不足扣1分

【拓展与提高】

一、机电传动控制系统的动力学基础

机电传动控制系统是由电动机拖动,并通过一些传动机构带动生产机械运转的机电运动的动力学整体。虽然电动机的种类繁多,其特性又不一样,而生产机械的性质也是多种多样的,但若从动力学的角度来讲,则都应遵循动力学的统一规律,因此,下面先分析机电传动控制系统的运动方程式,进而分析机电传动控制系统的稳定运行条件。

1. 机电传动控制系统的运动方程式

图 2-24 所示为一单轴机电传动控制系统,它是由电动机 M 产生转矩 T,并由 T 来克服负载转矩 T_L,以驱动生产机械运动的系统。当这两个转矩平衡时,传动系统保持恒速转动,转速 n 不变,加速度 dn/dt 等于零,即 $T = T_L$ 时,n=常数,$dn/dt = 0$,这种运动状态称为静态(相对静止状态)或稳态(稳定运转状态)。

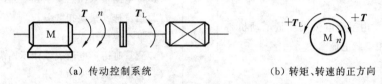

(a) 传动控制系统   (b) 转矩、转速的正方向

图 2-24　单轴机电传动控制系统

当 $T \neq T_L$ 时,电动机会加速或减速,转速 n 就要发生变化,转速的变化大小与传动系统的转动惯量 J 有关,即满足

$$T - T_L = J \frac{dn}{dt} \tag{2-18}$$

式中:T——电动机产生的转矩;

$\quad\quad T_L$——单轴机电传动控制系统的负载转矩;

$\quad\quad J$——单轴机电传动控制系统的转动惯量;

$\quad\quad n$——单轴机电传动控制系统的转速;

$\quad\quad t$——时间。

式(2-18)就是单轴机电传动控制系统的运动方程式。

由式(2-18)可得如下结论。

(1)当 $T = T_L$ 时,$dn/dt = 0$,n=常数,系统恒速运转,系统处于稳态。稳态时,电动机产生转矩的大小,仅由电动机所带负载(生产机械)决定。

(2)当 $T > T_L$ 时,$dn/dt > 0$,传动系统作加速运动。

(3)当 $T < T_L$ 时,$dn/dt < 0$,传动系统作减速运动。

系统处于加速或减速的运动状态称为动态。

电动机的转矩平衡方程式为

$$T = T_L + T_2 \tag{2-19}$$

式中:T_2——动态转矩或为电动机轴上的输出转矩。

2. 机电传动控制系统中的拖动转矩和制动转矩

1）机电传动控制系统中转矩的正方向的约定

由于机电传动控制系统有各种运动状态,对应的运动方程式中的转速和转矩就有不同的符号。生产机械和电动机是以同一转速旋转的,所以一般用转动方向作为参考来确定转矩的正负。

如图 2-25 所示,若设电动机转速沿逆时针旋转为正,则约定电动机转矩 T 与 n 方向一致为正向,负载转矩 T_L 与转速 n 方向相反为正向。

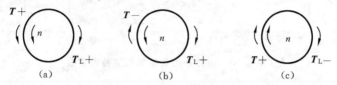

图 2-25　T、T_L 符号的判定

2）拖动转矩与制动转矩

按上述约定的判定规则,就可以从转矩和转速的符号判定 T 与 T_L 的性质。

(1)若 T 与 n 符号相同(同为正或同为负),则表示 T 的作用方向与 n 相同,T 为拖动转矩;若 T 与 n 符号相反,则表示 T 的作用方向与 n 相反,T 为制动转矩。

(2)若 T_L 与 n 符号相同(同为正或同为负),则表示 T_L 的作用方向与 n 相反,T_L 为制动转矩;若 T_L 与 n 符号相反,则表示 T_L 的作用方向与 n 相同,T_L 为拖动转矩。T 和 T_L 的符号判定如图 2-25 所示。

3. 生产机械的机械特性

同一转轴上负载转矩和转速之间的函数关系称为生产机械的机械特性,即 $n = f(t)$。由于不同生产机械在运动中所受阻力的性质不同,其机械特性曲线的形状也不尽相同,一般可归纳为以下三种典型的机械特性。

1）恒转矩型负载的机械特性

所谓恒转矩型负载是指负载转矩 T_L 的大小不随转速 n 变化而变化的负载,如图 2-26 所示,属于此类的生产机械有各种提升设备、皮带传输机构以及金属切削机床等。

根据负载转矩 T_L 与生产机械运动方向之间的关系,恒转矩型负载可分为反抗性恒转矩负载和位能性恒转矩负载两种。

反抗性恒转矩也称为摩擦转矩,是因摩擦和非弹性体的压缩、拉伸与扭转等作用产生的负载转矩,机床切削过程中的切削力所产生的负载就是反抗性恒转矩负载。反抗性恒转矩负载的方向恒与运动方向相反,若运动方向发生改变时,负载转矩的方向也会发生改变,因此它总是阻碍运动的,其特性曲线在第一象限或第三象限,具体方向判定如图 2-26(a)所示。

位能性恒转矩负载是由于物体的重力和弹性体的压缩、拉伸与扭转等作用产生的负载转矩。如卷扬机起吊重物时重力所产生的负载转矩就是位能性恒转矩负载。位能性恒转矩负载的作用方向恒定,与运动方向无关,它有时阻碍运动,有时又促进运动(如重物的提升及下降),其特性曲线在第一象限或第四象限,具体方向判定如图 2-26(b)所示。

反抗性恒转矩负载 T_L 与位能性恒转矩负载 T_L 比较:反抗性恒转矩负载 T_L 的符号总是

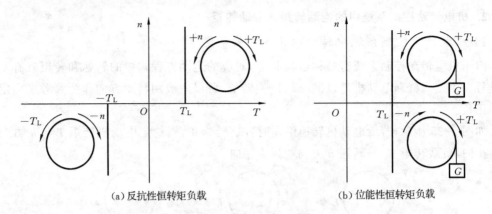

（a）反抗性恒转矩负载　　　　（b）位能性恒转矩负载

图 2-26　恒转矩型负载的机械特性曲线

正的；位能性恒转矩负载 T_L 的符号则有时为正，有时为负。

2）恒功率型负载的机械特性

恒功率型负载的转矩与转速 n 成反比，即 $P_L = T_L n / 9.55$，如图 2-27 所示。例如，车床加工：在粗加工时，切削量大，负载阻力大，要低速运行；在精加工时，切削量小，负载阻力小，要高速运行。无论选择什么样的加工方式，不同转速下，切削功率基本不变。

3）离心式通风机型负载的机械特性

离心式通风机型负载是按离心力原理工作的，如离心式鼓风机、水泵等。它们的负载转矩 T_L 与 n 的平方成正比，即 $T_L = Cn^2$，C 为常数，如图 2-28 所示。

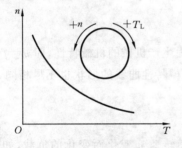

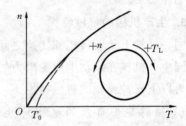

图 2-27　恒功率型负载的机械特性曲线　　　图 2-28　离心式通风机型负载的机械特性曲线

应当指出的是，实际负载可能是单一类型的，也可能是几种典型类型的综合。比如实际通风机除了主要的通风机性质的负载特性外，轴上还有一定的摩擦转矩 T_0，所以，实际通风机的机械特性应是 $T_L = T_0 + Cn^2$，如图 2-28 所示的虚线。

4. 机电传动控制系统的稳定运行条件

1）概述

在机电传动控制系统中，电动机和生产机械是连成一体的，要使系统运行合理，就要想办法使电动机的机械特性和负载的机械特性尽量相配合。特性配合好的基本要求是系统能稳定运行。

机电传动控制系统的稳定运行包含两重含义：一是系统应能以一定的速度匀速运转；二是系统受到某种外部干扰而使运行速度稍有变化时，应保证在干扰消除后系统能恢复到原来的运行速度。

2）稳定工作点的判别

稳定工作点的判别包括系统平衡点的判别（见图 2-29）和系统稳定平衡点的判别（见图 2-29），图中曲线 1 是电动机的机械特性曲线，曲线 2 是负载的机械特性曲线。

（1）稳定运行的必要条件。

稳定运行的必要条件也就是系统平衡点的判别。若要保证电动机恒速运转，必要条件是电动机轴上的拖动转矩 T 与电动机轴上的负载转矩 T_L 应大小相等、方向相反，能相互平衡。从图 2-29 可以得出结论：在 $OT\text{-}n$ 坐标系中，$n=f(T_L)$ 与 $n=f(T)$ 必须有交点，即 $T=T_L$。如图 2-29 所示的 a、b 两点就称为系统的平衡点。

（2）稳定运行的充分条件。

稳定运行的充分条件也就是系统稳定平衡点的判别。机械特性曲线存在交点只是保证系统稳定的必要条件，并非充分条件，实际上只有 a 点是稳定的平衡点，b 点不是稳定的平衡点（见图 2-30），其原因如下。

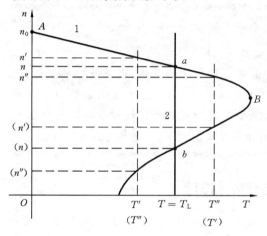

图 2-29 系统平衡点的判别

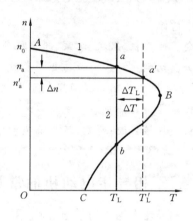

图 2-30 系统稳定平衡点的判别

①a 点是稳定的平衡点。原因是当系统出现干扰，比如 $T_L=T_L+\Delta T_L$（ΔT_L 为扰动）时，电动机来不及反应，仍工作在 a 点，其电磁转矩仍为 T，此时有

$$T_L\uparrow \xrightarrow[\ T-T_L=\mathrm{d}n/\mathrm{d}t,\ \mathrm{d}n/\mathrm{d}t<0\ ]{T\text{ 不变（惯性）}} n\downarrow \xrightarrow[(AB\ \text{段})]{\text{机械特性}} T\uparrow(T') \longrightarrow \text{在 } a' \text{ 点平衡}$$

$$\text{重新回到 } a \text{ 点} \longleftarrow n\uparrow \xrightarrow[(\text{强迫})]{\text{电动机加速}} T'>T_L \xleftarrow[\Delta T_L=0]{\text{当扰动消失}}$$

②b 点不是稳定的平衡点。当系统出现干扰，比如 $T_L=T_L+\Delta T_L$（ΔT_L 为扰动）时，有

$$T_L\uparrow \xrightarrow[\ T-T_L=\mathrm{d}n/\mathrm{d}t,\ \mathrm{d}n/\mathrm{d}t<0\ ]{T\text{ 不变（惯性）}} n\downarrow \xrightarrow[(BC\ \text{段})]{\text{机械特性}} T\downarrow$$

$$\text{不能回到 } b \text{ 点} \longleftarrow n\downarrow\downarrow \xrightarrow[(\text{强迫})]{\text{电动机减速}} T<T_L \xleftarrow[\Delta T_L=0]{\text{当扰动消失}}$$

结论 对于恒转矩型负载，电动机转速变化（n 增加或减小）时，机械特性曲线应具有向下倾斜的特点，这样系统才能稳定运行。若特性曲线上翘，则系统不能稳定运行。

由以上分析可以总结出机电传动控制系统稳定的必要充分条件如下。

（1）电动机的机械特性曲线 $n=f(T)$ 和负载的机械特性曲线 $n=f(T_L)$ 有交点（即拖动

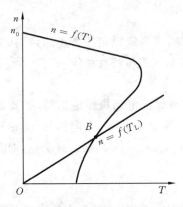

图 2-31 异步电动机拖动直流他励
发电机工作时的特性曲线

系统的平衡点)。

(2)当干扰使转速大于平衡点所对应的转速时,必须有 $T' < T_L$;当干扰使转速小于平衡点所对应的转速时,必须有 $T' > T_L$。只有同时满足上述两个条件的平衡点,才是拖动系统的稳定平衡点,即只有这样的特性配合,系统在受到外界干扰后,才具有恢复到原来平衡状态的能力并进入稳定运行。

图 2-31 所示为异步电动机拖动直流他励发电机工作情况的特性曲线,根据系统稳定的判别条件,B 点符合稳定运行条件,所以 B 点是稳定的平衡点。(注意:此时负载的机械特性硬度大于电动机的机械特性硬度。)

小讨论

金属切削机、风机、水泵、起重机各属哪一类负载?

金属切削机一般为恒转矩型负载,但车削时若考虑切削量的变化,则为恒功率型负载。风机、水泵主要为离心式通风机型负载(不考虑摩擦转矩时)。起重机一般为恒转矩型负载中的位能性恒转矩负载。之所以考虑负载类型,主要是因为负载的机械特性必须与所选电动机机械特性匹配;否则,既影响拖动效率又影响传动质量。

二、三相异步电动机的常见故障诊断与排除

三相异步电动机的常见故障主要分机械故障和电气故障两大类。机械故障主要包括轴承、风扇、端盖、转轴、机壳等的故障。电气故障主要包括定子绕组、转子绕组和电路等的故障。在巡视检查时,以可通过看、听、闻、摸等四种方法来及时预防和排除故障,保证电动机的安全运行。

三相异步电动机的常见故障及处理方法如表 2-6 所示。

表 2-6 三相异步电动机的常见故障及处理方法

故障类型	可能的原因	处理方法
电动机运行时声音不正常	定子绕组连接错误,局部短路或接地,造成三相电流不平衡而引起噪声	分别检查,予以排除
	轴承内部有异物或严重缺润滑油	清洗轴承后更换新的润滑油,一般加到轴承室的 $1/2 \sim 2/3$
电动机振动	电动机安装基础不平	将电动机底座垫平,找水平后紧固
	电动机转子不平衡	转子校静平衡或动平衡
	皮带轮或联轴器不平衡	皮带轮或联轴器校平衡
	电动机轴弯曲或皮带轮偏心	校直转轴,将皮带轮找正后镶套重装
	电动机风扇不平衡	对风扇校平衡或换新件

续表

故障类型	可能的原因	处理方法
电源接通后，电动机不能启动，并有"嗡嗡"声	电源没有全部接通或缺相启动	检查电源线、电动机引出线、熔断器、空气开关、接触器的各对触点，找出断路位置，予以排除
	电动机过载	卸载后空载或半载启动
	被拖动机械卡住	检查被拖动机械，排除故障
	绕线式电动机转子回路开路或断线	检查电刷、滑环和启动电阻各个接触器的接合情况
	定子内部首端位置接错，或有断线、短路	先判定三相的首尾端，并检查三相绕组是否有断线和短路
电动机启动困难，加额定负载后转速较低	电源电压较低	提高电压
	原为三角形接法，误接成星形接法	检查铭牌接线方法，改正定子绕组接线方式
	鼠笼式转子的笼条端脱焊、松动或断裂	进行检查后并对症处理
电动机启动后发热超过温升标准或冒烟	电源电压过低，电动机在额定负载下造成温升过高	测量空载和负载电压
	电动机通风不良或环境湿度过高	检查电动机风扇及清理通风道，加强通风，降低环境温度
	电动机过载或缺相运行	用钳形电流表检查各相电流后，对症处理
	电动机启动频繁或正、反转次数过多	减少电动机正、反转次数，或更换适于频繁启动及正、反转次数多的电动机
	定子和转子相摩擦	检查后对症处理
绝缘电阻低	绕组受潮或水滴入电动机内部	将定子绕组、转子绕组加热烘干处理
	绕组上有粉尘、油污	用汽油擦洗绕组端部并烘干
	定子绕组绝缘老化	检查并恢复引出线绝缘或更换接线盒绝缘（一般情况下需要更换全部绕组）
电动机外壳带电	电动机引出线的绝缘或接线盒绝缘线板损坏	恢复电动机引出线的绝缘或更换接线盒绝缘板
	绕组端部碰机壳	如卸下端盖后接地现象即消失，可在绕组端部加绝缘后再装端盖
	电动机外壳没有可靠接地	按接地要求将电动机外壳进行可靠接地

小经验

电动机运行时常用的故障诊断方法如下。

（1）看：观察电动机运行过程中有无异常，如电动机冒烟、转速变慢、冒火花，电动机剧烈振动、变色、有烧痕和烟迹等。

（2）听：电动机正常运行时应发出均匀且较轻的"嗡嗡"声，无杂音和特别的声音，若发出噪声太大，包括电磁噪声、轴承杂音、通风噪声、机械摩擦声等，均可能是故障先兆或故障现象。

(3)闻:闻电动机的气味也能判断及预防故障,若发现有特殊的油漆味,说明电动机内部温度过高;若发现有很重的煳味或焦臭味,则可能是绝缘层被击穿或绕组已烧毁。

(4)摸:摸电动机一些部位的温度也可判断故障原因,为确保安全,用手摸时应用手背去碰触电动机外壳及轴承周围部分,若发现温度异常,则表明电动机有问题。

三、三相异步电动机定子绕组首尾端判别

当电动机接线盒损坏,定子绕组的 6 个线头分不清楚时,不可盲目接线,以免引起电动机内部故障,必须分清 6 个线头的首尾端后才能接线。判别绕组首尾端的方法有灯泡法和万用表判别法两种,下面介绍万用表判别法。

1. 判别方法一

(1)用兆欧表或万用表的电阻挡,分别找出三相绕组的各相两个线头。

(2)给各相绕组假设编号为 U_1 和 U_2、V_1 和 V_2、W_1 和 W_2。

(3)按图 2-32 所示接线,用手转动电动机转子,若万用表(毫安挡)指针不动,则证明假设的编号是正确的;若指针有偏转,说明其中有一相首尾端假设编号不对,应逐相对调重测,直至正确为止。

2. 判别方法二

(1)分清三相绕组各相的两个线头,并将各相绕组端子假设为 U_1 和 U_2、V_1 和 V_2、W_1 和 W_2。

(2)按图 2-33 所示的接线,注意万用表(毫安挡)指针摆动的方向,合上开关瞬间,若指针摆向大于零的一边,则接电池正极的线头与万用表负极所接的线头同为首端或尾端;若指针反向摆动,则接电池正极的线头与万用表正极所接的线头同为首端或尾端。

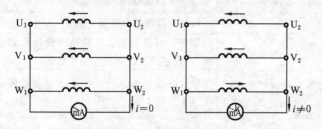

图 2-32　用万用表判别绕组首尾端

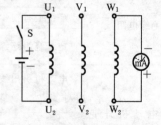

图 2-33　用万用表-电池法判别
绕组首尾端

(3)将电池和开关接另一相两个线头,进行测试,就可正确判别各相的首尾端。

思考与练习 2

一、选择题

1.三相异步电动机长期使用后,如果轴承磨损导致转子下沉,则带来的后果是(　　)。

　　A.电流及温升增加　　B.无法启动　　C.转速加快　　D.转速变慢

2.一台额定功率是 15 kW,功率因数是 0.5 的电动机,效率为 0.8,它的输入功率是(　　)kW。

　　A.17.5　　　　　　　B.30　　　　　　　C.14　　　　　　　D.18.75

3. 在三相交流异步电动机定子上布置结构完全相同、在空间位置上互差 120°电角度的三相
　　绕组,分别通入(　　),则在定子与转子的空气隙间将会产生旋转磁场。
　　A. 直流电　　　　　　　B. 交流电　　　　　C. 脉动直流电　　　　D. 三相对称交流电

4. 有些绕线式三相交流异步电动机装有电刷短路装置,它的主要作用是(　　)。
　　A. 提高电动机运行的可靠性　　　　　　　B. 提高电动机的启动转矩
　　C. 提高电动机功率因数　　　　　　　　　D. 减少电动机的摩擦损耗

5. 不希望异步电动机在空载或轻载下运行是因为(　　)。
　　A. 功率因数低　　　　B. 转速过高　　　　C. 定子电流大　　　　D. 转子电流大

6. 三相鼠笼式异步电动机的功率因数,在空载及满载时的情况是(　　)。
　　A. 相同　　　　　　　　　　　　　　　　B. 空载时小于满载时
　　C. 满载时小于空载时　　　　　　　　　　D. 无法判断

7. 若怀疑三相异步电动机绕组有匝间短路障碍,则应在退出运行后,使用(　　)进行测量
　　判断。
　　A. 万用表及电桥　　　B. 电流表　　　　　C. 电压表　　　　　　D. 500 V 兆欧表

8. 三相异步电动机恒载运行时,三相电源电压突然下降 10%,其电流将会(　　)。
　　A. 增大　　　　　　　B. 减小　　　　　　C. 不变　　　　　　　D. 变化不明显

9. 要想改变三相交流异步电动机的转向,只要将原相序 A—B—C 改接为(　　)。
　　A. B—C—A　　　　　B. A—C—B　　　　　C. C—A—B　　　　　D. A—B—C

10. 三相异步电动机铭牌上标示的额定电压是(　　)。
　　A. 相电压的有效值　　B. 相电压的最大值　　C. 线电压的有效值　　D. 线电压的最大值

11. 三相异步电动机铭牌上标示的额定功率是(　　)。
　　A. 转子轴输出的机械功率　　　　　　　　B. 输入的有功功率
　　C. 输入的视在功率　　　　　　　　　　　D. 转子的电磁功率

12. 定子铁芯是电动机磁路的一部分,由(　　)厚的硅钢片叠成。
　　A. 0.35~0.5 mm　　B. 0.1~0.2 mm　　　C. 0.35~0.5 mm　　　D. 0.1~0.2 mm

13. Y 系列电动机的绝缘材料等级为(　　)。
　　A. B　　　　　　　　B. E　　　　　　　　C. Y　　　　　　　　D. A

14. E 级绝缘材料的最高允许工作温度为(　　)。
　　A. 90 ℃　　　　　　B. 105 ℃　　　　　　C. 120 ℃　　　　　　D. 130 ℃

15. 三相异步电动机启动瞬时转差率为(　　)。
　　A. $n=0,S=1$　　　B. $n=1,S=0$　　　C. $n=1,S=1$　　　D. $n=0,S=0$

16. 电动机在额定条件下运行时,其转差率 S 为(　　)。
　　A. 0.02~0.06　　　B. 0.2~0.6　　　　　C. 0.02%~0.06%　　D. 0.2%~0.6%

17. 电动机的绝缘等级是指绝缘材料的(　　)等级
　　A. 耐热　　　　　　　B. 耐压　　　　　　C. 电场强度　　　　　D. 机械强度

18. 两极电动机的同步转速为(　　)。
　　A. 3 000 r/min　　　B. 2 880 r/min　　　C. 1 500 r/min　　　D. 1 440 r/min

19. 运行中的低压电动机绝缘电阻的最低合格值为(　　)。
　　A. 0.5 Ω　　　　　　B. 1 Ω　　　　　　　C. 0.5 MΩ　　　　　　D. 1 MΩ

二、填空题

1. 若三相异步电动机 U、V、W 绕组分别施加 A、B、C 三相电源,其转向为逆时针方向,若分别施加 C、A、B 三相电源,则其转向为_____。

2. 三相异步电动机转子绕组的感应电动势 E_{20}、转子漏电抗 X_{20}、转子电流 I_2 均随转速的增加而_____,而转子电路的功率因数则随转速的增加而_____。

3. 三相异步电动机的最大转矩与转子电阻 r_2 的大小成_____比,与外加电压 U_1^2 成_____比。

4. 当三相异步电动机的转差率 $S=1$ 时,电动机处于_____状态;当 S 趋近于零时,电动机处于_____状态。

5. 三相异步电动机的气隙旋转磁场的转速 n_0 又称为_____,它与_____成正比,与_____成反比。

三、判断题

1. 电动机处于静止状态称为静态。(　　　)

2. 异步电动机的最大转矩的数值与定子相电压成正比。(　　　)

3. 在电源电压不变的情况下,△形接法的异步电动机改接成 Y 形接法运行,其输出功率不变。(　　　)

4. 交流三相异步电动机铭牌上的频率是电动机转子绕组电动势的频率。(　　　)

四 问答与计算题

1. 三相异步电动机的人为机械特性有哪几种?其主要特点分别是什么?

2. 三相异步电动机正在运行时,转子突然被卡住,这时电动机的电流会如何变化?对电动机有何影响?

3. 判断图 2-34 所示的传动控制系统的运行状态是加速、减速还是匀速?(图中箭头方向为实际作用方向。)

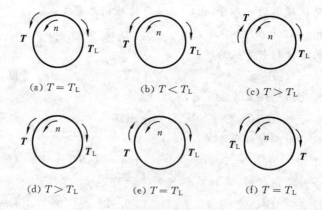

(a) $T = T_L$ (b) $T < T_L$ (c) $T > T_L$

(d) $T > T_L$ (e) $T = T_L$ (f) $T = T_L$

图 2-34　传动控制系统的运行状态

4. 一台三相异步电动机,定子绕组接到频率 $f_1 = 50$ Hz 的三相对称电源上,已知:$n_N = 975$ r/min,$P_N = 75$ kW,$U_N = 400$ V,$I_N = 156$ A,$\cos\varphi = 0.8$。试求:

(1) 电动机的极数是多少?

(2) 转子电动势的频率 f_2 是多少?

(3) 额定负载下的效率 η 是多少?

项目 3
三相异步电动机的电气控制

三相异步电动机常见的继电器-接触器控制电路有以下几种:单向点动控制电路、单向长动控制电路、单向及正反转控制电路、多地控制电路、顺序控制电路、位置控制电路、降压启动控制电路、调速控制电路、制动控制电路等。尽管一些生产机械的控制电路比较复杂,但它总是由这些基本的典型控制电路按照一定的逻辑控制关系有序地组合而成的。本项目通过对三相鼠笼式异步电动机的启动、调速和制动原理的学习和技能训练,使学生获得维修电工必须掌握的基本知识和基本技能。

◀ **知识目标**

(1)熟悉三相异步电动机启动性能,掌握直接启动和降压启动的条件、原理及方法。

(2)熟悉三相异步电动机典型基本控制电路的种类,掌握工作原理及功能特点。

(3)理解调速的原理,掌握变频调速、变极调速和改变转差率调速的实现方法。

(4)理解制动的原理,掌握能耗制动、反接制动和回馈制动的实现方法。

(5)熟悉电动机电气控制中的一些常见保护,掌握电动机常见故障的排除方法。

◀ **能力目标**

(1)会阅读分析电气原理图并能掌握元件索引方法。

(2)能够绘制三相异步电动机控制电路的原理图和接线图。

(3)会按照工艺要求完成三相异步电动机基本控制电路的安装及布线,掌握布线与接线工艺。

(4)能使用仪表,对所安装的控制电路进行调试和维修。

◄ 学习任务1 三相异步电动机单向控制电路的安装与调试 ►

【任务导入】

现代生产的各种机械设备都采用电动机拖动。工作性质和生产工艺要求不同,对电动机的运转要求也不相同,有的需要单向运行(如水泵、风机等),有的需要正反转运行(如搅拌机、机床主轴等)。三相鼠笼式异步电动机单向控制电路的工作原理及安装与维修技能是一名维修电工必须掌握的最为基础的知识和基本技能。

【任务分析】

(1)本任务是在630 mm×700 mm网孔板上完成三相鼠笼式异步电动机单向控制电路的安装与调试。

(2)在教师的指导下,编制任务计划书,会根据电路原理图按工艺要求完成三相鼠笼式异步电动机单向连动控制电路的安装、接线、自检和通电试车运行。

【相关知识】

一、电气控制系统图的有关规定

1. 电气控制系统图

电气控制系统是由许多电气元件按照一定的要求连接而成的。为了表达生产机械电气控制系统的结构、原理等设计意图,同时也为了便于电气系统的安装、调试和检修,需要将电气控制系统中各电气元件的组成、布置及连接方式用统一的工程语言即工程图的形式表达出来,这种工程图是一种电气图,称为电气控制系统图。

2. 电气控制系统图中的图形符号和文字符号的规定

电气控制系统图是根据国家电气制图标准,用规定的图形符号、文字符号以及规定的画法绘制的。当前执行的最新标准是《电气简图用图形符号 第1部分:一般要求》(GB/T 4728.1—2005)、《电气技术用文件的编制 第1部分:规则》(GB/T 6988.1—2008)、《顺序功能表图用GRAFCET规范语言》(GB/T 21654—2008)。电气控制系统图常用图形符号与文字符号新旧标准对照见附录D。

二、电气控制系统图的类型

电气控制系统图一般有电气原理图、电气接线图和电气元件布置图三种。

1. 电气原理图

电气原理图是生产机械电气设备设计的最基本和最重要的技术资料。同时,为了便于阅读、分析和设计较复杂的控制电路,电气原理图应根据简单、清晰的原则,采用电气元件展开的形式绘制而成。现以图3-1所示的C6132卧式车床的电气原理图为例,说明电气原理图的绘制原则和有关规定。

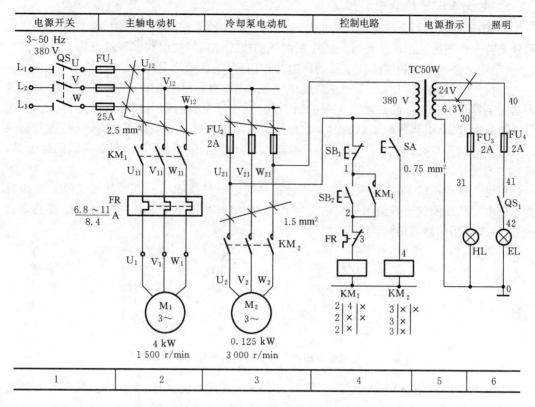

图 3-1 C6132 卧式车床电气控制系统原理图

1）绘制电气原理图时应遵循的基本原则

（1）为了区别主电路与控制电路，在绘电路图时，主电路用粗线表示，控制电路用细线表示。通常习惯将主电路放在电路图的左边（或上边）而将控制电路放在右边（或下边）。

（2）在电气原理图中，控制电路中的电源线分列两边，各控制回路基本上按照各电气元件的动作顺序由上而下平行绘制。

（3）在电气原理图中，各个电器并不按照它实际的布置情况绘在电路上，而是采用同一电器的各部件分别绘在它们完成作用的地方。

（4）为区别控制电路中各电器的类型和作用，每个电器及它们的部件用一定的图形符号表示，且每个电器有一个文字符号，属于同一个电器的各个部件都用同一个文字符号表示，而作用相同的电器用一定的数字序号表示。

（5）规定所有电器的触点均表示正常位置，即各种电器在线圈没有通电或机械尚未动作时的位置。

（6）为了查线方便，在电气原理图中，两条以上导线的电气连接处要打一圆点，且每个接点要标一个编号，编号的原则是：从上到下，从左到右依次排列，且靠近左边电源线的用单数标注，靠近右边电源线的用双数标注。

（7）对于具有循环运动的机构，应给出工作循环图。万能转换开关和行程开关应绘出动作程序和动作位置。

2）电气原理图的检索和阅读

（1）图面区域的划分与电路功能的标注。为了便于检索和阅读电路图，通常将电气原理图分成若干个图区。图区的编号一般在图的下部或上部用阿拉伯数字表示。

（2）功能栏。标明相应图区电路的用途和作用，一般在图的上部。

（3）符号位置的索引。对于较复杂的电气原理图，为了便于查找，在接触器和继电器线圈的文字符号下方要标注其触点位置的索引代号；符号位置的索引代号由图号、页次、图区号三部分组成，索引代号的组成如图 3-2(a)所示。当某图号仅有一页图样时，只写图号和图区的行、列号，若只有一个图号，则图号可省略。当元件的相关触点只出现在一张图样上时，只标出图区号。

在电气原理图的下方，用附图表示接触器和继电器的线圈与触点的从属关系。在接触器和继电器的线圈的下方给出相应的文字符号，文字符号的下方要标注其触点位置的索引代号，对未使用的触点用"×"表示，如图 3-2(b)所示。

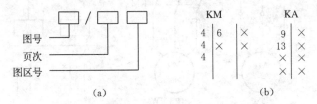

图 3-2　电气原理图符号位置的索引代号的表示方法

如图 3-2(b)所示，对于接触器，左栏表示主触点所在的图区号，中栏表示辅助常开触点所在的图区号，右栏表示辅助常闭触点所在的图区号；对于继电器，左栏表示常开触点所在的图区号，右栏表示常闭触点所在的图区号。

④技术数据的标注。电气元件的技术数据通常用小号字体注在电器符号的下面，如图 3-2 中的电动机和熔断器的技术参数。

小知识

电气控制系统图图纸尺寸的选择：电气控制系统图各种图纸尺寸一般选用 297 mm×210mm、297 mm×420 mm、297 mm×630 mm、297 mm×840 mm 四种，特殊需要可按《技术制图 图纸幅面和格式》(GB/T 14689—2008)选用其他尺寸。

2. 电气接线图

电气接线图是用规定的图形符号、按电气设备和电气元件的实际位置和安装情况绘制的实际电路图。C6132 卧式车床电气接线图如图 3-3 所示。

1）电气接线图的作用

只用来表示电气设备和电气元件的位置、配线方式和接线方式，而不明显表示电气原理，主要用于安装接线、电路检查维修与故障处理。

2）电气接线图的绘图原则

（1）同一电器的各个元件应画在一起，布置应尽可能地符合实际情况，对比例尺寸不作严格要求。

（2）回路标号是各电气元件、导线的连接标记，应和原理图一样。

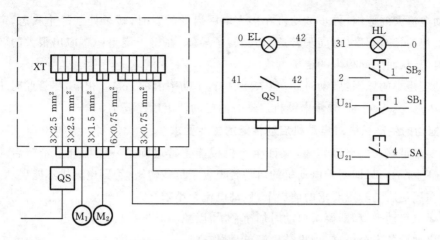

图 3-3　C6132 卧式车床电气接线图

(3)不仅要画出控制柜内的电器连接,还应画出控制柜外的电器连接。

3. 电气元件布置图

电气元件布置图是根据电气元件在控制板上的实际安装位置,采用简化的外形符号(如正方形、矩形、网形等)而绘制的一种简图。它不表达各电器的具体结构、作用、接线情况以及工作原理,主要用来表明电器设备上所有电动机、电气元件的实际位置,为生产机械电气控制设备的制造、安装提供必要的资料。

其类型有机床电气设备布置图、控制柜及控制板布置图、操纵台及悬挂操纵箱电气布置图。图 3-4 所示为 C6132 卧式车床电气控制柜内的电气元件布置图。

三、三相异步电动机的启动

1. 三相异步电动机的启动特性

三相异步电动机的启动过程是指三相异步电动机从接入电网开始转动时起,到达额定转速为止这一段过程。

图 3-5 所示为三相异步电动机的固有启动特性曲线,根据特性曲线可知:①三相异步电动机在启动时启动转矩小,$T_{st}=(0.8\sim0.5)T_N$;② 启动电流大,$I_{st}=(5\sim7)I_N$。

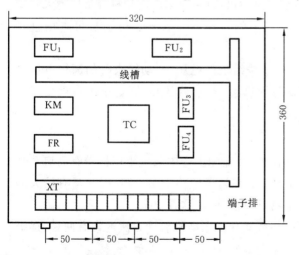

图 3-4　C6132 卧式车床电气控制柜内的电气元件布置图

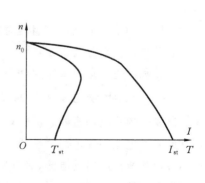

图 3-5　三相异步电动机的固有启动特性曲线

启动电流大的原因:异步电动机在接入电网启动的瞬时,转子处于静止状态,定子旋转磁场以最快的相对速度(即同步转速)切割转子导体,在转子绕组中感应出很大的转子电势和转子电流,从而引起很大的定子电流。

启动转矩小的原因:启动时 $n = 0, S = 1$,转子功率因数 $\cos\varphi_{2st}$ 很低,尽管此时 I_{2st} 大,由 $T_{st} = K_m \Phi I_{2st} \cos\varphi_{2st}$ 可知,异步电动机启动时的启动转矩还比较小。

2. 拖动的生产机械对电动机启动性能的主要要求

(1)要有足够大的启动转矩,保证生产机械能正常启动。一般场合下希望启动越快越好,以提高生产效率,即要求电动机的启动转矩大于负载转矩,否则电动机不能启动。

(2)在满足启动转矩要求的前提下,启动电流越小越好。

(3)要求启动平滑,即要求启动时加速平滑,以减小对生产机械的冲击。

(4)启动设备安全可靠,力求结构简单,操作方便。

(5)启动过程中的功率损耗越小越好。

其中,(1)和(2)是衡量电动机启动性能的主要技术指标。

显然,异步电动机的启动性能与生产机械对电动机的要求是相矛盾的,为了解决这些矛盾,必须根据具体情况,采取不同的启动方法。

3. 三相异步电动机的启动方法

三相异步电动机分鼠笼式异步电动机和绕线式异步电动机两种,因此,它们的启动方法也有些不一样,下面分别进行介绍。

1) 鼠笼式异步电动机的启动方法

鼠笼式异步电动机的启动分直接启动和降压启动两种。

直接启动就是将电动机的定子绕组通过刀开关或接触器直接接入电源,在额定电压下启动电动机的一种启动方式。

电动机直接启动时启动电流很大,为电动机额定电流的5~7倍。因此,在什么情况下才允许采用直接启动,有关供电和动力部门都有规定,主要取决于电动机的功率与供电变压器的容量之比值及电动机启动的频繁程度等。对于频繁启动,允许直接启动的电动机容量应不大于变压器容量的20%;对于不经常启动的电动机,直接启动的电动机容量应不大于变压器容量的30%;通常认为容量在 10 kW 及以下的三相鼠笼式异步电动机可采用直接启动。

降压启动是指电动机在启动时降低加在定子绕组上的电压,启动结束时加额定电压运行的启动方式。它分为定子串电阻或电抗器降压启动、Y/△降压启动、定子串自耦变压器降压启动和延边三角形降压启动等四种方法。

2) 绕线式异步电动机的启动方法

鼠笼式异步电动机的启动转矩小,启动电流大,而实际生产中某些生产机械有高启动转矩和低启动电流的要求。绕线式异步电动机由于能在转子回路中串电阻,因此具有较大的启动转矩和较小的启动电流,具有良好的启动特性,可以满足这种要求。

根据在转子电路中串电阻或电抗的不同,绕线式异步电动机启动方法通常有两种:逐级切除启动电阻法和频敏变阻器启动法。

小问题

电动机启动电流太大带来的不良后果是什么？

(1)启动电流过大使电路电压损失过大。

(2)使电动机绕组发热,绝缘老化,从而缩短电动机的使用寿命。

(3)造成过流保护装置误动作、跳闸。

(4)使电网电压产生波动,进而影响并接在电网上的其他设备的正常运行。

四、三相鼠笼式异步电动机点动与长动控制电路

1. 点动控制电路

1) 点动控制和长动控制的概念

点动控制是调试或维修状态下的一种间断性工作方式。长动控制是正常状态下的一种连续工作方式(如金属切削加工)。

2) 电气原理图识图

(1)电路识读与分析。

图 3-6(a)所示为一单向点动控制电路,它非常简单。在该电路中,按照电路图的绘制原则,三相交流电源线 L_1、L_2、L_3 依次水平地画在图的上方,电源开关 QS 水平画出;由熔断器 FU_1、接触器 KM 的三对主触头和电动机组成的主电路,垂直电源线画在图的左侧(构成主电路);由启动按钮 SB、接触器 KM 的线圈组成的控制电路跨接在 U_{11} 和 V_{11} 的两条电源线之间,垂直画在主电路的右侧(构成控制电路),且耗能元件 KM 的线圈与下边电源线 V_{11} 相连画在电路的下方,启动按钮 SB 则画在控制电路中,为表示它们是同一电器,在它们的图形符号旁边标注了相同的文字符号 KM。电路按规定对各接点进行了编号。

(2)电路的工作原理。

点动运行,按下按钮 SB,电动机 M 通电启动运转,松开按钮 SB,电动机 M 断电停转,从而实现电动机点动控制,其工作原理如下。

按下按钮 SB:

$$QS^+ \rightarrow SB\downarrow \rightarrow KM^+ \rightarrow KM^{\oplus}_{(主触头)} \rightarrow \overset{(点动)}{M^+}(n\uparrow)$$

松开按钮 SB:

$$QS^+ \rightarrow SB\uparrow \rightarrow KM^- \rightarrow KM^{\ominus}_{(主触头)} \rightarrow \overset{(停车)}{M^-}(n\uparrow)$$

3) 电路的特点

一点就动,一松就停,不能自保持(自锁)。

2. 长动控制电路

1) 电气原理图识图

(1)电路识读与分析。

异步电动机单向长动控制电路如图 3-7 所示,图中 QS 为电源开关,FU_1、FU_2 为主电路与控制电路熔断器,KM 为接触器,FR 为热继电器,SB_1、SB_2 分别为停止按钮与启动按钮,M 为三相鼠笼式感应电动机。

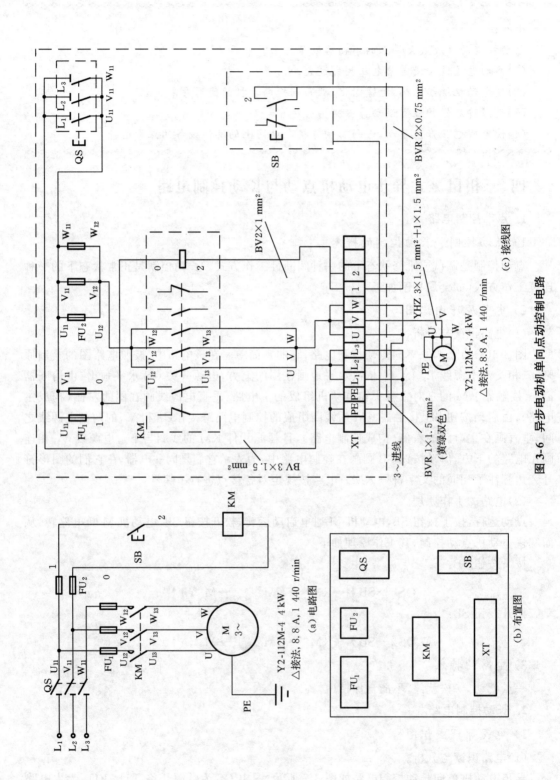

(a) 电路图

(b) 布置图

(c) 接线图

图 3-6 异步电动机单向点动控制电路

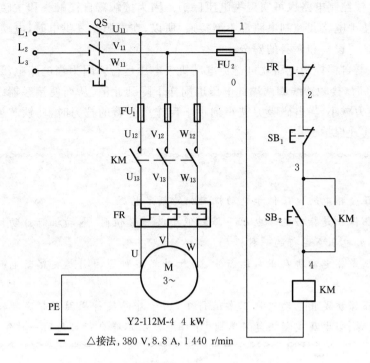

图 3-7 异步电动机单向长动控制电路

（2）电路中元件的作用。

开关 QS 用于控制电源的通断，熔断器 FU_1 和 FU_2 作短路保护，接触器 KM 的主触点用于控制电动机的运行状态，热继电器 FR 作电动机的过载保护，SB_1 和 SB_2 分别为停止和启动按钮。

（3）电路具有的保护环节。

这种电路除具短路、过载保护外，由于采用了按钮自锁控制方式，还具有欠电压与失电压保护功能。

控制电路具有欠电压、失电压保护功能的优点是：①可防止电压严重下降时电动机低压运行；②可避免电动机同时启动而造成电网电压严重下降；③可防止电源突然停电后又突然来电时，电动机自启动运转造成设备和人身的安全事故。

（4）电路的工作原理。

启动运行：

$$QS^+ \rightarrow SB_2\downarrow \rightarrow KM^+ \begin{cases} KM^\oplus \text{（自锁）} \\ KM^\oplus \text{（主触头）} \rightarrow M^+(n\uparrow) \end{cases}$$

停车运行：

$$SB\downarrow \rightarrow KM^- \begin{cases} KM^\ominus \text{（解除自锁）} \\ KM^\circ \text{（主触头）} \rightarrow M^-(n\downarrow) \end{cases}$$

2）自锁与自锁的作用

自锁是指依靠接触器自身的辅助触头而使其线圈继续保持通电的现象。

自锁可以使电动机连续运转并具有零电压或失电压保护。

　　接触器自锁控制电路也可实现失电压保护。因为接触器自锁触头和主触头在电源断电时已经断开,使主电路和控制电路都不能接通,所以,在电源恢复供电时,电动机就不会自动启动运转,保证了设备和人身的安全。

　　采用接触器自锁控制电路就可避免电动机欠电压运行。因为当电路电压下降到低于额定电压的85%时,接触器线圈两端的电压也同样下降到此值,从而使接触器线圈磁通减弱,产生的电磁吸力减小,当电磁吸力减小到小于反作用弹簧的拉力时,动铁芯被迫释放,各触头复位,从而实现保护。

小知识

　　(1)欠电压是指电路电压低于电动机应加的额定电压。

　　(2)欠电压保护是指当电路电压下降到低于某一数值时,电动机能自动切断电源停转,避免电动机在欠电压下运行的一种保护。

　　(3)失电压是指电动机在正常运行中,由于外界某种原因引起突然断电而失去电压,俗称零电压。

　　(4)失电压保护是指电动机在正常运行中,由于外界某种原因引起突然断电时,能自动切断电动机电源;当电压重新恢复正常时,保证电动机不能自行启动的一种保护。

3. 既能点动控制又能长动控制的电路

1) 既能点动控制又能长动控制的电气原理图

　　将上述连续运行控制电路中的自锁解除,就成为点动控制方式,图 3-8 所示的电路是实现既能点动控制又能长动控制的三种控制方式。

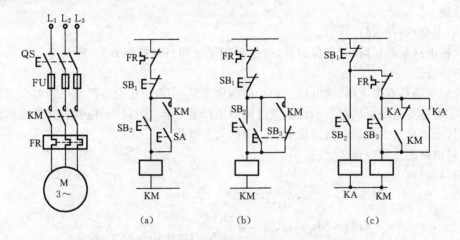

图 3-8　既能点动控制又能长动控制的三种控制电路

2) 电路的工作过程

　　下面以图 3-8(c)所示电路为例来分析单向点、连动控制电路的工作过程。

长动运行:
$$QS^+ \rightarrow SB_2\downarrow \rightarrow KM^+ \begin{array}{c} \overbrace{}^{\text{自锁}} \\ \rightarrow KM^{\oplus} \\ \rightarrow KM^{\oplus}\text{(主触头)} \rightarrow M^+(n\uparrow) \end{array}$$

点动运行：

$$QS^+ \to SB_3\downarrow \to KM^+ \to \begin{cases} KM^\oplus \quad\quad\quad (点动) \\ KM^\oplus (主触头) \to M^+(n\uparrow) \end{cases}$$

SB₃ 的常闭点断开
先切断自锁线路

故 SB₃ 也称点动按钮。

停车运行：$SB_1\downarrow \to KM^- \to \begin{cases} KM^\ominus (解除自锁) \\ KM^\ominus (主触头) \to M^-(n\downarrow) \end{cases}$

通过分析可知,能否实现点动控制与长动控制的关键是,控制电路中是否存在自锁。对于其他电路,读者可仿照上述分析方式进行分析。

3) 电路的作用

电路具有的保护环节与单向连动控制电路的相同。

注意 点动控制常用于机床刀架、横梁、立柱等的快速移动、对刀调整等。

比较图 3-8(a)、(b)、(c)所示三种控制电路,可以发现:图 3-8(a)所示电路动作不够可靠、麻烦;图 3-8(b)所示电路动作不够可靠,容易造成误动;图 3-8(c)所示电路动作可靠,但电路复杂。

【任务实施】

一、实施环境

(1)在 630 mm×700 mm 网孔板上完成三相鼠笼式异步电动机正反转控制电路的安装。

(2)设备、工具及材料。任务实施所需设备、工具、材料明细表如表 3-1 所示。

表 3-1 任务实施所需设备、工具、材料明细表

名 称	型号或规格	单位	数量
三相三线电源	~3×380 V、20 A	处	1
三相电动机	Y2-112M-4,4 kW,380 V,8.8A,Y 接法;1 440 r/min	台	1
配线板	500 mm×800 mm×20 mm	块	1
木螺丝	ϕ3 mm×20 mm;ϕ3 mm×15 mm	个	20
平垫圈	ϕ4 mm	个	30
记号笔	自定	支	1
塑料铜线	BVR 2.5 mm²(颜色自定)	m	若干
主电路导线	BV 1.5 mm²(黑色)	m	若干
控制电路导线	BV 1.0 mm²(红色)	m	若干
按钮线	BVR 0.75 mm²(红色)	m	若干
万用表	MF-47 或自定	块	1
钳形电流表	0~50 A	个	1
组合开关	HZ10-25/3,三极,25 A	个	1
开启式负荷开关	HK1-30/3,380 V,30 A,熔体直连	只	1
交流接触器	CJ10-20,20 A,线圈电压 380 V	只	1

续表

名　　称	型号或规格	单位	数量
热继电器	JR16-20/3,三极,20 A,热元件11 A,整定在8.8 A	只	1
按钮	LA10-3H,保护式,3联	只	1
接线端子排	JD0-1020,380 V,10 A,10节或自定	条	1
接地线	BVR 1.5 mm²(黄绿双色)	m	2
冷压接线端子	UT1-3,UT1-4	个	各20
编码套管	φ8 mm	m	0.6
劳保用品	绝缘鞋、工作服等	套	1
兆欧表	型号自定或500 V,0～200Ω	只	1
电工通用工具	验电笔、钢丝钳、螺丝刀(一字和十字)、电工刀、尖嘴钳、活动扳手、剥线钳等	套	1
中间继电器	JZ7-44	只	1
螺旋式熔断器	RL1-60/25,500 V,60 A,配熔体额定电流25 A	只	3
螺旋式熔断器	RL1-15/2,500 V,15 A,配熔体额定电流2 A	只	2

二、实施步骤

1. 安装前的准备

(1)各组组长对任务进行描述并提交本次任务实施计划(见表3-2)和完成任务的措施。

表3-2　任务实施计划

步骤	内　容	计划时间	实际时间	完成情况
1	看懂电气原理图,明确电路工作原理			
2	画出元件布置图和接线图			
3	选择电气元件并填入材料清单中,检查元件质量			
4	在原理图和装配图上对导线编号			
5	按电工工艺要求安装电气元件			
6	按电工工艺要求对主电路进行布线			
7	按电工工艺要求对控制电路进行布线			
8	用万用表测试电路,合格后通电试车			
9	交验			
10	资料整理			
11	作品展示及评价			

(2)各组根据任务要求列出元件清单并依据元件清单备齐所需工具、仪表及电气元件。

(3)组内任务分配。

2. 电路安装

1)阅读和分析电气原理图

阅读和分析如图3-7所示的电气原理图。在教师的指导下,认真阅读电气原理图并分析其工作过程。

2）画出电气元件布置图和接线图

根据电气原理图画出电气元件布置图和接线图。

3）检查电气元件

（1）电气元件的技术数据（如型号、规格、额定电压、额定电流等）应完整并符合要求，外观无损伤，备件、附件齐全完好。

（2）检查电气元件的电磁机构动作是否灵活，有无衔铁卡阻等不正常现象。用万用表检查电磁线圈的通断情况以及各触头的分合情况。

（3）检查接触器线圈的额定电压与电源电压是否一致。

（4）对电动机的质量进行常规检查。

4）安装电气元件

固定电气元件。在控制板上按布置图安装电气元件，并贴上醒目的文字符号。安装电气元件的工艺要求如表 3-3 所示。

5）配线安装

先进行控制电路的配线，再安装主电路，最后接上按钮线。板前明线布线的工艺要求如表 3-3 所示。

3. 检查接线（自检）

安装完毕后的控制电路板必须经过认真检查后，才允许通电试车，以防止错接、漏接造成不能正常运转和短路事故。根据电路原理图采用电阻法用万用表检测控制板内部布线的正确性。

（1）检查主电路时，可以手动来代替接触器励磁线圈吸合时的情况进行检查。

（2）检查控制电路时，可先将表棒分别搭在控制电路两个进线端上，如图 3-7 的"0"和"1"端，此时读数应为"∞"，按下启动按钮时读数应为接触器线圈的直流电阻阻值。

表 3-3　安装电气元件及板前明线布线的工艺要求

项　目	安装电气元件	板前明线布线
工艺要求	（1）组合开关、熔断器的受电端子应安装在控制板的外侧，并使熔断器的受电端为底座的中心端； （2）各电气元件的安装位置应整齐、匀称、间距合理，便于电气元件的更换； （3）紧固各电气元件时要用力均匀，紧固程度适当，在紧固熔断器、接触器等易碎电气元件时，应用手按住电气元件一边轻轻摇动，一边用旋具轮换旋紧对角线上的螺钉，直到手摇不动后再适当旋紧些即可	（1）布线通道尽可能少，同时并行导线按主电路、控制电路分类集中，单层密排，紧贴安装而布线； （2）同一平面的导线应高低一致或前后一致，不能交叉，非交叉不可时，该根导线应在接线端子引出时，就水平架空跨越，但必须走线合理； （3）布线应横平竖直，分布均匀，变换走向时应垂直； （4）布线时严禁损伤线芯和导线绝缘； （5）布线顺序一般以接触器为中心，由里向外，由低至高，先控制电路，后主电路，以不妨碍后续布线为原则； （6）在每根剥去绝缘层导线的两端套上编码套管，所有从一个接线端子（或接线桩）到另一个接线端子（或接线桩）的导线必须连续，中间无接头； （7）导线与接线端子或接线桩连接时，不能压绝缘层，接线时露铜一般不超过 3 mm，过多不安全； （8）同一电气元件、同一回路的不同接点的导线间距离应保持一致； （9）一个电气元件的接线端子上的连接导线不得多于两根，每节接线端子板上的连接导线一般只允许连接　根

4. 通电试车与故障排查

1) 通电试车

(1)验电。

通电试车前必须先验电。合上实验台上的电源开关(空气开关),用电笔检查电动机控制电路进线端(端子排)是否有电;检查电动机控制电路电源开关(组合开关代用)上接线桩是否有电;合上电源开关,检查电源开关下接线桩、熔断器上接线桩、熔断器下接线桩是否有电;检查金属外壳是否漏电;一切正常,可进行下一步通电试验。

(2)试车。

试车包括空操作试验和带负荷试车两项内容。

①空操作试验。先切除主电路,装好控制电路熔断器,接通三相电源,使电路不带负荷(电动机)通电操作,以检查控制电路工作是否正常。操作各按钮检查它们对接触器、继电器的控制作用;检查接触器的自锁、互(联)锁等控制作用;用绝缘棒操作行程开关,检查它的行程控制或限位控制作用等。同时观察各电器操作动作的灵活性,有无过大的噪声,线圈有无过热等现象。

②带负荷试车。控制电路经过数次空操作试验动作无误,即可切断电源,接通主电路,带负荷试车。如果发现电动机启动困难、发出噪声及线圈过热等异常现象,应立即停车,切断电源后进行检查。

2) 故障排查

通电试车时可根据故障现象判断故障种类,合理运用电动机控制电路故障排查方法和相关知识确定故障范围并找出故障点。电动机控制电路故障检查的方法有电阻测量法、电压分阶测理法、短接法等。

5. 任务总结与点评

1) 总结

(1)各组选派一名学生代表陈述本次任务的完成情况;

(2)各组互相提问,探讨工作体会;

(3)各组上交最终成果。

2) 点评要点

(1)自锁与长动;

(2)短路、过载、失电压保护;

(3)安装与接线工艺。

6. 验收与评价

(1)成果验收:教师根据实训考核标准,结合各组完成的实际情况,给出考核成绩。

(2)实训考核评价标准如表3-4所示。

表3-4　评价标准

序号	考核内容	配分	评分标准
1	装前检查	5	(1)电动机质量漏检查每处扣1分; (2)低压电器质量漏检查每处扣1分

序号	考核内容	配分	评分标准
2	元器件安装	10	(1)电气元件布置不整齐、不匀称、不合理,每只扣 1 分; (2)电气元件安装不牢固或漏装螺钉,每只扣 1 分; (3)损坏电气元件每只扣 1 分; (4)控制板或开关安装不符合要求扣 5 分
3	接线质量	15	(1)不按原理图或布线图接线扣 5 分; (2)布线不合要求每根扣 1 分; (3)导线裸头过长、压绝缘层、绕向不正确每处扣 1 分; (4)损伤导线绝缘或芯线每根扣 1 分; (5)漏接接地线扣 2 分; (6)不按规定放备用线扣 2 分
4	通电测试 与试车	40	(1)主、控制电路熔体配错,每个扣 1 分; (2)一次试车不成功扣 10 分; (3)再次试车不成功扣 20 分
5	实训报告	10	没按照报告要求完成、内容不正确扣 10 分
6	团结协作精神	10	小组成员分工协作不明确、不能积极参与扣 10 分
7	安全文明生产	10	违反安全文明生产规程扣 5～10 分

【拓展与提高】

一、电动机基本控制电路故障排查

1. 电动机基本控制电路故障排查步骤

(1)验电(详细见本任务中任务实施通电试车);

(2)通电试验,用试验法观察电动机运转现象,初步判断故障范围;

(3)运用所掌握的知识,用逻辑分析方法缩小故障范围;

(4)用测量法确定故障点;

(5)根据故障情况采取正确方法排除故障;

(6)检修完毕进行通电测试。

2. 电动机基本控制电路故障排查方法

电动机控制电路检查故障的方法有电阻测量法、电压分阶测量法等。

1)电阻测量法

电阻测量法的原理是断路点两端电阻无穷大(∞)。

电阻测量法的操作方法如下。如图 3-9 所示,断开电源,万用表置于 $R \times 10\ \Omega$ 或 $R \times 100\ \Omega$ 挡,一支表笔接 5 点并保持不动,另一表笔依次测量其他各点,当电阻为无穷大时,故障点就在此两点间。

2)电压分阶测量法

电压分阶测量法的原理是,当电路断开后,电路中没有电流,电源电压全部降落在断路点两端。

电压分阶测量法的操作方法如下。如图 3-10 所示,接通电源,万用表置于交流电压 500 V挡,先将两支表笔接电源,若电源正常,则保持一支表笔在 5 点,另一支表笔依次检查各元件接线端,当表针变为零时即为故障点。

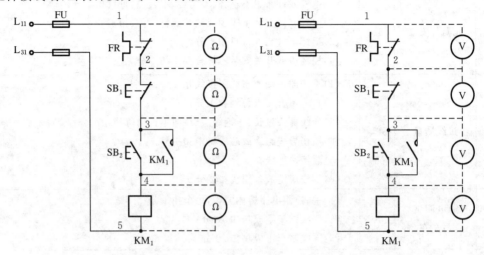

图 3-9   电阻测量法   图 3-10   电压分阶测量法

二、电动机基本控制电路故障排查示例

故障现象:按下启动按钮 SB$_2$ 时,M$_1$ 电动机不能启动,控制电路原理图如图 3-11 所示。

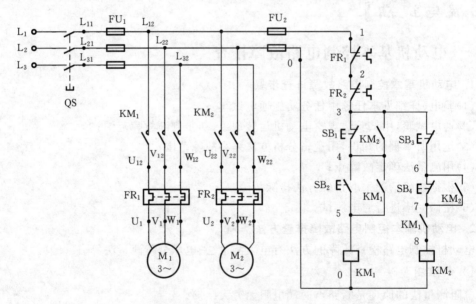

图 3-11   顺序控制电路原理图

1. 通电观察故障现象

(1)验电。

(2)通电试验,观察故障现象,确定故障范围。按照故障现象,确定可能产生故障原因,并在电路图上画出检查故障的最短路径。

（3）切断电源（注意最后一定切断实验台上的电源开关），并在电路图上画出检查故障的最短路径。

如图 3-11 所示的顺序控制电路原理图，根据故障现象，可确定故障是在从 FU$_2$ 熔断器—1 号线—FR$_1$ 常闭触头—2 号线—FR$_2$ 常闭触头—3 号线—SB$_1$ 常闭触头—4 号线—SB$_2$ 常开触头—5 号线—KM$_1$ 线圈—0 号线的路径中。

2. 检查并排除电路故障

1）用电阻测量法

（1）断开电源。将万用表从空挡切换到 $R \times 10$ 或 $R \times 100$ 电阻挡，并进行电气调零。调零后，可利用二分法，将万用表的一支表棒（黑表棒或红表棒），搭在所分析最短故障路径的起始一端（或末端）。

注意　当确定出故障范围，如用电阻测量法检查故障点必须切断电源，注意最后一定切断实验台上的电源开关。

（2）按下 SB$_2$ 不放，两表笔分别测 0 点和 1 点、0 点和 2 点、0 点和 3 点、0 点和 4 点、0 点和 5 点之间的电阻，电阻法故障排查记录表如表 3-5 所示。

表 3-5　电阻法故障排查记录表

0 点和 1 点	0 点和 2 点	0 点和 3 点	0 点和 4 点	0 点和 5 点	故障点
∞	有电阻	有电阻	有电阻	有电阻	FR$_1$ 常闭触点接触不良
∞	∞	有电阻	有电阻	有电阻	FR$_2$ 常闭触点接触不良
∞	∞	∞	有电阻	有电阻	SB$_1$ 常闭触点接触不良
∞	∞	∞	∞	有电阻	SB$_2$ 接触不良
∞	∞	∞	∞	∞	KM$_1$ 线圈断路

注意：如两表棒间有线圈，无故障时电阻值应为线圈直流电阻值，为 1 800 ～ 2 000 Ω。

2）用电压分阶测量法

（1）将万用表置于交流 500 V 挡（电压的量程应根据现场控制电路的电压等级确定），两表笔置于 0 点和 1 点之间，若电压为 380 V，则电源电压正常；

（2）按下 SB$_2$ 不放，两表笔分别测 0 点和 1 点、0 点和 2 点、0 点和 3 点、0 点和 4 点、0 点和 5 点之间电压，电压法故障排查记录表如表 3-6 所示。

表 3-6　电压法故障排查记录表

0 点和 1 点	0 点和 2 点	0 点和 3 点	0 点和 4 点	0 点和 5 点	故障点
380 V	0 V	0 V	0 V	0 V	FR$_1$ 常闭触点接触不良
380 V	380 V	0 V	0 V	0 V	FR$_2$ 常闭触点接触不良
380 V	380 V	380 V	0 V	0 V	SB$_1$ 常闭触点接触不良
380 V	380 V	380 V	380 V	0 V	SB$_2$ 接触不良
380 V	380 V	380 V	380 V	380 V	KM$_1$ 线圈断路

若以上测量法检查均正常，则说明故障不在电气方面，可从机械方面查找。机械方面常见的故障原因如下。①机械方面，衔铁内或常开触点内部有卡物，若有卡物，触点闭合不牢，不能自锁；②电气方面，压皮，断线，压接螺丝松动。

3. 通电试车复查，完成故障排除任务

试车前用万用表初步检查控制电路的正确性。图 3-10 所示为顺序控制电路，用万用表

$R \times 10$ 或 $R \times 100$ 电阻挡,搭在控制回路熔断器 FU_2 的 0 号线与 1 号线之间,按下启动按钮 SB_2,电阻应为 1 800～2 000 Ω;模拟 KM_1 通电吸合状态,指导教师允许时,手动使 KM_1、KM_2 同时通电吸合状态,电阻也为 900～1 000 Ω,则电路功能正常,按第一步和第二步试电步骤通电试车,试车成功,拆除短路处或更换电气元件,整理好工作台,并整理好万用表,完成故障排除任务。

小经验

(1)注意检电,必须检查有金属外壳的电气元件外壳是否漏电。

(2)电阻测量法必须在断电时使用,万用表不能在通电状态测电阻。

(3)用短路线短路故障点时,必须线号相同的同号线才能短路。

(4)如需再次试电观察故障现象,必须经指导教师同意。

三、三相异步电动机多地点控制与顺序控制电路

1. 三相异步电动机的多地点控制电路

1) 多地点控制

多地点控制是指在两地或两地以上的地方实现电动机启动、停止的控制电路。它主要用于大型机械设备,能在不同的位置对运动机构进行控制,如对驱动某一运动机构的电动机在多处进行启动和停止的控制。

2) 多地点控制实现方法

将若干个启动按钮并联,若干个停止按钮串联,就可实现多地点对电动机的启停控制。

3) 多地点控制电路

图 3-12 所示为多地点控制电路的原理图。电路的工作过程请读者自己分析。

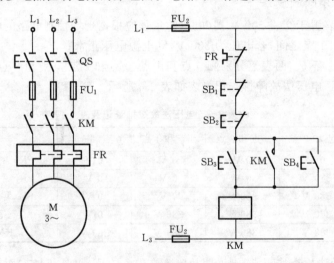

图 3-12 多地点控制电路的原理图

2. 三相异步电动机的顺序启停控制电路

在机床的控制电路中,常常要求电动机的启动和停止按照一定的顺序进行。例如,磨床要求先启动润滑油泵,再启动主轴电动机;铣床的主轴旋转后,工作台方可移动等。

1）顺序启停控制的形式

顺序启停控制电路有顺序启动、同时停止控制电路，顺序启动、顺序停止控制电路，顺序启动、逆序停止控制电路等三种形式。

2）顺序控制

两个以上运动部件的启动、停止需按一定顺序进行的控制，称为顺序控制。

3）顺序控制电路

图3-11所示为两台电动机顺序启动、逆序停止控制电路的电路图。

4）电路的工作过程

顺序启动的工作过程在此不作分析。此控制电路停车时的工作过程是：必须先按下 SB_3 按钮，切断 KM_2 线圈的供电，电动机 M_2 停止运转；其并联在按钮 SB_1 下的常开辅助触点 KM_2 断开，此时再按下 SB_1，才能使 KM_1 线圈断电，电动机 M_1 停止运转。

小讨论

试分析图3-11、图3-12所示的顺序控制电路和多地点控制电路的工作过程，并结合日常所见，举出几个应用实例。

学习任务2　三相异步电动机正反转控制电路的安装与调试

【任务导入】

在大型商场购物时经常会乘坐电梯，通过控制按钮可以实现电梯的升降，而电梯控制系统中就蕴含着电动机正反转控制电路。在生产实际中，如机床主轴的正反转、工作台的前进与后退、机械手的夹紧放松、上升下降等。因此，三相异步电动机正反转控制在机械设备电气控制中应用十分广泛。图3-13（a）所示为一三相异步电动机正反转控制电路。

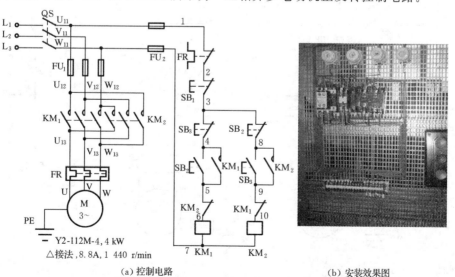

（a）控制电路　　　　　　　　　　（b）安装效果图

图3-13　三相异步电动机正反转控制电路

【任务分析】

(1)本任务是在 630 mm×700 mm 网孔板上完成三相鼠笼式异步电动机正反转控制电路的安装与调试。

(2)在教师的指导下,列出任务计划书,会根据电路原理图按工艺要求完成三相鼠笼式异步电动机正反转控制电路的安装、接线、自检和通电试车运行。

【相关知识】

一、三相异步电动机正反转控制电路

三相异步电动机正反转控制电路实质上是两个方向相反的单向运行电路的组合,并且

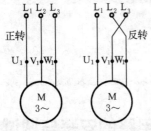

图 3-14　三相异步电动机正反转控制示意图

在这两个方向相反的单向运行电路中加设必要的互锁。

(1)实现三相异步电动机正反转控制的原理。

当三相异步电动机定子绕组通入三相交流电会产生旋转磁场,改变磁场旋转的方向,就能改变电动机的转向。

(2)实现三相异步电动机正反转控制的方法。

只要将三相异步电动机的供电电源的任意两相互换(改变电源相序),就能改变三相异步电动机旋转磁场的方向,从而实现三相异步电动机的反转运行,如图 3-14 所示。

1. 倒顺转换开关控制的电动机正反转控制电路

倒顺转换开关控制的电动机正反转控制电路如图 3-15 所示。图 3-15(a)是由倒顺开关直接控制电动机的正反转,适用于容量为 5.5 kW 以下的电动机(倒顺开关无灭弧装置)。图 3-15(b)是由倒顺开关预选电动机旋转方向,由接触器 KM 来通断电动机电源,并有过载、

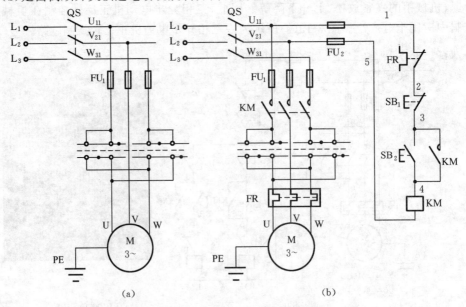

图 3-15　倒顺转换开关控制的电动机正反转控制电路

欠电压与失电压保护,适用于容量为 5.5 kW 以上的电动机。

2. 电气互锁的正反转控制电路

1)简单的电动机正反转控制电路

图 3-16 所示为一简单的电动机正反转控制电路。图中 SB_1 为停止按钮,SB_2 为正转启动按钮,SB_3 为反转启动按钮,KM_1 为正转接触器,KM_2 为反转接触器。

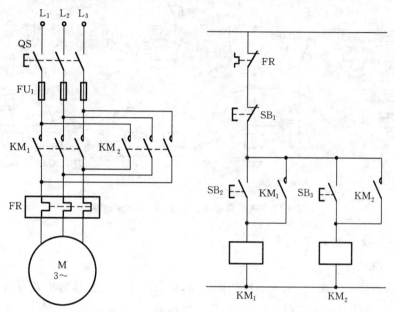

图 3-16 简单的电动机正反转控制电路

(1)电路工作过程。

按下 SB_2,正转接触器 KM_1 线圈通电并自锁,KM_1 主触点闭合,三相电动机接通正相序电源,电动机正转。按下停止按钮 SB_1,KM_1 线圈断电,电动机停车。再按下 SB_3,反转接触器 KM_2 线圈通电并自锁,KM_2 主触点闭合,电动机定子绕组接通反相序电源,电动机反转。

(2)电路的特点。

该电路必须先停车才能由正转直接到反转或由反转直接到正转。SB_2 和 SB_3 不能同时按下,否则会使 KM_1、KM_2 两个接触器的主触点同时闭合造成主电路发生相间短路,故动作不可靠。

为防止电源相间短路,即必须保证两个接触器不能同时得电。可用下面介绍的互锁方法来实现。

2)电气互锁的正反转控制电路

(1)互锁与互锁的作用。

所谓互锁就是在同一电路中的同一时间里两个接触器只允许一个工作的控制作用。实现互锁的方法是将自己的常闭触头串联在对方的线圈电路中,使其对方线圈不能通电。

互锁的作用就是防止误操作而引起主电路电源相间短路。

(2)常用互锁方式。

常用互锁方式有电气互锁(接触器互锁)(见图 3-17(a)),机械互锁(按钮互锁)(见

图 3-18(b))和双重互锁(接触器及按钮互锁)(见图 3-17(c))三种。

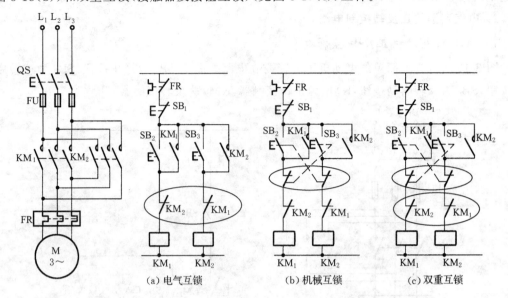

(a) 电气互锁　　　　　(b) 机械互锁　　　　　(c) 双重互锁

图 3-17　三相异步电动机正、反转控制电路

3) 各种互锁方式的特点

(1)电气互锁。

①启动前若指示不明确,则电动机仍能启动,但转向不定。②运行中若要改变转向必须先按停止按钮,再按另一方向启动按钮,其优点是可靠,缺点是操作上不方便。

(2)机械互锁。

①启动前若指示不明确,则电动机不能启动。②运行中若要改变转向,可直接按另一方向启动按钮,而不必先按停止按钮,其优点是操作方便,缺点是不够可靠。

(3)双重互锁。

兼有电气互锁和机械互锁的优点,运行效果同机械互锁,其优点是操作方便又可靠,缺点是电路与接线复杂。

4) 控制电路工作过程

(1)电气互锁正反转控制电路。

如图 3-17(a)所示,该电路的工作过程如下。

正转控制：$QS^+ \rightarrow SB_2\downarrow \rightarrow KM_1^+$

自锁

$\begin{cases} \rightarrow KM_1^\oplus \\ \rightarrow KM_1^\ominus \text{（对 } KM_2 \text{ 线圈互锁）} \\ \rightarrow KM_1^\oplus \text{（主触头）} \rightarrow M^+ (n\uparrow) \\ \qquad\qquad\qquad\qquad\qquad\qquad \text{（正转）} \end{cases}$

停车控制： $SB_1\downarrow \rightarrow KM_1^-$
$\begin{cases} \rightarrow KM_1^\ominus \text{（解除对 } SB_2 \text{ 的自锁）} \\ \rightarrow KM_1^\oplus \text{（解除对 } KM_2 \text{ 线圈互锁）} \\ \rightarrow KM_1^\ominus \text{（主触头）} \rightarrow M^- (n\downarrow) \\ \qquad\qquad\qquad\qquad\qquad\qquad \text{（停车）} \end{cases}$

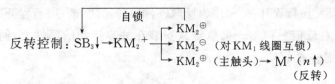

反转控制：$SB_3\downarrow \rightarrow KM_2^+$ $\begin{cases} \rightarrow KM_2^{\oplus} \\ \rightarrow KM_2^{\ominus}（对KM_1线圈互锁）\\ \rightarrow KM_2^{\oplus}（主触头）\rightarrow M^+(n\uparrow) \\ \qquad\qquad\qquad\qquad （反转）\end{cases}$

（2）双重互锁的正反转控制电路。

如图 3-17(b)所示，该电路的工作过程如下。

正转控制：

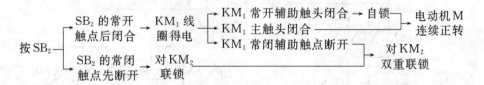

反转控制：

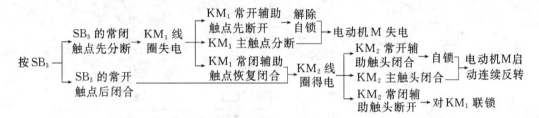

停车控制：

停止时，按下停止按钮 $SB_1\rightarrow$ 控制电路失电 $\rightarrow KM_1$（或 KM_2）主触头分断 $\rightarrow$ 电动机 M 失电停转，具体可参考接触器互锁正反转控制电路的分析。

双重互锁的正反转控制电路能提高生产效率，减少辅助工时及满足一些需要正反转直接切换的生产机械的拖动要求，此电路是一个较完整的正反转控制电路，生产机械中用得很多。

在实际生产中，将双重互锁的正反转控制电路改装成为成套的电气设备，称为可逆磁力启动器或电磁开关，常用的有 QC10 系列。

二、自动往返可逆运行控制电路

机械设备中如机床的工作台、高炉加料设备等均需要自动往复运行，而自动往复的可逆运行通常是利用行程开关来自动实现电动机正反转的。自动往返可逆控制电路示意图如图 3-18 所示。

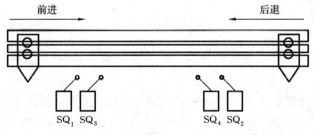

图 3-18 自动往返可逆控制电路示意图

SQ$_1$为正向(前进)转反向(后退)行程开关,SQ$_2$为反向(后退)转正向(前进)行程开关,SQ$_1$、SQ$_2$分别安装在机床的左右或前后两端。机械挡铁安装在往复运动的部件上,调整SQ$_1$、SQ$_2$距离便能调节往复行程的大小。

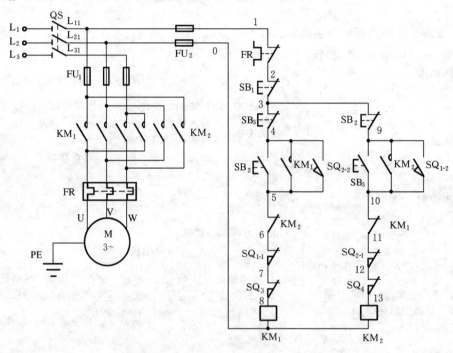

图3-19 工作台往返可逆控制电路原理图

SQ$_3$和SQ$_4$的作用是限位保护。SQ$_1$和SQ$_2$,SQ$_3$和SQ$_4$这两组开关不可装反,否则会引起错误动作。工作台往返可逆控制电路原理图如图3-19所示。

【任务实施】

一、实施环境

(1)在630 mm×700 mm的网孔板上完成三相鼠笼式异步电动机正反转控制电路的安装。

(2)设备、工具及材料。详见表3-1任务实施所需设备、工具、材料明细表。

二、实施步骤

1. 安装前的准备

(1)各组组长对任务进行描述并提交本次任务实施计划书(参考表3-2)和完成任务的措施。

(2)各组根据任务要求列出元件清单(参考表3-1),并依据元件清单备齐所需工具、仪表及电气元件。

(3)组内任务分配。

2. 电路安装与布线

按钮电气双重互锁的正反转控制电路原理图如图 3-20 所示，电动机正反转控制元件布置图如图 3-21 所示，电动机正反转控制电路接线图如图 3-22 所示。电路的安装步骤如表 3-7 所示。

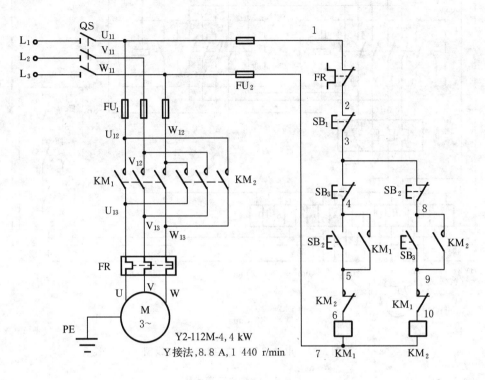

图 3-20　按钮电气双重互锁的正反转控制电路原理图

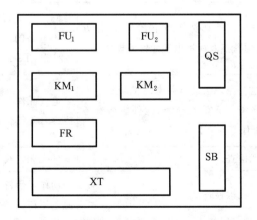

图 3-21　电动机正反转控制元件布置图

3. 自检

(1)用绝缘电阻表测量各相线之间，各相线与零线之间，各相线与金属网板之间绝缘电阻，均大于 0.5 MΩ 为绝缘良好。

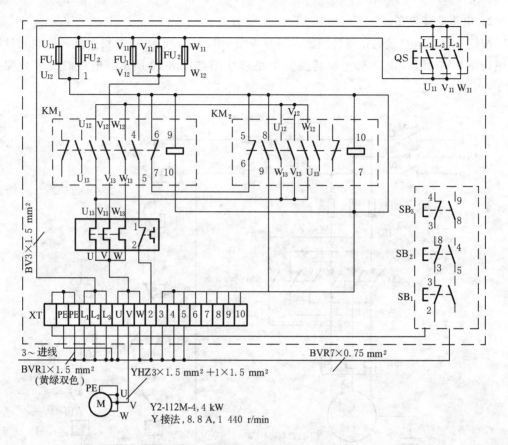

图 3-22　电动机正反转控制电路接线图

表 3-7　电路的安装步骤

安装步骤	内　　容	工 艺 要 求
阅读分析电路图	明确电路控制要求、工作过程、操作方法、结构特点及所用电气元件的规格	阅读和分析电气原理图(见图 3-20),画出电路的接线图与元件位置图(见图 3-21 和图 3-22)
配齐电气元件	按电气原理图及负载电动机功率的大小配齐电气元件及导线(元件规格参考表 3-1 任务所需设备、工具、材料)	电气元件的型号、规格、电压等级及电流容量等符合要求
检查电气元件	外观检查	外壳无裂纹,接线桩无锈,零部件齐全
	电磁机构检查	动作灵活,衔铁不卡阻;线圈电压与电源电压相符,线圈无断路、短路
	电气元件触头检查	无熔焊、变形或严重氧化锈蚀现象
确定电气元件安装位置	先确定交流接触器的位置,再逐步确定其他电气元件的位置	电气元件布置要整齐、合理,做到安装时便于布线,便于故障检修

112

安装步骤	内　　容	工艺要求
安装电气元件	安装固定组合开关、熔断器、接触器、热继电器和按钮等电气元件（具体工艺要求见表3-3）	组合开关、熔断器的接线端子应安装在控制板的外侧；紧固用力均匀，紧固程度适当，防止电气元件的外壳被压裂损坏
布线	按电气接线图确定走线方向并进行布线符合（具体工艺要求见表3-3）	根据接线柱的不同形状加工线头；布线平直、整齐、紧贴敷设面，走线合理；接点不得松动；尽量避免交叉，中间不能有接头
安装电动机和电源	连接电动机和按钮金属外壳的保护接地线；连接电源、电动机等控制板外部的导线	若按钮为塑料外壳，则按钮外壳不需接地线

（2）检查主电路。

用万用表 $R \times 100$ 或 $R \times 10$ 挡分别测量各相熔断器 FU_1 出线端（U_{12}、V_{12}、W_{12}）与电动机引出端（端子板上的 U、V、W）之间的电阻，分别压下 KM_1、KM_2 衔铁，若电阻均为零，则表明主电路正常。同时按下两接触器衔铁，测量 U—V，V—W，W—U 之间的电阻，若只有一次为零，表明正反转主电路换相正确。

（3）检查控制电路。

①分别按下正转按钮 SB_2 和反转按钮 SB_3，测量控制电路 1 点和 7 点之间电阻为几百欧，表明控制电路正常；若为零，则表明有短路；若为∞，则表明控制电路断路，此时可先检查 FR 常闭触点，再检查互锁触点 KM_2（或 KM_1）。②分别压下接触器 KM_1、KM_2 衔铁，测量控制电路 1 点和 7 点之间电阻为几百欧，表明自锁正常；若为零，则表明短路；若为∞，则表明无自锁功能，检查 KM 常开触点及相关导线。③同时按下按钮 SB_1、SB_3，测量控制电路 1 点和 7 点之间电阻为∞，表明能停车。

4. 通电试车与故障排查

1）通电试车

（1）验电。

（2）试车。

试车包括空操作试验和带负荷试车两项内容，主要是进行电路功能测试。试车时必须在教师的监护下进行。

①按下正转启动按钮 SB_2，观察并记录电动机转向和接触器的运行情况。

②按下反转启动按钮 SB_3，观察并记录电动机转向和接触器的运行情况。

③按下停止按钮 SB_1，观察并记录电动机转向和接触器的运行情况。

2）故障排查

通电试车时，可根据故障现象判断故障种类合理运用故障排查方法，确定故障范围并找出故障点。

5. 任务总结与点评

1) 总结

(1)各组选派一名学生代表陈述本次任务的完成情况;

(2)各组互相提问,探讨工作体会;

(3)各组最终上交成果。

2) 点评要点

(1)正—停—反(电气互锁);

(2)正—反—停(电气与机械互锁);

(3)接线图;

(4)安装与接线工艺。

6. 验收与评价

(1)成果验收:根据评价标准进行自评、组评和师评,最后给出考核成绩。

(2)评价标准如表 3-8 所示。

表 3-8　评价标准

序号	考核内容	配分	评 分 标 准
1	装前检查	5	(1)电动机质量漏检查每处扣1分; (2)低压电器质量漏检查每处扣1分
2	电气元件安装	5	(1)电气元件布置不整齐、不匀称、不合理,每只扣1分; (2)电气元件安装不牢固或漏装螺钉,每只扣1分; (3)损坏电气元件,每个扣1分; (4)控制板或开关安装不符合要求扣1分
3	接线质量	15	(1)不按原理图或布线图接线扣3分; (2)布线不合要求,每根扣1分; (3)导线裸头过长、压绝缘层、绕向不正确,每处扣1分; (4)损伤导线绝缘或芯线,每根扣1分; (5)漏接接地线扣3分; (6)不按规定放备用线,扣1分
4	通电测试与试车	15	(1)主、控制电路熔体配错,每个扣1分; (2)一次试车不成功扣5分; (3)再次试车不成功扣10分
5	故障分析	15	(1)标不出故障线段或错标在故障回路以外,每个故障点扣3分; (2)不能标出最小故障范围,每个故障点扣3~5分
6	故障排除	15	(1)试车不验电扣2分; (2)测量仪器和工具使用不正确,每次扣1分; (3)排除故障的方法不正确扣3分; (4)损坏电气元件,每个扣1分; (5)不能排除故障点,每个扣1分; (6)扩大故障范围或产生新故障,每个扣1分

续表

序号	考核内容	配分	评 分 标 准
7	实训报告	10	没按照报告要求完成、内容不正确扣 10 分
8	团结协作精神	10	小组成员分工协作不明确、不能积极参与扣 10 分
9	安全文明生产	10	违反安全文明生产规程扣 5～10 分
10	定额时间:3 h		每超时 5 min 扣 5 分

【拓展与提高】

一、电气设备保养

1. 电气设备的日常维护与保养

电气控制电路的故障一般可分为自然故障和人为故障两类。

自然故障是由于在电气设备运行时负载、振动或金属屑、油污侵入等原因引起的,造成电气绝缘下降,触点熔焊和接触不良,散热条件恶化,甚至发生接地或短路。

人为故障是由于在维修电气故障时没有找到真正的原因或操作不当,不合理地更换电气元件或改动电路,或在安装电路时布线错误等原因引起的。

显然,如果加强对电气设备的日常检查、维护和保养,及时发现一些非正常因素,并给予及时进行修复或更换处理,就可以将故障消灭在萌芽状态,使电气设备少出或不出故障,以保证生产机械的正常运行。

电气设备的日常维护和保养包括电动机和控制设备两部分。

1) 电动机的日常维护和保养

电动机的日常维护和保养详细见项目 2 中任务 2 的相关内容。

2) 控制设备的日常维护和保养

(1)电气柜的门、盖、锁及门框周边的耐油密封垫均应良好。门、盖应关闭严密,柜内保持清洁,不得有水滴、油污或金属屑等进入电气柜内,以防损坏电气元件造成损失。

(2)操作台上的所有操作按钮,主令开关的手柄,信号灯及仪表护罩都应保持清洁完好。

(3)检查接触器、继电器等电器触点系统吸合是否良好,有无噪声、卡住或阻滞现象。触点表面有无灼伤、烧毛;电磁线圈是否过热;各种弹簧弹力是否适当;灭弧装置是否完好无损。

(4)检查位置开关是否起位置保护作用。

(5)检查各电器的操作机构是否灵活可靠,有关整定值是否符合要求。

(6)检查各连接导线与端子板连接是否牢靠,各部件之间的连接导线、电线或保护导线的软管不得被冷却液、油污等腐蚀,管接头处不得产生脱落或散头现象。

(7)检查电气柜及导线通道的散热情况是否良好。

(8)检查各类指示信号装置和照明装置是否完好。

(9)检查电气设备和生产机械上所有裸露导体是否接到保护接地专用端子上,是否达到保护电路连续性的要求。

2. 电气设备的保养周期

对设置在电气柜内的电气元件,一般不经常进行开门监护,主要靠定期维护保养。其维护保养周期一般可采用工业生产机械的一、二级保养,同时进行其他电气设备的维护保养工作。表3-9列出电气设备配合工业生产机械一、二级保养周期及保养内容。

表 3-9　电气设备配合工业生产机械一、二级保养周期及保养内容

级别	一级保养	二级保养
周期	一季度左右	一年左右
保养内容	(1)清扫电气柜中的积灰和异物; (2)修复或更换即将损坏的电气元件; (3)整理内部接线,特别是曾经应急处理处; (4)坚固熔断器的可动部分; (5)坚固接线端子和电气元件上的压线螺钉,以减小接触电阻; (6)对电动机进行小修或中修检查; (7)通电试车,使电气元件的动作程序正确可靠	在一级保养的基础上,另进行下列检查: (1)重点检查动作频繁且电流较大的接触器、继电器触点; (2)检修有明显噪声的接触器、继电器,找出原因并修复,如不能修复则应更换电气元件; (3)校验热继电器看其能否正常动作,校验结果应符合热继电器的动作特性; (4)校验时间继电器,看其延时时间是否符合要求,如果误差超过允许值,应调整或修理,使之重新达到要求

二、工作台自动往返控制电路工作原理分析

由行程开关组成的工作台自动往返控制电路图如图3-19所示。在工作台边的T形槽中装有2块挡铁,挡铁1只能和SQ_1、SQ_3相碰,挡铁2只能和SQ_2、SQ_4相碰。当工作台达到限定位置时,挡铁碰撞行程开关,使触头动作,自动换接电动机正反转控制电路,通过机械机构使工作台自动往返运动。工作台行程可通过移动挡铁位置来调节,其工作原理分析如下。

先合上QS(设定工作台启动时在左端):

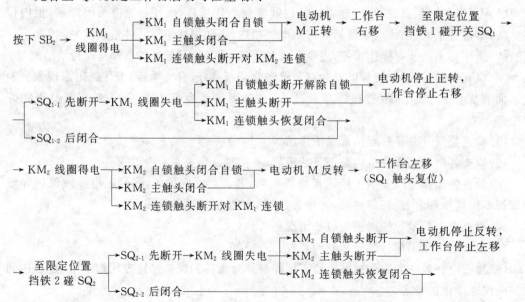

→ KM₁ 线圈得电 ──→ KM₁ 自锁触头闭合自锁 ── → 电动机 M 又正转 →
 ├→ KM₁ 主触头闭合 ─────────┘
 └→ KM₁ 连锁触头断开对 KM₂ 连锁

→ 工作台右移（SQ₂ 触头复位）──→…… 以后重复上述过程，工作台就在限定的行程内自动往返运动。

停止时：

按下 SB₁ → 整个控制电路失电 → KM₁（或 KM₂）主触头断开 → 电动机 M 失电停转 → 工作台停止运动。

这里 SB₂、SB₃ 分别作为正转启动按钮和反转启动按钮，若启动时工作台在右端，则应按下 SB₃ 进行启动。

学习任务 3　三相异步电动机 Y—△降压启动控制电路的安装与调试

【任务导入】

通常 10 kW 以下的三相异步电动机往往采用直接启动，对于 10 kW 以上的电动机，为限制启动电流过大而引起对电网和生产机械的冲击，一般都采用降压启动。

图 3-23 所示为三相异步电动机 Y—△降压启动示意图。通过观察三相异步电动机 Y—△降压启动的控制过程，可发现 Y 形接法时电动机转得慢（实现降压启动），△形接法时电动机转得快（恢复全压运行），并且切换过程是自动完成的。

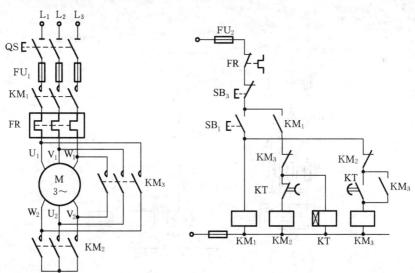

图 3-23　三相异步电动机 Y—△降压启动示意图

【任务分析】

（1）本任务是在 630 mm×700 mm 网孔板上完成三相鼠笼式异步电动机 Y—△降压启动控制电路的安装与调试。

（2）在教师的指导下，列出任务计划书，会根据电路原理图按工艺要求完成三相鼠笼式异步电动机 Y—△降压启动控制电路的安装、接线、自检和通电试车运行。

【相关知识】

一、三相鼠笼式异步电动机的降压启动控制电路

降压启动不是降低电源电压,而是采用某种方法,使加在电动机定子绕组上的电压降低。

降压启动的目的是限制启动电流,同时使电动机启动转矩减小($T \propto U_1^2$)。所以,这种启动方法是对电网有利的,但对负载不利。对于某些机械负载在启动时要求带满负载启动,就不能用这种方法启动,但对于启动转矩要求不高的设备,这种方法是适用的。

降压启动的基本思路是启动时适当降低定子绕组电压,启动后待转速升高到一定值,通常为 $0.75 n_N$,再将绕组电压提高至额定值。

1. 三相鼠笼式异步电动机降压启动及控制电路

三相鼠笼式异步电动机常见的降压启动方法有:定子串电阻或电抗降压启动、星形—三角形(Y—△)降压启动、自耦变压器降压启动和延边三角形降压启动等四种形式。

1) 定子串电阻或电抗降压启动控制电路

三相鼠笼式异步电动机降压启动时,在电动机定子回路串入电阻或电抗,使加到电动机定子绕组端电压降低,即串入的电阻或电抗对定子绕组的分压作用,限制了电动机上的启动电流。启动结束后,将定子回路串入电阻或电抗切除(短接),电动机进入全压运行。定子串电阻降压启动控制电路如图 3-24 所示。

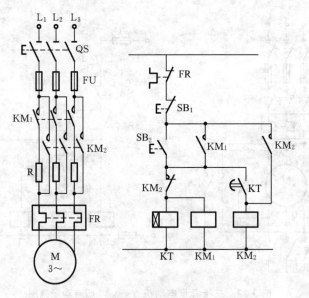

图 3-24 定子串电阻降压启动控制电路

(1)定子串电阻或电抗降压启动的工作原理如下。

$$QS^+ \rightarrow SB_2 \downarrow \rightarrow \begin{cases} KM_1^+ \\ KT^+ \end{cases} \xrightarrow{\text{串 R 启动}} n\uparrow \xrightarrow[\text{KT 延时到}]{n \approx 0.75 n_N} KM_2^+ \xrightarrow{\text{短接 R}} \begin{array}{c} KM_1^- \\ KT^- \\ n \nearrow n_N \end{array}$$

(2)电路的特点及应用。

定子串电阻降压启动控制电路的优点是不受定子绕组接法形式的限制,启动平稳,设备简单;其缺点是能耗大,启动转矩小,启动转矩只有额定转矩的 1/4,只适用于空载或轻载启动的场合。

降压启动电阻一般采用 ZX1、ZX2 系列铸铁电阻,其阻值小、功率大可允许通过大电流,适用于对启动转矩要求不高的中小型生产机械上。

2)Y—△降压启动控制电路

(1)Y—△降压启动的原理。

对于正常运行为△形接法的三相交流异步电动机,若在启动时将其定子绕组接为 Y 形,此时定子绕组上所加的电压仅为△形接法的 1/3,降低了启动电压。但同时启动电流 $I_{st_Y} = I_{st_\triangle}/3$,限制了启动电流。启动转矩 $T_{st_Y} = T_{st_\triangle}/3$,启动转矩也下降。当启动完毕后,再将其换接成△形,实现全压运行。

目前生产的 Y 系列功率在 4 kW 以上的中小型三相异步电动机,其定子绕组的规定接法一般为△形接法,所以在启动时,可以对其采用 Y/△降压启动。Y—△降压启动控制电路如图 3-25 所示。

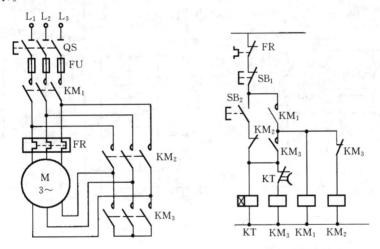

图 3-25 Y—△降压启动控制电路

(2)电路的启动工作原理如下。

$$QS^+ \rightarrow SB_2\downarrow \rightarrow \begin{bmatrix} KM_3^+ \\ KT^+ \end{bmatrix} \xrightarrow[\text{(开始延时)}]{\text{Y形}} KM_1^+ \xrightarrow[\text{启动}]{\text{Y形连接}} n\uparrow \xrightarrow[\text{KT延时到}]{n\approx 0.75n_N} KM_3^- \rightarrow$$

$$\rightarrow KM_2^+ \xrightarrow[\text{全额运行}]{\triangle\text{形连接}} n\searrow^{n_N}_{KT^-}$$

在图 3-25 中,KM_2、KM_3 接触器的常闭辅助触头构成电气互锁,目的是防止主电路电源发生短路。

(3)电路的特点及应用。

Y—△降压启动控制电路设备简单、经济,启动电流小,应用广泛;启动转矩小,且启动电压不能按实际需要调节,适用于空载或轻载启动的场合,如金属切削机床一类轻载或空载启动场合,只适合于正常运行时定子绕组接线为△形的异步电动机。

特别提示

△形接法的三相交流异步电动机定子绕组有 6 个头尾端,由于启动时定子绕组为 Y 形连接,绕组相电压由额定 380 V 降为 220 V,启动转矩只有全压启动时的 1/3。

3) 自耦变压器降压启动控制电路

(1)自耦变压器降压启动的原理。

利用自耦变压器来降低启动时加在电动机定子绕组上的电压,达到限制启动电流的目的。即 $U_2 = KU_1$,$K = \dfrac{U_2}{U_1} = \dfrac{N_2}{N_1} \leqslant 1$,$I'_{st} = K^2 I_{st}$,$T'_{st} = K^2 T_{st}$。

当电动机启动时定子接入自耦变压器二次侧电压,实现降压启动;当电动机运行时定子接入自耦变压器一次侧电压,恢复到全压运行。XJ01 型补偿器降压启动控制电路如图 3-26 所示。

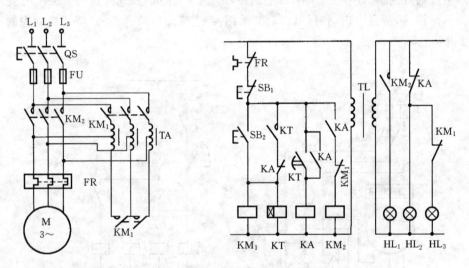

图 3-26　XJ01 型补偿器降压启动控制电路

(2)电路的启动工作原理如下。

$$\text{QS}^+ \to \text{SB}_2\!\downarrow \to \begin{array}{l} \text{KM}_1^+ \text{ 串 TA 启动} \\ \text{KT}^+ \end{array} \xrightarrow{\quad} n\uparrow \xrightarrow[\text{KT 延时到}]{n \approx 0.75 n_{\text{N}}} \text{KA}^+ \to \begin{array}{l} \text{KM}^- \\ \text{KT}^- \end{array} \to \text{KM}_2^+ \to \text{全额运行}\ _{n \nearrow n_{\text{N}}}$$

(3)电路的特点及应用。

①与 Y—△降压启动控制电路相比启动转矩大,且可以通过改变变压器电压比获得所需启动转矩。②变压器的体积大、质量重、价格高、维修麻烦,启动时自耦变压器处于过电流状态下运行。因此,自耦变压器降压启动控制电路不适于启动频繁的电动机。

自耦变压器一般有 2~3 组抽头,常用的有 XJ01 型(自动操作),QJ3 型、QJ5 型(手动操作),图 3-26 所示为 XJ01 型补偿器降压启动控制电路图,它适用于 14~28 kW 的三相鼠笼式异步电动机的启动。

自耦变压器降压启动一般适用于 30 kW 以下和不能用 Y—△降压启动的电动机,同时对启动频繁的电动机也不太适合。

4）延边三角形降压启动控制电路

延边三角形降压启动方式是一种既不增加启动设备又能获得较高启动转矩的启动方式。

延边三角形降压启动的原理:这种电动机的定子绕组有 9 个或 12 个出线头,通过改变定子绕组的抽头比,实现降压启动。图 3-27 所示为延边三角形启动电动机定子绕组的抽头接线方式。图 3-28 所示为延边三角形降压启动控制电路图。

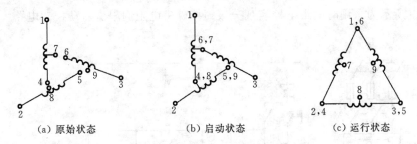

图 3-27　延边三角形启动电动机定子绕组的抽头接线方式

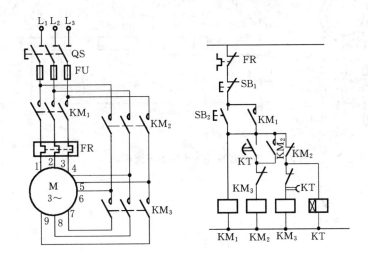

图 3-28　延边三角形降压启动控制电路

(1)电路的启动工作原理如下。

$$QS^+ \to SB_2 \downarrow \begin{cases} KM_1^+ \\ KM_3^+ \\ KT^+ \end{cases} \xrightarrow[\text{启动}]{\text{延边三角形接法}} n \uparrow \xrightarrow[\text{KT 延时到}]{n \approx 0.75n_N} KM_3^- \to KM_2^+ \xrightarrow[\text{全额运行}]{\text{三角形接法}} n \searrow n_N$$

(2)电路的特点及应用。

①启动电流、启动转矩比 Y—△降压启动大;②可略带轻载启动;③电动机绕组结构特殊,控制电路比较复杂。该电路适用于定子绕组经特别设计的大容量异步电动机,如空压机一类启动转矩较大的设备,因此在实际中很少使用。

2. 三相绕线式异步电动机的启动及控制电路

在对三相异步电动机机械特性分析时已经说明(见式(1-4)~式(1-7)),适当增加转子电路的电阻可以提高启动转矩。绕线式异步电动机正是利用这一特性,启动时通过滑环与电刷串入电阻或频敏变阻器来限制启动电流、提高功率因素和启动转矩,改善绕线式异步电动机的启动性能,常用于大中容量电动机带动重载启动的生产机械或者需要频繁启动的电力拖动系统,如大型起重机和牵引机设备中。

绕线式异步电动机的启动方法:通常采用转子回路串电阻和转子回路串频敏变阻器启动控制两种启动方式。

1) 转子回路串电阻限流启动控制电路

(1)控制电路。

图 3-29 所示为采用时间继电器实现分级短接外串电阻的限流启动控制电路。

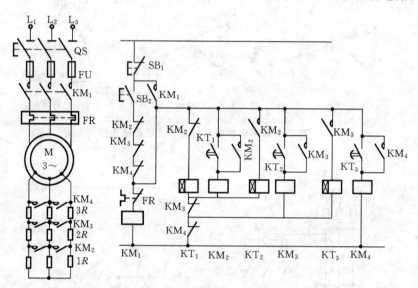

图 3-29　分级短接外串电阻的限流启动控制电路

(2)电路工作原理如下。

$$QS^+ \rightarrow SB_2\downarrow \begin{cases} KM_1^+ \\ KT^+ \end{cases} \xrightarrow[\text{启动}]{\text{串全部}R} n\uparrow \xrightarrow[\text{延时到}]{KT_1} KM_2^+ \xrightarrow[1R]{\text{短接}} \begin{cases} KT_1^- \\ KT_2^+ \end{cases}^{n\uparrow\uparrow} \xrightarrow[\text{延时到}]{KT_2} KM_3^+ \xrightarrow{\text{切除}2R}$$

$$\begin{cases} KM_2^- \\ KT_2^- \\ KT_3^+ \end{cases}^{n\uparrow\uparrow\uparrow} \xrightarrow[\text{延时到}]{KT_3} KM_4^+ \xrightarrow[(3R)]{\text{全切除}} n\searrow^{n_N} \begin{cases} KM_3^- \\ KT_3^- \end{cases}$$

在图 3-29 电路中,KM_2、KM_3、KM_4 三个常闭触头与启动按钮 SB_2 串接,其作用是防止因接触器主触头烧结或机械故障未能及时释放,造成直接启动而损坏设备或造成事故。

(3)电路的特点及应用。

①串接在转子回路中的启动电阻一般接成 Y 形,启动时,电阻被分次短接,短接方式有平衡式和不平衡式两种形式。②电路中只有 KM_1、KM_4 长时间通电,其他被适时断电,以节省电能。③功率因数高、启动转矩大,启动的平滑性较差,有机械冲击,功耗大,控制电路复杂。

转子回路外串电阻不但可以限制启动电流,同时又提高电动机的启动转矩,这是降压启动所不具备的优点。

2) 转子回路串频敏变阻器限流启动控制电路

(1) 频敏变阻器。

所谓频敏变阻器,是由厚钢板叠成铁芯并在铁芯柱上绕有线圈的电抗器,其结构示意图如图 3-30(a)所示。它是一个铁损耗很大的三相电抗器,如果忽略绕组的电阻和漏抗时,其一相的等效电路如图 3-30(b)所示。

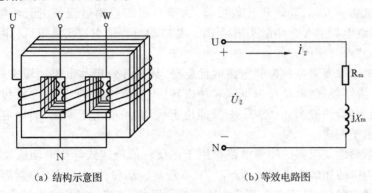

(a) 结构示意图   (b) 等效电路图

图 3-30 频敏变阻器

(2) 频敏变阻器的启动原理。

由异步电动机转子频率 $f_2 \approx Sf_1$,当电动机开始启动时,$n \approx 0$(电动机转子转速很低),$S = 1$,$f_2 \approx f_1$(转子频率较高),频敏变阻器的铁损很大,R_m 和 X_m 均很大,且 $R_m > X_m = 2\pi f_2 L_m$,因此最大限度地限制了启动电流,增大了启动转矩。

随着转速 n 的升高,S 下降,f_2 减小,频敏变阻器的等效阻抗减小,相当于逐级切除转子回路中的启动阻抗。

(3) 控制电路。

转子回路串频敏变阻器的控制电路如图 3-31 所示。

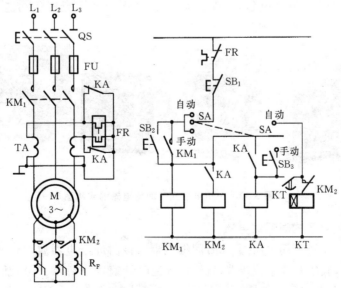

图 3-31 转子回路串频敏变阻器的控制电路

（4）电路的工作原理如下。

自动方式：$QS^+ \rightarrow SB_2\downarrow \rightarrow \begin{cases} KM_1^+ \\ KT^+ \end{cases} \underset{\text{启动}}{\overset{\text{串}R_F}{\longrightarrow}} n\uparrow \underset{\text{KT 延时到}}{\overset{n\approx0.75n_N}{\longrightarrow}} KA^+ \rightarrow KM_2^+ \underset{R_F}{\overset{\text{切除}}{\longrightarrow}} \underset{KT^-}{\overset{n \nearrow n_N}{}}$

手动方式：$QS^+ \rightarrow SB_2\downarrow \rightarrow KM_1^+ \underset{\text{启动}}{\overset{\text{串}R_F}{\longrightarrow}} n\uparrow \overset{n\approx0.75n_N}{\longrightarrow} SB_3\downarrow \rightarrow KA^+ \rightarrow KM_2^+ \underset{R_F}{\overset{\text{切除}}{\longrightarrow}} n\nearrow n_N$

由于电动机功率大，启动过程比较缓慢，为避免由于启动过程长引起热继电器的误动作，采用了中间继电器 KA 常闭触头短接 R_F。待启动过程结束进入稳定运行时再接入 R_F。

（5）电路的特点与应用。

转子回路串频敏变阻器的控制电路的优点是，具有等效启动电阻随转速升高自动连续减小，启动的平滑性较好，启动冲击电流和冲击转矩小，结构简单、运行可靠和维修方便；其缺点是，功率因数低，一般为 0.3～0.8；只能用于启动，不能用于调速，而串电阻启动时，串入的电阻还可用于调速。

转子回路串频敏变阻器的控制电路常用于正反转的绕线式异步电动机及冶金、化工等设备上。我国生产的频敏变阻器系列产品，有不经常启动和重复短时工作制启动两类，前者启动完毕后要用接触器 KM 短接，后者则不需要。因此，在启动转矩要求较大和良好启动性能的场合得到广泛应用。

二、JSZ3 系列电子式时间继电器简介

1. 电子式时间继电器

电子式时间继电器按延时原理，可分为晶体管式时间继电器和数字式时间继电器。

1）晶体管式时间继电器

晶体管式时间继电器是以 RC 电路电容充电时，电容器上的电压逐步上升的原理为延时基础制成的。

2）数字式时间继电器

数字式时间继电器有通电延时、断电延时、定时吸合、循环延时等功能。图 3-32 所示为一组电子式时间继电器的实物图。

图 3-32　一组电子式时间继电器的实物图

2. JSZ3 系列电子式时间继电器

图 3-33 所示为 JSZ3 系列电子式时间继电器。该时间继电器属通电延时型，由插头和底座两部分组成，底座有 8 个接线端，自槽口起逆时针编号分别为 1～8，插头中的内部元件与底座接线端的关系示意图如图 3-33(c)所示。接线时请特别注意 1、8 为一对常开和常闭触点的公共端。

整定时间旋钮

电子式时间继电器
插头,插入时注意
与底座槽口配合

(a) 插头

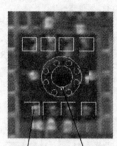
时间继电器
底座

底座安装应将
缺孔放在下端

(b) 插座

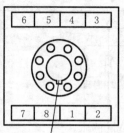
数字编号从槽口处逆
时针编号分别为1~8

(c) 内部接线示意图

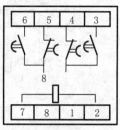
2、7为线圈引出端,1、4和
5、8为两对延时断开触点,
1、3和6、8为两对延时闭合
触点,其中1、8为一对常
闭和常开触点的公共端

图 3-33 JSZ3 系列电子式时间继电器

【任务实施】

一、实施环境

(1)在 630 mm×700 mm 的网孔板上完成三相鼠笼式异步电动机 Y—△降压启动控制电路的安装与调试。

(2)设备、工具及材料。参考表 3-1 任务实施所需设备、工具、材料明细表。完成本任务新增元器件如下①三相电动机:Y2-112M-4,4 kW,380 V,8.8 A,△接法,1 440 r/min,一台。②时间继电器:JS7-2A 或 JSZ3-2A、线圈电压 380 V,延时 6 s,一只。③交流接触器:CJ10-20,20 A,线圈电压 380 V,三只。

二、实施步骤

1. 安装前的准备

(1)各组组长对任务进行描述并提交本次任务实施计划书(参考表 3-2)和完成任务的措施。

(2)各组根据任务要求列出元件清单(参考表 3-1)并依据元件清单备齐所需工具、仪表及电气元件。

(3)组内任务分配。

2. 电路安装与布线

(1)根据图 3-34 所示的三相鼠笼式异步电动机 Y—△降压启动控制电路原理图,画出元件布置图和接线图。

(2)根据布置图、接线图安装主电路、控制电路并完成布线,工艺要求同任务 2(安装步骤、安装内容和工艺要求见表 3-7)。

(3)若选用电子式时间继电器(JSZ3 系列),按图 3-34 接线时,请注意控制电路 5 点、6 点、7 点和 8 点的相互独立性,即常开和常闭触点之间没有公共端;其底座接线注意不得选用有公共编号的一对触点,也就是说不可选 1 点和 4 点,1 点和 3 点,或者 6 点和 8 点,5 点和 8 点,具体如图 3-33(c)所示。

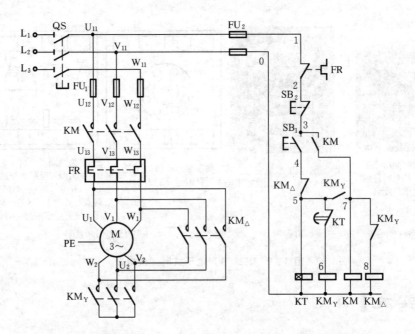

图 3-34　三相鼠笼式异步电动机 Y—△降压启动控制电路原理图

行动一下

空气阻尼式时间继电器延时动合、动断触头的判定：用手推动时间继电器的衔铁模拟继电器通电吸合动作，用万用表 $R \times 10$ 或 $R \times 100$ 挡测量触点的通与断，以此大致判定触点延时动作时间，通过调节进气孔螺钉来整定所需的延时时间。

3. 自检

(1)用绝缘电阻表测量各相线之间、各相线与零线之间、各相线与金属网板之间绝缘电阻，均大于 0.5 MΩ 为绝缘良好。

(2)检查主电路的步骤如下。

①用万用表 $R \times 100$ 或 $R \times 10$ 挡分别测量各相熔断器 FU_1 出线端(U_{12}、V_{12}、W_{12})与电动机引出端(端子板上的 U、V、W)之间电阻，压下接触器 KM 衔铁，若电阻均为零，则表明主电路至电动机接线正常。

②用万用表 $R \times 100$ 或 $R \times 10$ 挡分别测量 U_2—V_2、V_2—W_2、W_2—U_2 之间压下 KM_Y 衔铁时的电阻为零，表明电动机 Y 形连接正确。

③用万用表 $R \times 100$ 或 $R \times 10$ 挡分别测量 U_1—W_2、V_1—U_2、W_1—V_2 之间压下 KM_1、$KM_\triangle$ 衔铁时的电阻为零，表明电动机△形连接正确。

(3)检查控制电路的步骤如下。

①按下 SB_2 按钮，测量 0 点与 1 点之间电阻，若为几百欧，表明 KM 线圈支路正常。

②按下接触器 KM 衔铁，测量 0 点和 1 点之间电阻，若为几百欧，表明 KM 自锁正常。

③对于电子式时间继电器连接的电路，分别用导线连接 5 点和 6 点(或 7 点和 8 点)两点，测量 4 点和 0 点之间电阻，若为单个线圈电阻的一半左右，表明各线圈支路并联正常。

④压下接触器 $KM_\triangle$ 衔铁，测量 4 点和 0 点之间电阻，若为单个线圈电阻的一半左右表明 $KM_\triangle$ 自锁正常。

按钮 SB_1、SB_3,测量控制电路 1 点和 7 点之间电阻为∞,表明能停车。

4. 通电试车与故障排查

1) 通电试车

(1) 验电。

(2) 试车包括空操作试车和带负荷试车两项内容,主要是进行电路功能测试。

试车时必须在教师的监护下进行。①按下启动按钮 SB_2,瞬时观察 KM、KM_Y、KT 的得电情况,记录电动机和接触器的运行情况。②延时时间到,观察 KM_Y、$KM_\triangle$、KT 的得电和失电,记录电动机和接触器的运行情况。③按下停止按钮如 SB_1,观察并记录电动机和接触器的运行情况。

2) 故障排查

通电试车时可根据故障现象判断故障种类,合理运用故障排查方法,确定故障范围并找出故障点。

5. 任务总结与点评

1) 总结

(1) 各组选派一名学生代表陈述本次任务的完成情况;

(2) 各组互相提问,探讨工作体会;

(3) 各组最终上交成果。

2) 点评要点

(1) 时间继电器的作用、触点的选用及延时时间的整定(Y—△转换);

(2) 电路中的电气互锁;

(3) 接线图;

(4) 安装与接线工艺;

(5) 自检与通电。

6. 验收与评价

(1) 成果验收:根据评价标准进行自评、组评、师评,最后给出考核成绩。

(2) 评价标准如表 3-8 所示。

【拓展与提高】

一、Y—△降压启动控制电路的调试与故障诊断

1. Y—△降压启动的调试及常见问题诊断

Y—△降压启动的调试及常见问题诊断如表 3-10 所示。

表 3-10　Y—△降压启动控制电路常见问题诊断

现　　象	原因分析
按下 SB_2,电动机一直保持降压启动,不能转换	如果 KT 得电,观察 KM_Y 是否失电,若不失电,则问题在 KT 延时断开的常闭触点及相关导线;
	如果 KT 不得电,则问题在 KT 线圈及相关导线

续表

现　　象	原因分析
按下 SB$_2$，电动机不运转	如果 KM、KT 得电，则问题在 KT 延时断开的常闭触点，KM 线圈及相关导线
	如果 KT、KM$_Y$ 得电，则问题在 KM 线圈及相关导线；
	如果线圈均不得电，则问题在 QS、FU$_1$、FU$_2$、FR 的常闭触点、SB$_1$、SB$_2$ 及相关导线；
	如果 KT、KM、KM$_Y$ 线圈均得电，则问题在主电路：KM 主触点，KM$_Y$ 主触点，FR 热继电器，电动机及相关导线，W 相主电路
按下 SB$_2$，电动机不能启动，延时后转换成正常运转	如果 KT、KM、KM$_Y$ 线圈均得电，则问题在 KM$_Y$ 主触点及相关导线；
	如果 KM$_Y$ 线圈不得电，则问题在 KM$_Y$ 线圈、KT 延时断开触点及相关导线
按下 SB$_2$，电动机降压启动，延时后转换失败	如果转换后 KM$_\triangle$、KM 线圈均得电，则问题在主电路：KM$_\triangle$ 主触点及相关导线；
	如果转换后只有 KM 线圈得电，则问题在 KM$_Y$ 常闭触点，KT 延时闭合常开触点，KM$_\triangle$ 线圈及相关导线

2. Y—△降压启动控制电路安装接线图

Y—△降压启动控制电路安装接线图如图 3-35 所示。

二、软启动

1. 软启动器及其使用

在直接启动的方式下，启动电流为额定值的 5～7 倍，启动转矩为额定值的 0.5～1.5 倍；在定子串电阻降压启动方式下，启动电流为额定值的 4.5 倍，启动转矩为额定值的 0.5～0.75 倍；在 Y—△降压启动方式下，启动电流为额定值的 1.8～2.6 倍，在 Y—△切换时也会出现电流冲击，且启动转矩为额定值的 0.5 倍；而自耦变压器降压启动，启动电流为额定值的 1.7～4 倍，在电压切换时会出现电流冲击，启动转矩为额定值的 0.4～0.85 倍。因而上述这些方法经常用于对启动特性要求不高的场合。

在一些对启动要求较高的场合，可选用软启动装置，它采用电子启动方法。

1）软启动器的工作原理

图 3-36 所示为软启动器内部原理示意图，它主要由三相交流调压电路和控制电路构成。其基本原理是利用晶闸管的移相控制原理，通过晶闸管的导通角，改变其输出电压，达到通过调压方式来控制启动电流和启动转矩的目的。控制电路按预定的不同启动方式，通过检测主电路的反馈电流，控制其输出电压，可以实现不同的启动特性，最终软启动器输出全压，电动机全压运行。由于软启动器为电子调压并对电流实时检测，因此还具有对电动机和软启动器本身的热保护，限制转矩和电流冲击、三相电源不平衡、缺相、断相等保护功能，并可实时检测并显示如电流、电压、功率因数等参数。

2）软启动器的控制功能

(1)斜坡升压启动方式。

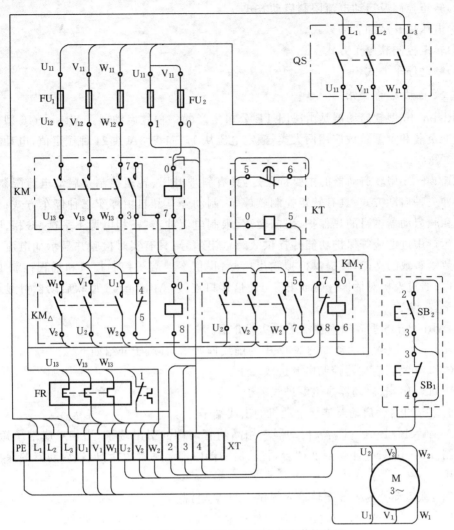

图 3-35 Y—△降压启动控制电路安装接线图

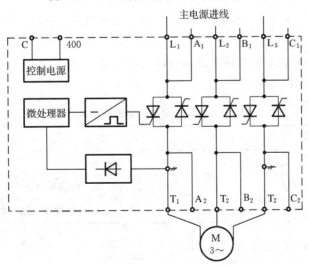

图 3-36 软启动器内部原理示意图

（2）转矩控制及启动电流限制启动方式。

（3）电压提升脉冲启动方式。

（4）转矩控制软停车方式。

（5）制动停车方式。

3）软启动器的使用

Altistart46 型软启动器是由法国 TE 公司生产的一种软启动器。Altistart46 型软启动器有标准负载和重型负载应用两大类，额定电流从 17～1 200A 共 21 种额定值，电动机功率为 4～800 kW。

Altistart46 型软启动器的主要特点是：具有斜坡升压、转矩控制及启动电流限制、电压提升脉冲三种启动方式；具有转矩控制软停车、制动停车和自由停车三种停车方式；具有对电动机和软启动器本身的热保护、限制转矩、限制电流冲击、三相电源不平衡、缺相、断相和电动机运行中过电流等保护功能并提供故障输出信号；具有实时检验并显示如电流、电压、功率因数等参数的功能，且提供模拟输出信号；提供本地端子控制接口和远程控制 RS-485 通信接口；通过人机对话操作盘或 PC 与通信接口连接，Altistart46 型软启动器可显示和修改系统配置、参数。

（1）Altistart46 型软启动器端子及功能介绍。

Altistart46 型软启动器如图 3-37 中的虚线框所示，其端子介绍如下。

①C 和 400：软启动器控制电源进线端子。

②L_1、L_2、L_3：软启动器主电源进线端子。

③T_1、T_2、T_3：软启动器连接电动机的出线端子。

④A_1、A_2、B_1、B_2、C_1、C_2：软启动器三相晶闸管两端的引出端子，当相对应端子短接时，相当于图 3-37 中 KM_2 主触目头闭合，将软启动器内部晶闸管短接，但软启动器的保护功能仍起作用。

⑤PL：软启动器为外部逻辑输入提供 +24 V 电源。

⑥L+：软启动器为逻辑输出部分的外接输出电源，可由 PL 直接提供。

⑦STOP、RUN：软启动器软停车和软启动控制信号。

⑧KA_1、KA_2：软启动器输出继电器，KA_1 为可编程输出继电器，可设置成故障继电器或隔离继电器，KA_2 为启动结束继电器。

（2）Altistart46 型软启动器的接线方式与输出继电器。

①接线方式如表 3-11 所示。

表 3-11　Altistart46 型软启动器的接线方式

接线方式	输入信号	备　注
二线控制	电平输入型	—
三线控制	脉冲输入型	如图 3-37 所示控制电路采用三线控制
通信远程控制	—	将 PL 与 STOP 端子短接，启停要使用通信口远程控制

②KA_1 与 KA_2 触点状态如表 3-12 所示。

表 3-12 KA₁ 与 KA₂ 触点状态表

继电器	设置类型	触 点 状 态
KA₁	故障继电器	当软启动器控制电源上电时,KA₁ 闭合;当软启动器发生故障时,KA₁ 断开
	隔离继电器	当软启动器接收到启动信号时,KA₁ 闭合;当软启动器软停车结束、在自由停车模式下接收到停车信时或在运行过程中出现故障时,KA₁ 断开
KA₂	启动结束继电器	当软启动器完成启动过程后,KA₂ 闭合;当软启动器接收到停车信号或出现故障时,KA₂ 断开

2. 软启动器的应用

1）电动机单向运行、软启动、软停车或自由停车控制电路

图 3-37 所示为一三相异步电动机单向运行、软启动、软停车或自由停车控制电路。

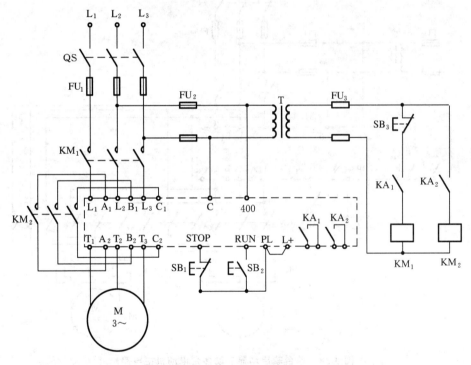

图 3-37 电动机单向运行、软启动、软停车或自由停车控制电路

（1）电路工作过程如下。

$$QS^+ \rightarrow SB_2 \underset{启动}{\downarrow} \rightarrow KA_1{}^+ \rightarrow KM_1{}^+ \rightarrow KM_{1主}{}^+ \xrightarrow[软启动器]{主电源接入} n \searrow^{n_N} \xrightarrow[完成]{启动} KA_2{}^+ \rightarrow KM_2{}^+ \rightarrow$$

$$\rightarrow KM_{2主}{}^+ \begin{cases} \rightarrow KM_1、KM_2 \text{ 主触点闭合} \\ \rightarrow \text{软启动器内部晶闸管短接} \\ \rightarrow \text{电动机通过接触器由电网直接供电} \end{cases}$$

$$\text{紧急停车} \rightarrow SB_3 \downarrow \rightarrow KM_1^- \begin{cases} \rightarrow KA_1^- \\ \rightarrow KA_2^- \rightarrow KM_2^- \end{cases}$$

(2)电路中的保护。

该电路中，KA_1 相当于保护继电器的触点，若发生过电流，KA_1 常开触点断开，KM_1 接触器主触点断开，电源进线被切除，同时软启动器进线电源被切除，起到保护作用。

2）单台软启动器启动多台电动机控制电路

用一台软启动器对多台电动机进行控制，可以降低控制系统的成本。通过适当的电路可以实现对多台电动机软启动、软停车控制，但不能同时启动或停车，只能一台台分别启动或停车。

(1)单台软启动器启动多台电动机主电路如图 3-38 所示。

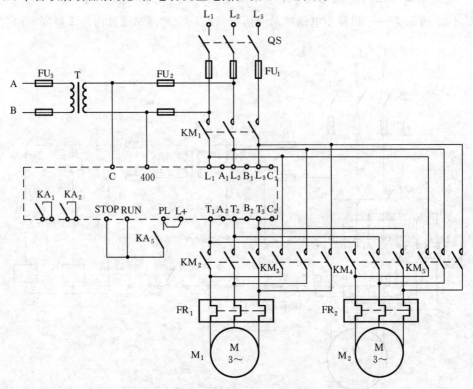

图 3-38 单台软启动器启动多台电动机主电路

(2)单台软启动器启动多台电动机控制电路如图 3-39 所示。

(3)电路工作过程。

电路的工作过程可根据图 3-37 的工作过程分析，请读者结合所学电气控制知识自己完成。

3. 软启动器的特点

软启动器实际上是一种电压自动连续上升的降压启动器。其优点是，启动时的动态转矩不大，传动机构之间的机械撞击大为减轻；转速的上升过程减慢，且启动时间一般都可以设定，故可以应用于要求缓慢启动的场合。其缺点是，启动转矩较小，不能满足重载启动或满载启动的场合。

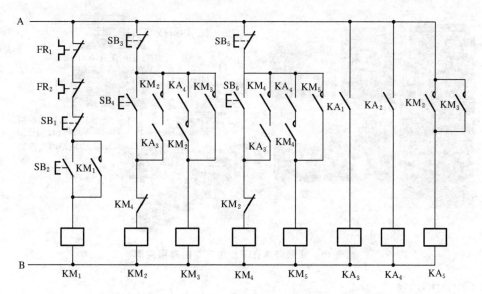

图 3-39 单台软启动器启动多台电动机控制电路

小知识

变频器和软启动器是两种完全不同用途的产品。变频器用于调速,其输出不但改变电压而且同时改变频率,软启动器实际上是一个调压器,用于电动机启动,输出只改变电压,不改变频率。变频器具备所有软启动器功能,但它的价格比软启动器贵得多,结构也复杂得多。

◀ 学习任务 4 三相异步电动机的调速、制动及控制电路 ▶

【任务导入】

为了满足生产工艺要求,常常需要改变电动机的转速,如金属切削机床、连轧机、电力机车。变频器是将固定频率的交流电变换为频率连续可调的交流电的装置。变频器的问世,使得交流调速在很大程度上取代了直流调速,变频器在现代企业生产中的应用越来越广泛。变频调速在工业生产中的应用实例如图 3-40 所示。

【任务分析】

本任务采用进口变频器中具有代表性的西门子 MM440 系列变频器作为电动机调速的对象。MM440 系列变频器是西门子公司生产的用于控制三相交流电动机速度的变频器系列之一,在现代企业生产中已得到广泛应用。完成本任务的步骤是:①查阅西门子 MM440 系列变频器手册,了解 MM440 系列变频器的基本结构,认识各端子接口的名称并了解其功能;②学会 MM440 系列变频器的面板操作,学会其基本参数输入与调试方法,查找参数;③根据任务要求接好电路并完成调试。

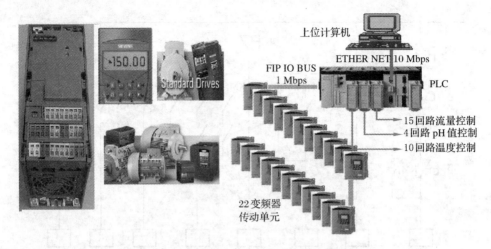

图 3-40 变频调速在工业生产中的应用实例

【相关知识】

一、三相异步电动机的调速控制

在同一负载下,用人为改变电动机参数的方法来改变电动机的转速,称为调速。

1. 三相异步电动机的调速

由电动机的转速公式

$$n = n_0(1-S) = \frac{60f_1}{p}(1-S) \tag{3-1}$$

由式(3-1)可知,若要改变三相异步电动机的转速,可以有以下三种方法。

(1)变极调速:改变电动机的磁极对数 p。

(2)变频调速:改变电动机的电源频率 f_1。

(3)变转差率调速:改变电动机的转差率 S。

变转差率调速主要适用于绕线式异步电动机,分为转子串电阻调速、串级调速和改变定子电压调速三种方法。

2. 变极调速

1)变极调速

所谓变极调速,就是在电源频率不变的情况下,通过改变电动机定子绕组的接线,即改变电动机的磁极对数 p,从而达到调速的目的,这类电动机也称为多速电动机。

2)变极调速原理

改变磁极对数调速可以用两种方法实现:一是改变定子绕组的接线方式,如图 3-41 和图 3-42 所示;二是改变定子绕组的连接方式,如图 3-43 所示。

(1)改变定子绕组的接线方式的变极原理。

图 3-41 所示的是 4 极单绕组双速电动机 U 相绕组中的两个线圈,每个线圈代表 U 相绕组的一半称为半绕组。将两个半相绕组顺向头尾串联,根据线圈的电流方向,可以判断出定子绕组产生 4 极磁场,$2p=4$。

若将两个半绕组的连接方式改为图 3-42 的连接方法,则 U 相绕组中的半相绕组 a_2-x_2

134

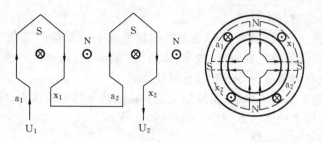

图 3-41 绕组变极原理图($2p=4$)

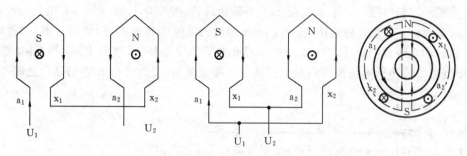

图 3-42 绕组变极原理图($2p=2$)

的电流反向,根据线圈的电流方向,可以判断出定子绕组产生 2 极磁场,$2p=2$。

可见,改变磁极对数的关键在于使定子每相绕组的一半绕组中的电流方向改变,就可以改变磁极对数。

(2)改变定子绕组的连接方式的变极原理。

改变多极电动机定子绕组的连接方式可实现磁极对数的变化,从而实现调速,如图 3-43 所示。

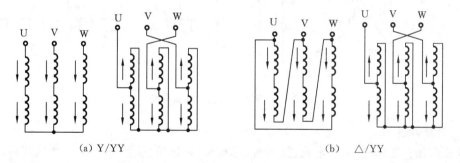

(a) Y/YY   (b) △/YY

图 3-43 双速电动机常用的变极接线方式

目前,在我国多极电动机定子绕组连接方式通常有两种:一种是从星形改成双星形,写作 Y/YY($n_{YY}=2n_Y$),如图 3-43(a)所示;另一种是从三角形改成双星形,写作△/YY($n_{YY}=2n_△$),如图 3-43(b)所示。这两种接法都可使电动机的极对数减小一半,转矩约减小一半,但功率基本维持不变,故属恒功率调速。

另外,双速电动机在绕组的极数改变后,其相序和原来的相反,所以在变极的同时将改变三相绕组的电源的相序,以保持电动机在低速和高速时的转向相同,如图 3-43(b)所示,在高速时应将 V、W 相互换一下。在设计变极调速电动机控制电路时应注意这一问题。

(3)变极调速的特点及应用。

变极调速的优点是,变极调速时电动机的转速几乎是成倍的变化,调速时所需设备简单,机械特性较硬,调速稳定性较好,效率高,属恒功率调速,低速启动转矩大。其缺点是,调速平滑性差,只能有级调速,体积稍大,价格较高。

变极调速适用于恒功率负载、恒转矩负载和机电联合调速的场合,特别是在一些普通机床(如钻床、铣床)的主轴调速系统中得到应用。

(4)双速电动机控制电路。

双速电动机的启动最好是先低速后高速,这样可获得较大的启动转矩。图 3-44 所示为双速电动机的控制电路图。图中按钮 SB_2 为低速启动,按 SB_2,KM_1 得电,绕组三角形连接,呈 4 极低速运行。SB_3 为高速挡,按 SB_3,KA 和时间继电器首先得电,紧接着 KM_1 得电,电动机低速启动。经过一定延时,KT 延时触点动作,KM_1 先释放,然后 KM_2 与 KM_3 相继接通,定子绕组由三角形连接换成双星形连接进入高速运行。KM_1 和 KM_2、KM_3 之间必须有互锁。

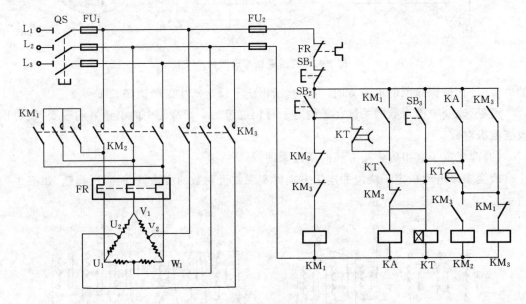

图 3-44 双速电动机的控制电路

3. 变频调速

变频调速在轧钢机、工业水泵、鼓风机、起重机、纺织机、造纸机等多个领域获得广泛的应用,变频调速已成为现代交流调速的主要发展方向。

1)变频调速的基本原理

如果能改变异步电动机定子的供电电源频率 f_1 就可以平滑地改变电动机的同步转速和相应的电动机转速,从而实现异步电动机的无级调速,这就是变频调速的基本原理。

在变频调速时,为使电动机得到充分利用,通常希望气隙磁通维持不变。从电动机相压 $U_1 \approx E = 4.44 f_1 N_1 k_{w1} \Phi_m$,知 $U_1 \propto E \propto C f_1 \Phi_m$,则 $\Phi_m \propto E/f_1 \propto U_1/f_1$,因此,在变频调速时若要维持 Φ_m 为常数,则 U_1 必须随频率的变化成正比变化(即 U_1/f_1 = 常数),保证频率和电压能协调控制。另外,为保证电动机的稳定运行,希望变频调速时,电动机的过载能力不变。

变频调速中为什么要维持气隙磁通 Φ_m 不变呢？这是因为频率改变而外加电压 U_1 不变，则磁通 Φ_m 随频率 f_1 的改变而成反比例改变，即频率 f_1 降低，则磁通 Φ_m 增加；频率 f_1 增加，则磁通 Φ_m 降低。对于前者有可能造成电动机的磁路过饱和，导致励磁电流增加从而引起铁芯过热，电动机的功率因数和负载能力下降；对于后者会造成电动机的输出转矩减小和过载能力下降。这些对电动机的正常运行都是不利的。

2）变频调速的基本控制方式

额定频率称为基频。变频调速时，可以从基频向上调，也可以从基频向下调。图 3-45 所示为变频调速的控制特性曲线，图 3-46 所示为变频调速的机械特性曲线。

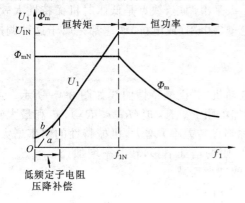

图 3-45 变频调速的控制特性曲线

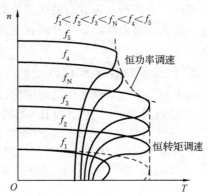

图 3-46 变频调速的机械特性曲线

（1）基频以下变频调速。

降低电源频率时，必须同时降低电源电压，这是恒压频比的控制方式，即保持 $U_1/f_1 =$ 常数。此时，Φ_m 为常数，属于恒转矩调速方式。

（2）基频以上变频调速。

基频以上调速时，频率可从 f_{1N} 向上增大，但电源电压升高到 $U_1 > U_{1N}$ 是不允许的。因此，基频以上调速时，只能保持电压 $U_1 = U_{1N}$ 不变。频率越高，则磁通 Φ_m 越低，这种方法是一种降低磁通的控制方法（恒压变频控制），类似他励直流电动机弱磁升速情况，是一种保持电压为 U_{1N} 不变的变频调速，属于恒功率调速方式。

（3）变频调速中的恒转矩调速和恒功率调速。

总之，基频以下属恒转矩调速，基频以上属恒功率调速。在异步电动机变频调速系统中，为了得到很好的调速性能，可以将恒转矩调速和恒功率调速结合起来。

（4）变频调速的特点及应用。

变频调速的主要优点是，调速范围宽，转差率小，稳定性好，平滑性好，能实现无级调速，能适应各种负载，效率较高；其缺点是，它需要一套专门的变频电源，控制系统较复杂，成本较高。

变频调速已经在很多领域获得广泛的应用，如轧钢机、工业水泵、鼓风机、起重机、纺织机、造纸机等。变频调速是交流调速的主要发展方向。

4. 改变转差率调速

改变转差率的调速适用于三相绕线式异步电动机的调速。改变转差率的调速方法主要有三种：定子调压调速、转子回路串电阻调速和串级调速。这些调速方法的共同特点是在调速过程中都产生大的转差率。前两种调速方法都是把转差率消耗在电路里，很不经济，而串级调速则能将转差率加以吸收或大部分反馈给电网,提高了经济性能。

1）定子调压调速

图 3-47 所示为定子调压的机械特性曲线。由图可见,n_0、S_m 不变,T_{max} 随电压降低成平方比例下降。调速时,对于恒转矩负载 T_{L1},由负载特性曲线 1 与不同的电源电压下(U_1、U_2、U_3）电动机的机械特性的交点,可获得如图 3-47 所示的 a、b、c 三点所决定的速度,显然电动机的调速范围很小。但对于通风机型负载 T_{L2}(恒功率负载）,曲线 2 与不同的电源电压下(U_1、U_2、U_3）电动机的机械特性的交点分别为 d 点、e 点和 f 点,可以看出,调速范围稍大。

由以上分析可知,对于不同类型的负载,定子调压调速的调速范围是有差异的,实际应用中要注意。这种调速方法的优点是能够实现无级平滑调速,缺点是低压时机械特性太软,转速变化大。目前广泛采用晶闸管交流调压和定子串电阻(或电抗)调速都是属于这种调速方法。

2）转子回路串电阻调速

转子回路串电阻调速仅适用于绕线式异步电动机,其机械特性曲线如图 3-48 所示。由图 3-48 可以看出,转子电阻为 R_2,当转子串入附加电阻 R_{s1}、R_{s2} 时($R_{s1} < R_{s2}$）,n_0 和最大转矩 T_m 不变,但对应于最大转矩的转差率 S_m(又称临界转差率）增大,机械特性的斜率增大。若带恒转矩负载,工作点将随着转子回路串联的电阻的增加下移,转差率增加($S_m < S_{m1} < S_{m2}$），对应的工作点的转速将随着转子串联电阻的增大而减小。

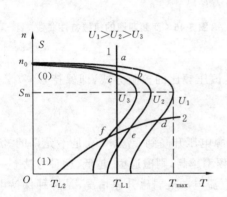

图 3-47 定子调压调速的机械特性曲线   图 3-48 转子回路串电阻调速的机械特性曲线

转子回路串电阻调速的优点是方法简单,设备投资不高,工作可靠;其缺点是有级调速,调速范围不大,稳定较差,平滑性也不是很好,调速的能耗比较大。

转子回路串电阻调速可广泛用在对调速性能要求不高且重复短期运转的生产机械中,如运输、起重机械等。

3）串级调速

所谓串级调速就是在转子回路中不串接电阻,而是在绕线式异步电动机的转子电路中引入一个附加电动势 E_f 来调节电动机的转速,这种方法仅适于绕线式异步电动机。

串级调速的调速性能比较好,但是附加电动势 E_f 的获取比较困难,故长期以来未得到推广。但随着晶闸管变频技术的发展,现已广泛应用于水泵和风机节能调速,以及不可逆轧钢机、压缩机等生产机械的调速上。串级调速的详细介绍可参考有关资料。

二、变频器概述

变频器的种类繁多,有国产变频器和进口变频器。从性能上来看,进口变频器总体上要优于国产变频器;从使用数量上来看,进口变频器要多于国产变频器。

通常把电压和频率固定不变的交流电变换为电压或频率可变的交流电的装置称为变频器。

1. 变频器的基本构成

变频器基本主要由整流电路(整流器)、中间直流电路、控制电路和逆变电路(逆变器)构成,如图 3-49 所示。

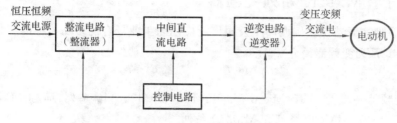

图 3-49 变频器的基本构成

1) 整流器

通常把交流电变换为直流电的装置称为整流器。

2) 逆变器

为了产生可变的电压和频率,变频设备首先要把电源的交流电变换为直流电,再把直流电变换为交流电的装置称为逆变器。

3) 变频器的工作原理

变频器的作用是将恒压恒频的交流电通过整流电路变换成直流,然后再经过逆变电路将直流变换成电压可调和频率可调的交流电(称为交-直-交变频器)或是将恒压恒频的交流电源直接变换成变压可调和频率可调的交流电(交-交变频器),以供给交流负载使用。

4) 变频器的分类

变频器的分类方法有很多:按用途可分为通用变频器和专用变频器;按相可分为单相和三相;按工作原理可分为交-直-交变频器和交-交变频器(直接变频器)。

2. 变频器的控制方式

变频器的控制方式有 U/f 控制、Sf 控制、矢量控制和直接转矩控制四种方式。

1) U/f 控制(压频比控制)

对变频器的输出电压和频率同时进行控制,保持 U/f 恒定,确保电动机的磁通保持不变,避免弱磁和磁饱和现象的产生,使电动机获得所需的转矩特性。

2) Sf 控制(转差频率控制)

变频器通过电动机、速度传感器构成速度反馈闭环调速系统,在 S 很小的范围内,电动机的转矩近似地与转差角频率成正比,控制转差频率就代表了控制转矩,这就是转差频率控制的基本概念。

3) 矢量控制

将异步电动机的定子电流分解为产生磁场的电流分量和与其垂直的产生转矩的电流分量,并分别加以控制。

矢量控制是 1971 年由德国 Felix Blaschek 等人提出的对交流电动机调速控制的理想方法,矢量控制法从原理上可使交流电动机变频调速后的机械特性和动态性能足以与直流电动机相媲美,但矢量控制的运算中要使用电动机的参数。

4) 直接转矩控制

直接转矩控制是在准确观测定子磁链的空间位置和大小并保持其幅值基本恒定以及准确计算负载转矩的条件下,通过控制电动机的瞬时输入电压来控制电动机定子磁链的瞬时旋转速度,改变它对转子的瞬时转差率,从而达到直接控制电动机输出的目的。

三、西门子 MM440 系列变频器

MM440 系列变频器是德国西门子公司广泛应用与工业场合的多功能标准变频器。

1. MM440 系列变频器简介

1) 变频器的型号

西门子变频器主要型号有:Micro Master 410/420/430/440 系列,简称 MM4X 系列。市场上主要流行的为 MM430 系列和 MM440 系列。

2) 产品订货号

不同的产品有不同的订货号,通过订货号可以了解变频器的基本信息。下面以 MM440 系列变频器为例,解释订货号的含义:

西门子 MM440 系列变频器的订货号由 16 位数字组成,其主要含义如图 3-50 所示。

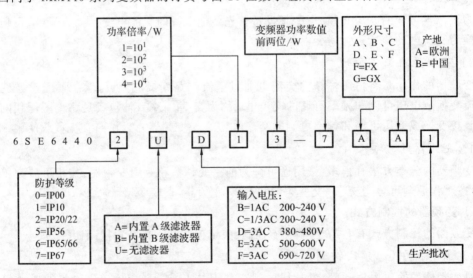

图 3-50 西门子 MM440 系列变频器的订货号

第 6、7 两位代表产品类型;第 8 位代表防护等级;第 9 位代表滤波器种类;第 10 位代表电压等级;第 11 位代表功率倍数;第 12、13 位代表功率数字。

如图 3-50 所示,订货号表示为:西门子 MM440 系列变频器、防护等级是 IP20、无滤波器、380 V、0.37 kW、A 形尺寸。

2. MM440 系列变频器电气原理图

图 3-51 所示为 MM440 系列变频器的电气原理图,共有 20 多个控制端子,分为 4 类:输入信号端子、频率模拟设定输入端子、信号监视输出端子和通信端子。

$DIN_1 \sim DIN_6$ 为数字输入端子,一般用于变频器外部控制,其具体功能由相应设置决定。例如出厂时设置 DIN_1 为正向运行、DIN_2 为反向运行等,根据需要通过修改参数可改变功

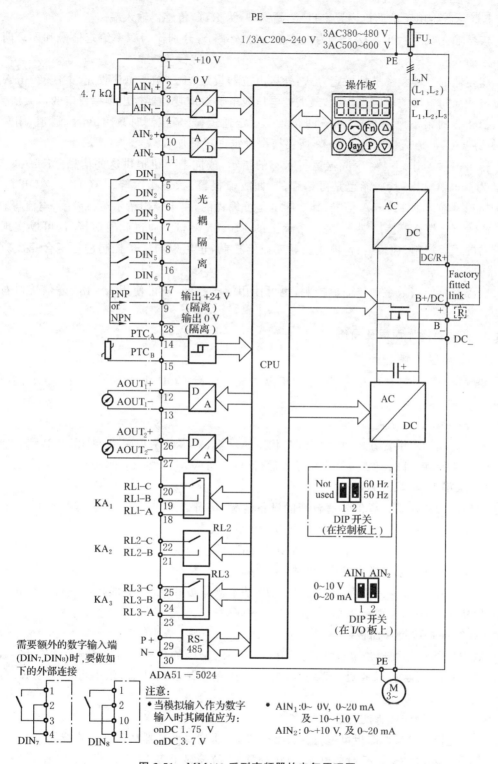

图 3-51 MM440 系列变频器的电气原理图

能。使用输入信号端子可以完成对电动机的正反转控制、复位、多级速度设定、自由停车、点动等控制操作。

PTC端子:用于电动机内置 PTC 测温保护,为 PTC 传感器输入端。

信号输入端子:AIN_1、AIN_2 为模拟信号输入端子,分别作为频率给定信号和闭环时反馈信号输入。

变频器的三种频率模拟设定方式:外接电位器设定、$0\sim10$ V 电压设定和 $4\sim20$ mA 电流设定。当用电压或电流设定时,最大的电压或电流对应变频器输出频率设定的最大值。

变频器的频率设定:变频器有两路频率设定通道,开环控制时只用 AIN_1 通道,闭环控制时使用 AIN_2 通道作为反馈输入,两路模拟设定进行叠加。

输出信号的作用是对变频器运行状态的指示,或向上位机提供这些信息。KA_1、KA_2、KA_3 为继电器输出,其功能也是可编程的,如故障报警、状态指示等。$AOUT_1$、$AOUT_2$ 端子为模拟量输出 $0\sim20$ mA 信号,其功能也是可编程的,用于输出指示运行频率、电流等。

$P+$、$N-$ 为通信接口端子,是一个标准的 RS-485 接口。通过此通信接口,可以实现对变频器的远程控制,包括运行/停止及频率设定控制,也可以与端子控制进行组合完成对变频器的控制。

变频器可使用数字操作面板控制,也可使用端子控制,还可使用 RS-485 通信接口对其远程控制。

3. 变频器操作面板及操作

1)变频器的操作面板

变频器有三种操作面板,分别为 SDP 状态显示面板、BOP 基本操作面板和 AOP 高级操作面板。

(1)SDP 状态显示板。

变频器在标准供货方式时装有 SDP 状态显示板,对很多用户来说,利用 SDP 和制造厂的缺省设置值,就可以使变频器成功投入运行,可参考 MM440 系列变频器操作说明书。

(2)BOP 基本操作面板。

如果工厂的缺省设置值不适合您的设备情况,您可以利用 BOP 基本操作板或 AOP 高级操作板修改参数,使之配合,可参考 MM440 系列变频器操作说明书。

当然您还可以用 PC IBN 工具"Drive Monitor"或"STARTER"来调整工厂的设置值。相关软件可在随变频器供货的光盘中找到。

注意 MM440 系列变频器只能用 BOP 基本操作板和 AOP 高级操作板进行操作。如果用 BOP 基本操作板进行操作,将显示"————"。

(3)AOP 高级操作面板。

AOP 高级操作面板是可选件,它具有以下特点:清晰的多种语言文本显示,多组参数组的上装与下载功能,可以通过 PC 编程,具有连接多个站点的能力,最多可以连接 30 台变频器。

(4)变频器操作面板的功能。

利用变频器的操作面板可进行相关参数设置,实现对变频器的某些基本操作如正反转、点动等,可显示电动机运行时的电流、电压和频率,故障显示等。

2)BOP 基本操作面板上的按钮介绍

BOP 基本操作面板上的按钮介绍如表 3-13 所示。

表 3-13 BOP 基本操作面板上的按钮

显示/按钮	功 能	功 能 说 明
r-0000	状态显示	LCD 显示变频器当前的设定值
(I)	启动变频器	按此键启动变频器,缺省值运行时此键是被封锁的,为了使此键的操作有效,应设定 P0700＝1
(0)	停止变频器	OFF1:按此键,变频器将按选定的斜坡下降速率减速停车,缺省值运行时此键被封锁,为了允许此键操作,应设定 P0700＝1。 OFF2:按此键两次(或一次,但时间较长),电动机将在惯性作用下自由停车,此功能总是"使能"的
(改变方向)	改变电动机的转动方向	按此键可以改变电动机的转动方向。电动机的反向用负号(—)表示或用闪烁的小数点表示。缺省值运行时此键是被封锁的,为了使此键的操作有效,应设定 P0700＝1
(jog)	电动机点动	在变频器无输出的情况下按此键,将使电动机启动,并按预设定的点动频率运行。释放此键时,变频器停车。如果电动机正在运行,按此键将不起作用。 此键用于浏览辅助信息
(Fn)	功能	变频器运行过程中,在显示任何一个参数时按下此键并保持2 s不动,将显示以下参数值: (1)直流回路电压(用 d 表示,单位为 V); (2)输出电流,单位为 A; (3)输出频率,单位为 Hz; (4)输出电压(用 O 表示,单位为 V); (5)由 P0005 选定的数值,如果 P0005 选择显示上述参数中的任何一个(3、4 或 5),这里将不再显示。 连续多次按下此键,将轮流显示以上参数。 跳转功能:在显示任何一个参数(r××××或 P××××)时短时间按下此键,将立即跳转到 r0000,如果需要的话,您可以接着修改其他的参数。跳转到 r0000 后,按此键将返回原来的显示点。 故障确认:在出现故障或报警的情况下,按下此键可以对故障或报警进行确认
(P)	访问参数	按此键即可访问参数
(▲)	增加数值	按此键即可增加面板上显示的参数数值
(▼)	减少数值	按此键即可减少面板上显示的参数数值

注意 变频器操作面板的介绍及按键功能说明详见 MM440 系列变频器操作说明书,具体参数和相应功能参照系统手册。

3）变频器的 DIP 开关的设置情况（设置国家电网频率）

变频器交货时 DIP 开关的设置情况如下。DIP 开关 2：①Off 位置用于欧洲地区或中国，缺省值（50Hz、kW 等）；②On 位置用于北美地区，缺省值（60 Hz、hp 等）。DIP 开关 1：不供用户使用。

4. MM440 系列变频器控制变频器的方法

控制变频器的方法主要有以下三种：①通过端子控制，这是较常用的控制方式；②通过可选件 BOP、AOP 面板控制；③通过通信的方式控制，如 USS、PROFIBUS 等。

对于使用 BOP 以外的其他渠道控制变频器的运行方式可参考 MM440 系列变频器操作说明书相关章节内容。

5. Micro Master 440 系列变频器在数控机床电气控制中的应用举例

1）电气原理图

图 3-52 所示为使用 MM440 系列变频器在华工数控 HED -21S 综合实验台上主轴控制的应用实例。

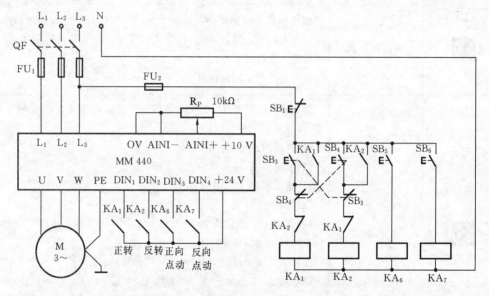

图 3-52 MM440 系列变频器在华工数控 HED -21S 综合实验台上的主轴控制的应用

2）MM440 系列变频器的参数设定

根据控制要求，首先要对变频器编程并修改参数。根据控制要求选择合适的运行方式，如线性 V/F 控制、无传感器矢量控制等，频率设定值信号源选择模拟输入。选择控制端子的功能，将变频器 DIN_1、DIN_2、DIN_3 和 DIN_4 端子分别设置为正转运行、反转运行、正向点动和反向点动功能。

除此以外，还要设置如电动机的类型、电动机的额定功率、额定电流、过载保护、斜坡上升时间、斜坡下降时间等参数，更详细的参数设定方法可参见 MM440 系列变频器的使用手册。

3）控制电路分析

在图 3-52 中，SB_3、SB_4 分别为正向运行控制按钮和反向运行控制按钮，运行频率由电阻

器 R_P 给定。SB_5、SB_6 分别为正向点动运行控制按钮和反向点动运行控制按钮,点动运行频率可由变频器内部设置,按钮 SB_1 为总停止控制。此电路可实现电动机的正反向运行、调速和点动控制。其控制电路的分析可参考异步电动机正反转控制电路的分析,这里就不介绍了。

四、三相异步电动机的制动与制动控制电路

电动机的制动包括两个方面的含义:一方面是指拖动系统迅速减速停车,这时的制动是指电动机从某一转速迅速减速到零的过程,称为制动过程,目的是缩短停车时间,以提高生产率或达到准确停车;另一方面是限制位能性负载的下降速度。这时的制动是指电动机处于某一稳定的制动运行状态,称为制动运行,目的是限制下放速度使之稳定运行在某一安全放速度上(如起重机下放重物)。电动机的制动是与启动相对应的一种工作状态,它与自由停车是两个不同的概念。

电动机制动控制的方法有机械制动和电气制动两大类。

机械制动通常采用机械装置产生机械力来强迫电动机迅速停车。机械制动常用的方法有机械抱闸、液压抱闸和电磁离合器制动等三种形式。机械制动效果比电气制动好,但磨损较大,因冲击力较大,容易使轴弯曲、变形甚至断裂而造成事故。

电气制动是使电动机产生的电磁转矩方向与电动机转子旋转方向相反,起制动作用。电气制动常用的方法有反接制动、能耗制动和回馈制动三种。

1. 反接制动

异步电动机的反接制动有电源两相反接的反接制动和倒拉反接制动两种形式。倒拉反接制动用于绕线式异步电动机拖动位能性负载下放重物时,以获得稳定下放速度(限制速度,实现保护)。

1)电源两相反接制动原理(反接正转)

电源两相反接制动原理图如图 3-53(a)所示。由于电源两相相序交换,定子绕组中产生的旋转磁场的方向立即反向,而电动机的转子此时在惯性作用下仍向原来方向旋转,转子相对旋转磁场的转向改变,于是转子电路中产生了一个与原方向相反的感应电流,进而产生了一个与原转向相反的电磁转矩(T 为制动转矩),实现反接制动。

电源两相反接制动机械特性曲线如图 3-53(b)所示,对正在启动运行的电动机,刚开始稳定运行在曲线 1 的 a 点上,进行电源两相反接制动时,在定子两相电源互换的瞬间,电动机因机械惯性转速不能突变,工作点由 a 点平移到 b 点,机械特性曲线为图中的曲线 2。在制动转矩 T 的作用下电动机开始减速,工作点沿曲线 2 移动,到达 c 点时,转速为零,制动过程结束,若此时要停车,应立即切断电源,否则电动机将反向启动。所以,在一般的反接制动电路中常利用速度继电器或使用抱闸来实现停车。

反接制动时,理想空载转速 n_0 变为 $-n_0$,所以转差率 S 为:

$$S = (-n_0 - n)/(-n_0) = (n_0 + n)/n_0 > 1$$

电源两相反接制动时,从电源输入的电磁功率和从负载送入的机械功率将全部消耗在转子回路中。为此,转子回路串入制动电阻 R_{bk},以减小启动电流,并消耗大部分功率,使电动机绕组不致过热而烧坏。转子回路中串入制动电阻 R_{bk} 的人为机械特性曲线如图 3-53(b)中的曲线 3 所示。反接制动时,由固有特性曲线上的 a 点平移到曲线 3 上的 d 点,然后沿特性曲线 3 降

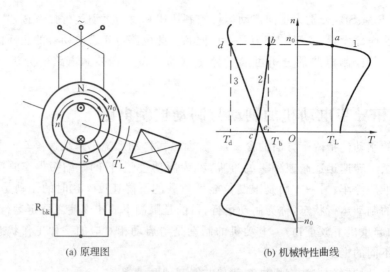

(a) 原理图　　　　(b) 机械特性曲线

图 3-53　电源两相反接制动原理与机械特性曲线

速,至 e 点转速为零。电阻 R_{bk} 作用是限制制动电流,增大制动转矩, $|T_d|>|T_b|$。

反接制动的特点是转差率 $S>1$,制动转矩大、制动迅速,但能耗大,制动过程对传动机械的冲击较大,易造成损坏。对于三相鼠笼式异步电动机,因其转子回路无法串电阻,只能在定子回路串电阻,因此反接制动不能过于频繁。

2) 倒拉反接制动(正接反转)

当三相异步电动机拖动位能性负载时,如图 3-54(a)所示。设电动机原运行在固有机械特性曲线 1 的 a 点提升重物,若在其转子回路中串入制动电阻 R_{bk},在串入制动电阻的瞬间,电动机因机械惯性转速不能突变,工作点由 a 点平移到人为特性曲线 2 上的 b 点。但 $T_b<T_L$,系统开始减速,当转速降为零时,此时电磁转矩 T_c 仍小于负载转矩 T_L,在重物的作用下拖动电动机反向启动,即电动机转速由正变负。此时,电磁转矩 $T>0,n_0>0,n<0,S>1$,工作在第四象限, T 为制动转矩,电动机进入反接制动状态。

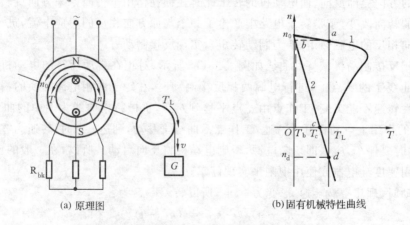

(a) 原理图　　　　(b)固有机械特性曲线

图 3-54　倒拉反接制动的原理图与固有机械特性曲线

在重力负载作用下,电动机反向加速, T 逐渐增大,到达 d 点时, $T_d=T_L$,电动机以 n_d 的转速稳定下放重物,处于稳定制动运行状态。

特别提示

　　与电源反接制动一样,$S>1$,倒拉反接制动将电动机输入的电磁功率和负载送入的机械功率全部消耗在转子回路电阻上,所以能量损耗大,但倒拉反接制动能获得任意低的转速来下放重物,故安全性好。

2. 能耗制动

1) 能耗制动原理

　　所谓能耗制动是将处于电动运行状态的电动机脱离三相交流电源后,迅速将其接入直流电源,如图 3-55(a)所示。流过电动机定子绕组中直流电流在电动机气隙中产生一个固定磁场,此时,高速转动的转子因惯性继续按原方向旋转,转子导体切割固定磁场产生感应电动势和感应电流,根据左右手定则可以判断,转子感应电流与恒定磁场相互作用产生的电磁转矩与转子原旋转 n 方向相反,起制动作用,它与 T_L 一起迫使电动机转速迅速下降,当 $n=0,T=0$,制动过程结束。这种制动是将转子的动能转换为电能以热能形式消耗在转子回路中,动能耗尽,转子停转,故称能耗制动。

2) 能耗制动过程

　　三相异步电动机能耗制动的机械特性曲线如图 3-55(b)所示。如图 3-55(a)所示,正常工作时,KM_1 闭合,电动机处于电动运行状态,工作在固有机械特性曲线 1 上的 a 点,开始制动时,断开 KM_1,电动机脱离三相交流电源,同时迅速将 KM_2 接通,将直流电源接入定子绕组的某两相绕组中并串入电阻 R_{pf},电动机进入能耗制动状态,在制动瞬间,因机械惯性转速不能突变,工作点由 a 点平移到能耗制动的机械特性曲线 2 上的 b 点,在制动转矩 T_b 的作用下电动机开始减速,工作点沿曲线 2 下移到坐标原点,此时,$T=0,n=0$,能耗制动过程结束。

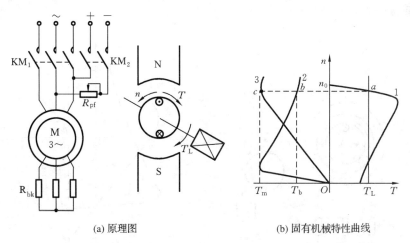

(a) 原理图　　　　　　　　　　(b) 固有机械特性曲线

图 3-55　三相异步电动机能耗制动的原理图和固有机械特性曲线

　　三相异步电动机能耗制动具有制动缓和而平稳、停车准确、冲击小,而且不会出现反向启动等特点;此外,电动机不从电网吸取交流电能,比较经济。

　　能耗制动结束后要求及时切除直流电源,以免因过热损坏定子绕组。能耗制动的制动转矩的大小与通入定子绕组的直流电流的大小有关，电流大，则制动转矩大，电流可通过电阻 R_{pf} 调节，一般要求为空载电流的 3～5 倍，否则会烧坏定子绕组。能耗制动广泛用于电动机容量较大和启动、制动频繁的场合。

3. 回馈制动（再生发电制动）

处于电动运行状态的三相异步电动机，在外加转矩的作用下（转子转向不变），使转子的转速 n 超过同步转速 n_0 时，于是电动机的转子导体切割旋转磁场的方向与电动运行状态方向相反，因而转子感应电动势、转子电流、电磁转矩 T 方向都与电动状态时相反，即电磁转矩 T 与转速 n 的方向相反，T 起制动作用，进入回馈制动状态。

回馈制动时 $n > n_0$，此时 $S < 0$，电动机从轴上吸收机械能并转换成电能，一部分转换成铜损和铁损，另一部分馈送电网，故回馈制动又称再生发电制动。

回馈制动发生在起重机重物高速稳定下放或电动机在变极调速或变频调速过程中，极对数突然增多或供电频率突然降低，使同步转速 n_0 突然降低。回馈制动可分为反向回馈制动和正向回馈制动。

1）反向回馈制动（带位能转矩负载的起重机在下放重物时的制动状态）

起重机就是应用反向回馈制动来获得高速稳定下放重物的。设 a 点是电动状态提升重物的工作点，反向回馈制动时，将三相异步电动机原工作在正转提升重物状态的三相电源反接，如图 3-56(a) 所示。此时电动机定子旋转磁场反向，电动机转速因机械惯性不能突变，从图 3-56(b) 的 a 点平移至机械特性曲线 1 上的 b 点，在第二象限进行反接制动。当转速为零时，在电磁转矩 T_c 与负载转矩 T_L 的共同作用下，电动机快速反向启动，并沿第三象限曲线 1 反向加速。当电动机加速至同步转速 $-n_0$ 时，虽然电磁转矩 $T = 0$，但由于负载转矩 T_L 的作用，电动机继续加速并超过同步转速进入机械特性曲线 1 的第四象限。此时，电动机被负载转矩拖入到反向制动状态，即当电动机的实际转速超过同步转速时，电磁转矩 T 改变方向与电动机转速方向相反而成为制动转矩。当 $T_d = T_L$ 时，电动机运行在机械特性曲线的 d 点，匀速高速下放重物。

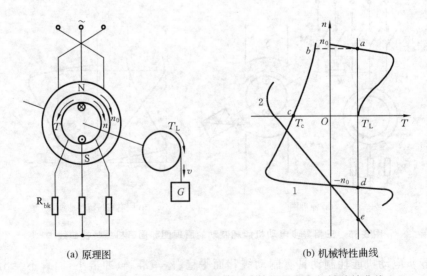

(a) 原理图　　　　　　　　　　　　　　(b) 机械特性曲线

图 3-56　三相异步电动机反向回馈制动的原理图和机械特性曲线

反向回馈制动运行状态下放重物时，转子回路所串电阻越大，重物下放速度越快，如图

3-56(b)中机械特性曲线 2 上的 e 点,因此,一般会切除电阻。为使反向回馈制动下放重物速度不致过快,应将转子电阻切除或留下很小的电阻。实际上,反馈制动是防止重物下降时不致因为下降速度过快而引起危险的一种有效限速措施。

反向回馈制动不但没有从电源吸取电功率,电动机反而把从轴上吸取的机械能转变为电能,反馈回电网,经济性较好,但下放重物的安全性能较差。

2) 正向回馈制动

正向回馈制动发生在变极调速或变频调速过程中,三相异步电动机正向回馈制动的机械特性曲线如图 3-57 所示。

如果电动机正运行在机械特性曲线 1 上的 a 点,当进行变极调速,突然换接到变极数运行,或进行变频调速,频率突然降低很多时,电动机将从机械特性曲线 1 变换成机械特性曲线 2,因机械惯性,电动机转速来不及变化,工作点从 a 点平移至 b 点,$n_b > n'_1$,电动机进入正向回馈制动。在 T_b 与 T_L 的共同作用下,电动机转速迅速下降,从 b 点到 n'_1 的降速过程都为正向回馈制动过程,$S < 0$。当 $n = n'_1$ 时,电磁转矩 T 为零,但在负载转矩的作用下转速继续下降,从 n'_1 到 c 点为电动机减速过程。当到达 c 点时,$T_c = T_L$,电动机在 n_c 转速下稳定运行。因此,正向回馈制动过程只有转度从 n_b 降为 n'_1 这一段,工作在机械特性曲线第二象限,$n_0 > 0, n > 0, n > n_0, S < 0$。

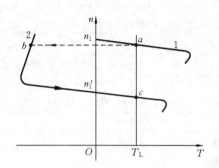

图 3-57 三相异步电动机正向回馈
制动的机械特性曲线

【任务实施】

一、实施环境

(1)在 630 mm×700 mm 的网孔板上完成三相鼠笼式异步电动机变频调速的安装、接线与调试。

(2)设备、工具及材料。

参考表 3-1 任务实施所需设备、工具、材料明细表。完成本任务新增电气元件如下。①小型三相电动机:0.37 kW,380 V,1.05 A,Y 接法,1 400 r/min,一台。②西门子 MM440 系列变频器:6SE64402UD13-7AA1,一只。③自锁按钮:四个。

二、实施步骤

1. 安装前的准备

(1)各组组长对任务进行描述并提交本次任务实施计划书(参考表 3-14)和完成任务的措施。

(2)各组根据任务要求列出元件清单(参考表 3-1)并依据元件清单备齐所需工具、仪表及电气元件。

(3)组内任务分配。

表 3-14 任务实施计划

步骤	内　　　容	计划时间	实际时间	完成情况
1	阅读相关知识,收集资料:MM440 系列变频器使用说明书,分析电路原理图,明确电路工作原理			
2	选择电气元件并填入材料清单中,检查电气元件质量			
3	按变频调速系统电气图布局硬件,并接线			
4	检查电源接入情况,给变频器通电			
5	按任务要求,设置变频器相关参数			
6	接通电动机,运行变频器,按任务要求,用 BOP 操作面板完成变频器对电动机的启动、正反转、点动、调速控制			
7	调节变频器输出频率,观测电动机实际转速			
8	三段固定频率速度控制的参数设置与调试			
9	接通电动机,运行变频器,通过外部端子控制,实现三段固定频率速度控制,验证段速控制的正确性			
10	资料整理			
11	报告及评价			

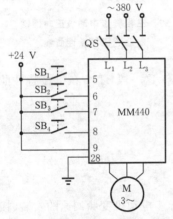

图 3-58 变频器调速系统电路图

2. 电路安装与接线

变频器调速系统电路图如图 3-58 所示。根据图 3-58 所示的电路图,设计并安装好各电气元件,按要求接线。

3. 参数设置

(1)设定 P0010＝30 和 P0970＝1,按下 P 键,开始复位,复位过程大约 3 min,这样就可保证变频器的参数回复到工厂默认值。

(2)设置电动机参数,为了使电动机与变频器相匹配,需要设置电动机参数。电动机参数设置如表 3-15 所示。电动机参数设定完成后,设 P0010＝0,变频器当前处于准备状态,可正常运行。

表 3-15 电动机参数设置

参数号	出厂值	设置值	说　　明
P0003	1	1	设定用户访问级为标准级
P0010	0	1	快速调试
P0100	0	0	功率以 kW 表示,频率为 50 Hz
P0304	230	380	电动机额定电压/V
P0305	3.25	1.05	电动机额定电流/A
P0307	0.75	0.37	电动机额定功率/kW
P0310	50	50	电动机额定频率/Hz
P0311	0	1400	电动机额定转速/(r/min)

（3）设置面板基本操作控制参数如表 3-16 所示。

表 3-16　面板基本操作控制参数

参数号	出厂值	设置值	说　明
P0003	1	1	设用户访问级为标准级
P0010	0	0	正确地进行运行命令的初始化
P0004	0	7	命令和数字 I/O
P0700	2	1	由键盘输入设定值（选择命令源）
P0003	1	1	设用户访问级为标准级
P0004	0	10	设定值通道和斜坡函数发生器
P1000	2	1	由键盘（电动电位计）输入设定值
P1080	0	0	电动机运行的最低频率/Hz
P1082	50	50	电动机运行的最高频率/Hz
P0003	1	2	设用户访问级为扩展级
P0004	0	10	设定值通道和斜坡函数发生器
P1040	5	20	设定键盘控制的频率值/Hz
P1058	5	10	正向点动频率/Hz
P1059	5	10	反向点动频率/Hz
P1060	10	5	点动斜坡上升时间/s
P1061	10	5	点动斜坡下降时间/s

（4）设置变频器 3 段固定频率控制参数，如表 3-17 所示。

表 3-17　变频器 3 段固定频率控制参数设置

参数号	出厂值	设置值	说　明
P0003	1	1	设用户访问级为标准级
P0004	0	7	命令和数字 L/O
P0700	2	2	命令源选择由端子排输入
P0003	1	2	设用户访问级为拓展级
P0004	0	7	命令和数字 L/O
P0701	1	17	选择固定频率
P0702	1	17	选择固定频率
P0703	1	1	ON 接通正转，OFF 停止
P0003	1	1	设用户访问级为标准级
P0004	2	10	设定值通道和斜坡函数发生器
P1000	2	3	选择固定频率设定值
P0003	1	2	设用户访问级为拓展级
P0004	0	10	设定值通道和斜坡函数发生器
P1001	0	20	选择固定频率 1/Hz
P1002	5	30	选择固定频率 2/Hz
P1003	10	50	选择固定频率 3/Hz

4. 变频器运行操作

1）用 BOP 操作面板完成变频器对电动机的控制

（1）变频器启动。

按下变频器的前操作面板上的"运行"键 ，变频器将驱动电动机升速，并运行在由 P1040 所设定的 20 Hz 频率对应的 560 r/min 的转速上。

（2）正反转及加减速运行。

电动机的转速（运行频率）及旋转方向可直接通过按前操作面板上的减少键（▲/▼）来改变。

（3）点动运行。

按下变频器前操作面板上的"点动"键 ，则变频器驱动电动机升速，并运行在由 P1058 所设置的正向点动 10 Hz 频率值上。当松开变频器前操作面板上的点动键，则变频器将驱动电动机降速至零。这时，如果按下变频器前操作面板上的换向键，再重复上述的点动运行操作，电动机可在变频器的驱动下反向点动运行。

（4）电动机停车。

按下变频器的前操作面板上的"停止"键 ，则变频器将驱动电动机降速至零。

2）三段速度控制的变频器运行操作

按下按钮 SB₁ 时，数字输入端口"7"为"ON"，允许电动机运行。

（1）第 1 频段控制。

SB₁ 按钮开关接通、SB₂ 按钮开关断开时，变频器数字输入端口"5"为"ON"，端口"6"为"OFF"，变频器工作在由 P1001 参数所设定的频率为 20 Hz 的第 1 频段上。

（2）第 2 频段控制。

SB₁ 按钮开关断开，SB₂ 按钮开关接通时，变频器数字输入端口"5"为"OFF"，"6"为"ON"，变频器工作在由 P1002 参数所设定的频率为 30 Hz 的第 2 频段上。

（3）第 3 频段控制。

按钮 SB₁、SB₂ 都接通时，变频器数字输入端口"5"、"6"均为"ON"，变频器工作在由 P1003 参数所设定的频率为 50 Hz 的第 3 频段上。

（4）电动机停车。

SB₁、SB₂ 按钮开关都断开时，变频器数字输入端口"5"、"6"均为"OFF"，电动机停止运行。或在电动机正常运行的任何频段，将 SB₃ 断开使数字输入端口"7"为"OFF"，电动机也能停止运行。

注意 3 个频段的频率值可根据用户要求 P1001、P1002 和 P1003 参数来修改，当电动机需要反向运行时，只要将向对应频段的频率值设定为负就可以实现。

5. 任务总结与点评

1）总结

（1）各组选派一名学生代表陈述本次任务的完成情况；

（2）各组互相提问，探讨工作体会；

（3）各组最终上交成果。

2）点评要点

(1)接线图；

(2)安装与接线；

(3)参数设置与操作。

6. 验收与评价

(1)成果验收：根据评价标准进行自评、组评、师评，最后给出考核成绩。

(2)评价标准如表 3-18 所示。

表 3-18　评价标准

序号	考核内容	配分	考核要求	评分标准
1	接线	30	能正确使用工具和仪表，按照电路图正确接线	(1)接线按照不规范，每处扣 5 分； (2)接线错误，扣 15 分
2	参数设置	30	能根据任务要求正确设置变频器参数	(1)参数设置不全，每处扣 5 分； (2)参数设置错误，每处扣 5 分
3	操作调试	20	操作调试过程正确	(1)变频器操作错误，扣 5 分； (2)调试失败，扣 10 分
4	安全生产	20	操作安全规范、环境整洁	违反安全文明生产规程，扣 5～10 分

【拓展与提高】

一、三相异步电动机反接制动控制电路

1. 三相异步电动机单向运行反接制动控制电路

图 3-59 所示为三相异步电动机单向运行反接制动控制电路，图中 KS 为速度继电器，R 为反接制动电阻。

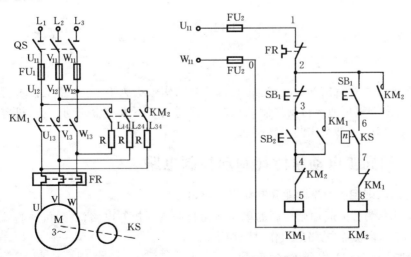

图 3-59　三相异步电动机单向运行反接制动控制电路

电路的工作过程如下。

启动控制：$QS^+ \rightarrow SB_2 \downarrow \rightarrow KM_1^+ \xrightarrow{n \geqslant 120\ \text{r/min}} KS^{\oplus} \rightarrow n \nearrow n_N$

停车控制：$SB_1 \downarrow \rightarrow KM_1^- \rightarrow KM_2^+ \xrightarrow[\text{反接制动}]{\text{串 R}} n \downarrow \downarrow \xrightarrow{n < 100\ \text{r/min}} KS^{\ominus} \rightarrow KM_2^- \rightarrow n \searrow n_0$

2. 三相异步电动机可逆运行反接制动控制电路

图 3-60 所示为三相异步电动机可逆运行反接制动控制电路。以正向启动运行为例，电路的工作过程如下。

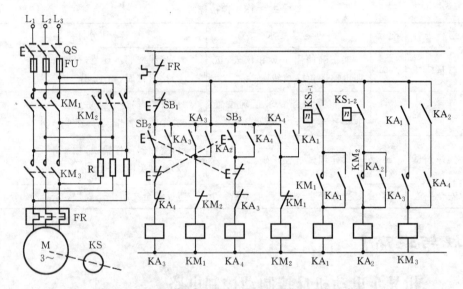

图 3-60　三相异步电动机可逆运行反接制动控制电路

正向启动运行：$QS^+ \rightarrow \underset{(\text{正向})}{SB_2 \downarrow} \rightarrow KA_3^+ \rightarrow KM_1^+ \xrightarrow[\text{启动}]{\text{串 R}} n \uparrow \xrightarrow{n \geqslant 120\ \text{r/min}} \underset{(\text{正向})}{KS_{1\text{-}1}^{\oplus}} \rightarrow KA_1^+ \rightarrow$

$KM_3^+ \xrightarrow{\text{切除 R}} n \searrow n_N$

正向停车制动：$SB_1 \downarrow \rightarrow \begin{array}{l} \rightarrow KA_1^- \\ \rightarrow KM_1^- \end{array} \rightarrow \begin{array}{l} \rightarrow KM_3^- \\ \rightarrow KM_2^+ \end{array} \xrightarrow[\text{反接制动}]{\text{串 R}} n \downarrow \downarrow \xrightarrow{n < 100\ \text{r/min}} KS_{1\text{-}1}^{\ominus} \rightarrow KA_1^- \rightarrow$

$KM_2^- \rightarrow n \searrow n_0$

同理，反向启动运行按 SB_3，速度继电器相应动作触头为 KS_2，电路工作过程可自行分析。三相异步电动机可逆运行反接制动控制电路适用于不太经常制动、电动机容量不大的设备，如铣床、镗床、中型车床的主轴制动。

二、三相异步电动机能耗制动控制电路

1. 按时间原则控制的单向能耗制动控制电路

图 3-61 所示为按时间原则控制的单向能耗制动电气控制电路，D 为桥式整流电路，KT 为通电延时时间继电器，电路的工作过程如下。

启动运行：$QS^+ \rightarrow SB_2 \downarrow \rightarrow KM_1^+ \rightarrow n \searrow n_N$

停车制动：$SB_1 \downarrow \rightarrow KM_1^- \begin{array}{l} \rightarrow KM_2^+ \\ \rightarrow KT^+ \end{array} \xrightarrow[\text{制动}]{\text{能耗}} n \downarrow \downarrow \xrightarrow[\text{延时到}]{KT} \begin{array}{l} \rightarrow KM_2^- \\ \rightarrow KT^- \end{array} \rightarrow n \searrow n_0$

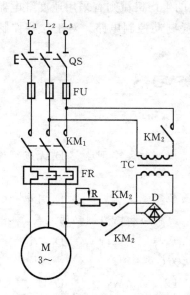
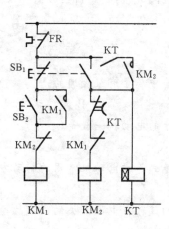

图 3-61   按时间原则控制的单向能耗制动控制电路

2. 按时间原则控制的可逆运行能耗制动控制电路

图 3-62 所示为按时间原则控制的可逆运行能耗制动电气控制电路。以正向启动运行为例,电路的工作过程如下。

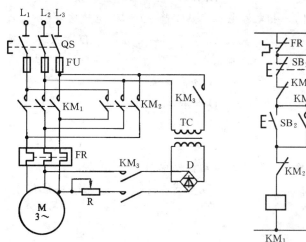
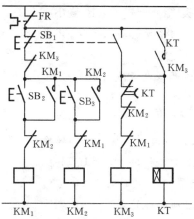

图 3-62   按时间原则控制的可逆运行能耗制动电气控制电路

正向启动运行：$QS^{+} \rightarrow SB_2 \downarrow \rightarrow KM_1^{+} \rightarrow n \searrow n_N$

正向停车制动：$SB_1 \downarrow \rightarrow KM_1^{-} \rightarrow \begin{cases} KM_3^{+} \\ KT^{+} \end{cases} \xrightarrow[制动]{能耗} n \downarrow \downarrow \xrightarrow[延时到]{KT} \begin{cases} KM_3^{-} \\ KT^{-} \end{cases} \rightarrow n \searrow n_0$

同理,反向启动运行按 SB_3,电路工作过程可自行分析。在能耗制动过程中,采用 KT 无延时瞬动触点与 KM_3 触点串联共同构成自锁回路,是为防止 KT 因线圈开路或其他机械故障失效而不致长期通以直流电流。

上述能耗制动电路采用的是时间控制原则,适用于负载转速和传动系统惯量比较稳定的生产机械,对于一些转速和系统惯量变化较大的生产机械则宜采用速度继电器进行控制。此外,对 10 kW 以下电动机可采用无变压器能耗制动控制电路。对于这些控制电路,读者可以通过查阅资料,尝试自行分析和设计。

思考与练习 3

一、选择题

1. 下列调速中属于有级调速的是(　　　　)。

    A. 变频调速　　　　　　B. 变级调速　　　　　　C. 改变转差率调速　　　D. 无级调速

2. 变极调速的电动机一般是(　　　　)。

    A. 绕线式　　　　　　　B. 鼠笼式　　　　　　　C. 他励　　　　　　　　D. 自励

3. 三相鼠笼式异步电动机常用的制动方法有(　　)制动和电力制动两大类。

    A. 发电　　　　　　　　B. 能耗　　　　　　　　C. 反转　　　　　　　　D. 机械

4. 主电路的编号在电源开关的出线端按相序依次为(　　　　)。

    A. U、V、W　　　　　　B. L_1、L_2、L_3　　　　C. U_{11}、V_{11}、W_{11}　　　D. U_1、V_1、W_1

5. 三相异步电动机采用自耦降压启动器的 80% 抽头时,启动转矩为全压启动时的(　　　　)。

    A. 0.64 倍　　　　　　　B. 0.8 倍　　　　　　　C. 1 倍　　　　　　　　D. 1.5 倍

6. 正反转控制电路,在实际工作中最常用最可靠的是(　　　　)。

    A. 倒顺开关　　　　　　　　　　　　　　　　B. 接触器连锁

    C. 按钮连锁　　　　　　　　　　　　　　　　D. 按钮、接触器双重连锁

7. 三相异步电动机恒负载运行时,三相电源电压突然下降 10%,其电流将会(　　　　)。

    A. 增大　　　　　　　　B. 减小　　　　　　　　C. 不变　　　　　　　　D. 变化不明显

8. 要使三相异步电动机反转,只要(　　)就能完成。

    A. 降低电压　　　　　　　　　　　　　　　　B. 降低电流

    C. 将任两根电源线对调　　　　　　　　　　　D. 降低电路功率

9. 完成工作台自动往返行程控制要求的主要电气元件是(　　　　)。

    A. 行程开关　　　　　　B. 接触器　　　　　　　C. 按钮　　　　　　　　D. 组合开关

10. 行程开关是一种将(　　)转换为电信号的自动控制电器。

    A. 机械信号　　　　　　B. 弱电信号　　　　　　C. 信号　　　　　　　　D. 热能信号

二、填空题

1. 降压启动的目的是 ＿＿＿＿＿＿＿＿＿＿＿＿＿＿＿＿＿＿＿ 。

2. 三相鼠笼式异步电动机降压启动的方法有:＿＿＿＿＿,＿＿＿＿＿ ,＿＿＿＿＿和 ＿＿＿＿＿ 等四种方式。

3. 在 Y—△降压启动控制电路中,Y—△降压启动适用于定子绕组正常接法为 ＿＿＿＿＿ 的电动机;Y—△由于 $T_Y=$ ＿＿＿＿＿ $T_\triangle$,故 Y—△降压启动适合于 ＿＿＿＿＿ 启动的场合;此时,电动机 Y 形接的相电压是 ＿＿＿＿＿ ,电动机 △ 形接的相电压是 ＿＿＿＿＿ 。

4. 在 Y—△降压启动电路中,通电延时继电器 KT 的作用是 ＿＿＿＿＿ ;KM_2 常闭触点和 KM_3 常闭触点的作用是 ＿＿＿＿＿ 。

5. 在绕线式异步电动机转子回路串电阻启动电路中:

(1)绕线式异步电动机的启动方式有_____和_____。

(2)串接在转子回路中的启动电阻一般接成_____形。

(3)启动时,电阻被_____短接,短接方式有_____和_____两种。

(4)电路中只有_____、_____长时通电,其他被适时断电,以节省电能。

(5)与启动按钮 SB_2 串联的 KM_2、KM_3、KM_4 三个常闭触头的作用是_____。

(6)电路存在的问题有_____和_____。

6.绕线式异步电动机转子串频敏电阻启动,启动时阻抗_____,启动后电阻抗_____。

7.三相异步电动机的制动形式有_____和电气制动。电气制动有_____和_____。

8.异步电动机能耗制动的控制原则有_____和_____两种。

9.能耗制动比反接制动消耗的能量_____,其制动电流比反接制电流_____,但其制动效果_____反接制动,同时需要_____。

10.能耗制动适用于电动机容量_____、_____和_____频繁的场合,而反接制动适用于电动机容量_____和制动要求_____的场合。

三、判断题

1.异步电动机的最大转矩的数值与定子相电压成正比。( )

2.在电源电压不变的情况下,△形接法的异步电动机改接成 Y 形接法运行,其输出功率不变。( )

3.三相异步电动机在启动瞬间电流最小,所以可以不采取措施限制启动电流。( )

4.鼠笼式转子的三相异步电动机可以采用转子绕组串电阻启动的方式。( )

5.Y/△降压启动只适用于正常运行时定子绕组是△形连接的电动机,并只有一种固定的降压比。( )

6.交流异步电动机缺相时不能启动,同样在运行中缺相则电动机即停转。( )

7.在接触器连锁的正反转控制电路中,正反转接触器有时可以同时闭合。( )

8.电容容量在 180 kVA 以上,电动机容量在 7 kW 以下的三相异步电动机可直接启动。( )

四、问答题与画图题

1.三相异电动机断了一根电源线后,为什么不能启动?而运行时断了一线,为什么仍能继续转动?这两种情况对电动机将产生什么影响?

2.为什么绕线式异步电动机在转子串电阻启动时,启动电流减少而启动转矩反而增大?

3.什么是恒功率调速?什么是恒转矩调速?

4.什么是自锁?其目的是什么?什么是互锁?其目的是什么?

5.画出按钮和接触器双重互锁的正反转主电路和控制电路。

(1)分析其工作过程;

(2)说明正反转控制电路中 KM_1、KM_2 常闭触点的作用是什么?

6.试述阅读和分析电气原理图的基本原则是什么?

项目 4
直流电动机及其电气控制

与交流电动机相比,直流电动机具有良好的调速性能、较大的启动转矩和过载能力等很多优点,但结构复杂,成本高,运行维护较困难,主要应用于启动和调速要求较高的生产机械中,如金属切削机床、轧钢机、电力机车、起重机、造纸及纺织行业等机械中。本项目主要介绍直流电动机及其电气控制。

◀ **知识目标**

(1)了解直流电动机的结构和工作原理,并掌握直流电动机的机械特性和工作特性。

(2)掌握直流电动机启动、调速和制动的原理及方法,基本控制电路的构成、工作原理及功能特点。

(3)掌握直流电动机电气控制电路的工作原理及电气控制中的一些常见保护。

◀ **能力目标**

(1)能理解直流电动机的型号、铭牌含义并能进行选用。

(2)掌握三相鼠笼式异步电动机的接线及选用原则。

(3)会使用工具或仪表完成直流电动机的安装维修并进行性能测试。

(4)能进行直流电动机的维护和保养。

(5)会利用工具、仪表对直流电动机的常见故障进行判断并排除。

◀ 学习任务 1 直流电动机的认知 ▶

【任务导入】

直流电动机是实现直流电能和机械能相互转换的电机,按照用途可以分为直流发电机和直流电动机两类。将机械能转换为电能的是直流发电机,如图 4-1(a)所示,将电能转换为机械能的是直流电动机,如图 4-1(b)所示。下面主要介绍直流电动机。

(a)直流发电机   (b)直流电动机

图 4-1 直流电动机的分类

【任务分析】

本任务以直流电动机的维修和保养作为工作对象。完成本任务的步骤是:先查阅直流电动机的维修和保养手册,了解直流电动机的结构、工作原理和性能特点,掌握直流电动机的主要参数的分析计算,再学会直流电动机拆装、检修和保养,最后能对直流电动机的常见故障进行分析和排除,达到正确熟练地使用直流电动机。

【相关知识】

一、直流电动机的结构和工作原理

直流电动机是根据电磁感应原理和电磁力定律这两条基本原理制造的。因此,从结构上看,直流电动机都包括磁路和电路两部分;从原理上讲,直流电动机都体现了电和磁的相互作用。

1. 直流电动机的结构

直流电动机的结构包括定子和转子两大部分。定子的作用是产生主磁场和在机械上支撑电动机,它主要由主磁极、换向极、机座、端盖和轴承等组成。转子的作用是产生感应电动势或产生电磁转矩以实现能量的转换,它主要由电枢铁芯、电枢绕组、换向器、轴和风扇等组成。图 4-2 所示为直流电动机的结构图,图 4-3 所示为直流电动机的剖面图。

1)定子

(1)主磁极。

主磁极的主要作用是产生主磁场。主磁极上绕有励磁绕组,磁极是磁路的一部分,采用 1.0~1.5 mm 的硅钢片叠压制成。

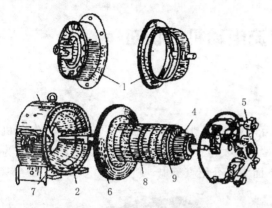

图 4-2　直流电动机的结构图

1—机座；2—励磁绕组；3—轴承端盖；4—换向器；
5—摇环与刷握；6—风扇；7—主磁极；
8—电枢铁芯；9—电枢绕组

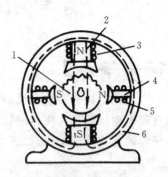

图 4-3　直流电动机的剖面图

1—电枢；2—主磁极；3—励磁绕组；
4—换向器；5—换向极绕组；6—机座

（2）换向极。

换向极用于改善电枢电流的换向性能。它由铁芯和绕组构成。

（3）机座。

机座一方面用来固定主磁极、换向极和端盖等，并将地脚螺钉固定在基础上；另一方面是电动机磁路的一部分。机座通常用铸钢或钢板压成。

（4）电刷装置。

电刷装置的作用是将旋转的电枢与固定不动的外电路相连，把直流电压和直流电流引入或引出。它包括电刷和电刷座，并被固定在定子接线盒内，以便与直流电源相连。

2）转子

（1）电枢铁芯。

电枢铁芯是主磁通的一部分，用硅钢片叠压制成，呈圆柱形，表面冲槽，槽内嵌放电枢绕组，如图 4-4 所示。

（2）电枢绕组。

电枢绕组是直流电动机产生感应电势及电磁转矩以实现能量转换的关键部分。绕组一般由铜线绕成，为了防止离心力将绕组甩出槽外，用槽楔将绕组导体楔在槽内。

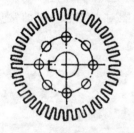

图 4-4　电枢铁芯叶片

（3）换向器。

换向器在电动机中起逆变作用，使电刷间的直流电转换成电枢绕组内的交流电，并保证每一磁极下，电枢导体的电流方向不变，以产生恒定的电磁转矩，维持电动机的转向恒定。换向器由彼此绝缘的铜片组合而成，换向器的结构如图 4-5 所示。

3）气隙

气隙的作用是保证电动机的转子的正常旋转，又是磁路的重要组成部分。主极极靴和电枢间的间隙是不均匀的，小型电动机气隙为 0.7～5 mm；大型电动机气隙可达 5～10 mm。

2. 直流电动机的工作原理

直流电动机的工作原理如图 4-6 所示。直流电动机是以载流导体在磁场中受到力的作用并形成电磁转矩，推动转子转动，完成电能与机械能的转换，具体工作过程如下。

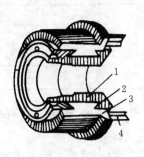

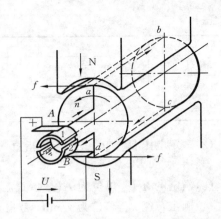

图 4-5　换向器的结构

1—V形套筒;2—云母环;3—换向片;4—连接片

图 4-6　直流电动机的工作原理

将电刷 A、B 接到直流电源上,电刷 A 接正极,电刷 B 接负极,此时电枢线圈中将有电流流过。在导体 ab 中,电流由 a 流向 b;在导体 cd 中,电流由 c 流向 d,如图 4-6 所示。在磁场作用下,N 极导体 ab 受力方向从右向左,S 极导体 cd 受力方向从左向右,其方向由左手定则确定。该电磁力形成逆时针方向的电磁转矩,使整个电枢逆时针方向旋转。当电枢旋转 180°时,导体 cd 旋至 N 极,导体 ab 旋至 S 极。由于电流仍从电刷 A 流入,使导体 cd 中的电流方向变为由 d 流向 c,而导体 ab 中电流方向变成由 b 流向 a,电流从电刷 B 流出,由左手定则可判别电磁转矩的方向仍是逆时针方向。

特别提示

直流电动机的直流电源,借助换向器的逆变和电刷的作用,直流电动机电枢线圈中流过交变的电流,从而使电枢产生的电磁转矩的方向恒定不变,确保直流电动机朝着确定的方向连续旋转,这就是直流电动机的基本工作原理。

3. 直流电动机的额定值

电动机制造商按照国家标准,根据电动机的设计和实验数据所规定的每台电动机的主要数据称为电动机的额定值。额定值一般标在电动机的铭牌或产品说明书上,直流电动机的铭牌如表 4-1 所示。

1) 直流电动机的额定值

(1)额定功率 P_N,单位为 W 或 kW,是指在规定的工作条件下,长期运行允许输出的功率。对于电动机来说,额定功率是指轴上输出的机械功率,$P_N = U_N I_N \eta$;对于发电机来说,额定功率是指正负电刷之间输出的电功率,$P_N = U_N I_N$。

表 4-1　直流电动机的铭牌

型号	Z2-72	励磁方式	并励
额定功率	22 kW	励磁电压	220 V
额定电压	220 V	励磁电流	2.06 A
额定电流	110 A	定额	连续

续表

型 号	Z2-72	励磁方式	并 励
额定转速	1 500 r/min	温升	80 ℃
出厂编号	××××××	出厂日期	××××年××月
×××电动机厂			

(2)额定电压 U_N,单位为 V,是指直流电动机正常工作时,加在电动机两端的直流电源电压。

(3)额定电流 I_N,单位为 A,是指直流电动机正常工作时输入或输出的最大电流值。

(4)额定转速 n_N,单位为 r/min,是指直流电动机正常工作时的转速。

(5)励磁方式 I_f,指直流电动机的励磁线圈与电枢线圈的连接方式与供电方式。

(6)额定效率 η_N,$\eta_N=(P_N/P_1)\times100\%$。

【例 4-1】 一台直流电动机,$P_N=17$ kW,$U_N=220$ V,$n_N=1\ 500$ r/min,$\eta_N=83\%$,求其额定电流和额定负载时的输入功率。

【解】
$$I_N=\frac{P_N}{U_N\eta_N}=\frac{17\times10^3}{220\times0.83}\ \text{A}=93.1\ \text{A}$$

$$P_1=\frac{P_N}{\eta_N}=\frac{17\times10^3}{0.83}\ \text{W}=20\ 482\ \text{W}=20.48\ \text{kW}$$

2)直流电动机的型号

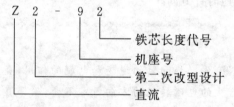

直流电动机的型号表明电动机所属的系列及主要特性。知道了型号,可从相关手册中查出电动机的许多技术数据。1 号为短铁芯,2 号为长铁芯,1 号最小,12 号最大。

3)直流电动机的运行状态

(1)额定状态:电动机运行时所有物理量与额定值相同;

(2)欠载运行:电动机的运行电流小于额定电流;

(3)过载运行:运行电流大于额定电流。

当电动机长期欠载运行将造成电动机浪费,而长期过载运行会缩短电动机的使用寿命。电动机最好运行于额定状态或额定状态附近,此时电动机的运行效率、工作性能等比较好。

4)直流电动机出线端子的标志

直流电动机出线端子的标志如表 4-2 所示。

表 4-2 直流电动机出线端子的标志

绕组名称	出线端标志	绕组名称	出线端标志
电枢绕组	A_1、A_2	串励绕组	D_1、D_2
换向极绕组	B_1、B_2	并励绕组	E_1、E_2
补偿绕组	C_1、C_2	他励绕组	F_1、F_2

注意:下标"1"是首端,为正极;下标"2"是末端,为负极。

【例 4-2】 各绕组图如图(a)所示,画出并励直流电动机的实际接线图。

【解】 换向级绕组应与电枢绕组串联,励磁绕组再与它们并联,接线图如图(b)所示。

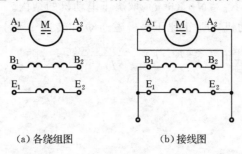

(a)各绕组图　　　　　(b)接线图

5)直流电动机的主要系列

为满足生产机械的要求,将直流电动机制造成结构基本相同、用途相似、容量按一定比例递增的系列,我国目前生产的直流电动机主要有以下系列。

Z 系列:一般用途直流电动机(如 Z2 系列、Z3 系列、Z4 系列等);

ZT 系列:广调速直流电动机;

ZZJ 系列:冶金起重机用直流电动机;

ZQ 系列:直流牵引电动机;

ZH 系列:船用直流电动机;

ZA 系列:防爆安全型直流电动机;

ZKJ 系列:挖掘机用直流电动机;

ZJ 系列:精密机床用直流电动机。

行动一下

观察一台直流电动机,写出直流电动机的铭牌数据,并通过拆卸理解直流电动机内部主要构成及各主要部件的作用。

二、直流电动机的电磁转矩和电枢电动势

1. 电磁转矩

在直流电动机中,电磁转矩 T 是由电枢电流与磁场相互作用而产生的电磁力所形成的。经推导,电磁转矩可用下式来表示

$$T = K_T \Phi I_a \tag{4-1}$$

式中:T——电磁转矩,单位为 $N \cdot m$;

I_a——电枢电流,单位为 A;

Φ——磁通,单位为 Wb;

K_T——与转矩常数,$K_T = Np/(2\pi a)$,其中 p 为电动机磁极对数、N 为电枢绕组总导体数、a 为绕组支路数。

可见,对已制成的电动机,电磁转矩 T 正比于每极磁通 Φ 及电枢电流 I_a。

2. 电枢电动势

在直流电动机中,感应电动势是由于电枢绕组和磁场之间的相对运动,即导线切割磁

力线而产生的。根据电磁感应定律可得

$$E_a = K_E \Phi n \qquad (4-2)$$

式中：K_E——电动势常数，$K_E = Np/(60a)$，取决于电动机的结构。

可见，对已制成的电动机，E_a 正比于每极磁通 Φ 和转速 n。另外，转矩常数 K_T 与电动势常数 K_E 之间有固定的比值关系：$K_T/K_E = \dfrac{Np/(2\pi a)}{Np/(60a)} = 9.55$。

【任务实施】

一、实施环境

(1)5 kW 以下直流电动机的检查与拆装。

(2)相应的直流电动机维修手册或资料。

(3)任务实施所需设备、工具及材料明细表如表 4-3 所示。

表 4-3　任务实施所需设备、工具及材料明细表

名　称	型号或规格	单位	数量
直流电源	自定	处	1
直流电动机	Z2 系列	台	1
拆装工具	手锤、活扳手、套筒扳手、拉具、吹尘器、铜棒、铜板块	套	1
清洗材料	润滑油、煤油、变压器油、棉纱	个	若干
记号笔	自定	支	1
万用表	MF-47 或自定	块	1
兆欧表	型号自定，或 500 V，0~200Ω	只	1
直流毫伏表	自定	只	1
压力计	自定	只	1
调压计	自定	只	1
直流电压表	自定	只	1
直流电流表	自定	条	1
卡尺	自定	只	1
劳保用品	绝缘鞋、工作服等	套	1
电工通用工具	验电笔、钢丝钳、螺丝刀(一字和十字)、电工刀、尖嘴钳、活动扳手、剥线钳等	套	1
砂纸	自定	张	若干

二、实施步骤

1. 安装前的准备

(1)各组组长对任务进行描述并提交本次任务实施计划书(见表 4-4)和完成任务的措施。

(2)各组根据任务要求列出元件清单并依据元件清单备齐所需工具、仪表及材料。

（3）组内任务分配。

表 4-4　任务实施计划

步骤	内　容	计划时间	实际时间	完成情况
1	查阅相关技术资料并了解电动机检修和拆装知识			
2	领取工具和材料			
3	直流电动机运行前检查			
4	直流电动机运行中检查			
5	直流电动机的拆卸			
6	直流电动机的安装			
7	直流电动机的装后检测			
8	直流电动机的通电试车			
9	交验			
10	资料整理			
11	作品展示及评价			

2. 直流电动机的检查与维修

直流电动机应按运行规程的要求检查其工作情况,对换向器、电刷装置、轴承、通风系统、绕组绝缘等部位应重点加以维护和保养。

1）直流电动机运行前的检查与维修

（1）清除直流电动机外部污垢、杂物,并用吹具吹去直流电动机中的灰尘和电刷粉末。对换向器、电刷装置、轴承、铁芯和绕组等做认真清洁处理。

（2）拆除直流电动机连接线,用兆欧表测量绕组与直流电动机外壳的绝缘电阻。

（3）换向器的检修。

检查换向器表面是否光滑,有无过热变色和灼伤,有无机械损伤,椭圆度和偏摆度是否符合要求。若换向器表面有轻微灼伤,可用纱布在旋转着的换向器上研磨,注意保持深褐色的氧化膜不被磨除。若换向器表面有局部凹陷、严重灼痕或粗糙不平深达 1 mm 时,要用车床精车。

（4）电刷装置的检修。

①电刷装置的清扫。②电刷装置的检查。如刷架的绝缘套管、绝缘垫片是否损坏;刷握有无变形、尺寸是否符合要求,内壁有无烧伤、损坏;检查电刷的磨损情况和电刷连接引线是否良好。

（5）定子的检修。

①定子的清扫与定子绕组的检查。用吹尘器反复吹净定子绕组内和机座的灰尘,若有油泥污物不能吹净时,用刀仔细地刮除,并用蘸有汽油的抹布擦净。如果定子有补偿绕组,则应检查补偿绕组的槽口的绝缘材料是否受损,端部有无变形;焊接口有无裂纹等。②主磁极、换向磁极的检查。检查主磁极、换向磁极的固定螺栓是否紧固;装在各磁极上的绕组有无松动,绝缘有无损坏、变色等情况;检查各磁极绕组之间的连线是否完好,连接螺栓是否紧固,焊接头是否良好。

（6）电枢的检修。

①电枢的清扫与定子的清扫大致相同,但吹尘前应用布包好轴承。②电枢的检查,包括

电枢的槽衬、绝缘有无老化、脱裂，槽楔有无松动、碎裂等情况，检查风扇的铆钉、扇叶有无缺陷，固定螺钉、垫圈是否紧固、齐全。③检查轴颈、轴瓦和滚动轴承是否良好；滚动轴承与轴颈的配合是否正常，并对轴承进行清洗。④对电枢铁芯、拉紧螺杆和风道垫块进行检查。

3. 直流电动机的拆卸

拆卸前，应首先对各部件做好必要的标记，特别是各绕组连接线头、端盖、刷架一定要做好复位标记，以便正确装配。直流电动机的拆卸步骤如下。

（1）拆除直流电动机所有接线，并做好标记，主磁极与换向磁极气隙；风扇与机座端面和径向间隙。

（2）拆除换向器的端盖螺钉，取下轴承外盖。

（3）打开端盖通风窗，从刷握中取出电刷，再拆下接到刷杆的连接线。拆卸换向器的端盖（前端盖）时，要在端盖边缘处垫以木楔，用手锤沿端盖的边缘均匀地敲击，逐渐使端盖的止口脱落机座及轴承外圈，取出刷架。

（4）用厚纸或纱布将换向器包好，不使污物落入或损坏，然后拆除前端盖的端盖螺钉，将连同后端盖和后轴承的电枢从定子内小心抽出或吊出，放在木架上包好。

（5）轴承只有在损坏的情况下才取出。轴承的取出方法参考项目1的有关内容。

4. 直流电动机的装配

直流电动机的装配步骤与拆卸步骤相反，并按所标的记号，校正好电刷位置，经检查试验合格后才能投入运行。

特别提示

直流电动机装配时请注意以下几点：①主磁极与换向磁极气隙，风扇与机座端面和径向间隙；②电枢的窜动量，刷握与换向器表面距离；③用感应法测试电刷几何中性线位置并调整；④试验绕组极性并接线。

5. 直流电动机的电气测量与试验

电动机装配好以后，要进行一系列电气测量与试验，合格后才能通电试运行。电气测量与试验的主要内容如下。

（1）换向器的电气测量，主要测量换向片间的电阻，其偏差不应超过最小值的 10%，并检查有无开路、开焊及短路情况。

（2）电刷装置的电气测量与试验，耐压试验应合格，压力试验应在 $12\sim17$ MPa 之间。

（3）定子绕组的电气试验一般在检查合格并装配完成后进行，其内容有：①测量并接绕组、串接绕组和辅助绕组的直流电阻，检查有无匝间短路、脱焊和断线；②检修中若更换过磁极绕组或调换过连接线时，则要做磁极极性试验，使极性连接正确；③测量绝缘电阻，主要测绕组相互之间和各绕组对机座的绝缘电阻。低压直流电动机用 500 V 兆欧表摇测结果应不小于 0.5 MΩ；④绕组绝缘电阻合格后，要按标准做交流耐压试验，试验电压不低于 1 200 V，持续 1 min。耐压试验后再复测一次绝缘电阻。

（4）电枢绕组的电气测量与试验，测量电枢绕组的绝缘电阻。

6. 直流电动机的试运转与通电

1）试运转

先人工转动电枢，倾听有无不正常的声音，感受电动机转动的灵活性。

2）通电运行

若试运转和电气测量与试验一切良好后,通电空载试运转一段时间(串励电动机不允许空载试运转),检查电压表、电流表的指示是否超过额定值。观察振动情况,轴承和其他部分发热情况(温升情况);倾听声音是否正常;观察电刷有无火花、判断火花等级。直流电动机正常运行时火花允许在 1.5 级以下,启动及正反转变换时可允许 2 级火花发生,一旦出现 3 级火花应停车等待处理。

7. 任务总结与点评

1）总结

(1)各组选派一名学生代表陈述本次任务的完成情况;

(2)各组互相提问,探讨工作体会;

(3)各组最终上交成果。

2）点评要点

(1)直流电动机运行前需进行的检查项目和维修项目;

(2)火花产生的原因及火花等级要求;

(3)换向器在直流电动机中的作用。

8. 验收与评价

(1)成果验收:根据评价标准进行自评、组评、师评,最后给出考核成绩。

(2)评价标准如表 4-5 所示。

表 4-5 评分标准

序号	考核内容	配分	评 分 标 准
1	拆卸前检查	10	(1)电动机漏检,每处扣 1 分; (2)清除与处理电动机外部污垢,每漏一处扣 2 分
2	拆卸质量	20	(1)拆卸方法、步骤不正确扣 5 分; (2)损坏零部件,每只扣 2 分; (3)碰伤定子绕组,扣 3 分; (4)拆卸标记不清,每处扣 2 分
3	清洗装配质量	20	(1)轴承清洗不干净扣 3 分,丢失零部件每只扣 1 分; (2)装配方法、步骤不正确扣 5 分; (3)碰伤定子绕组,扣 3 分; (4)紧固螺钉不紧,每只扣 2 分; (5)装配后转动不灵活扣 3 分
4	电气测量	20	(1)仪表使用方法不对扣 3 分; (2)换向器、电刷、绕组的电阻测量数据不对扣 5 分; (3)绝缘电阻测量数据不正确扣 5 分
5	实训报告	10	没按照报告要求完成、内容不正确扣 10 分
6	团结协作精神	10	小组成员分工协作不明确、不能积极参与扣 10 分
7	安全文明生产	10	违反安全文明生产规程扣 5 分

【拓展与提高】

一、直流电动机的磁场及电枢反应

直流电动机的磁场是直流电动机产生电动势和电磁转矩必不可少的因素,而且直流电动机的运行特性,在很大程度上也取决于磁场特性。直流电动机合成磁场为主极磁场和电枢磁场之和。

1. 直流电动机的空载磁场(主磁场)

直流电动机空载时,电枢电流为零或近似为零。因而空载磁场可以认为仅仅是励磁电流通过励磁绕组产生的励磁磁通势 E_f 所建立的。直流电动机空载磁场分布较均匀,如图4-7(a)所示。

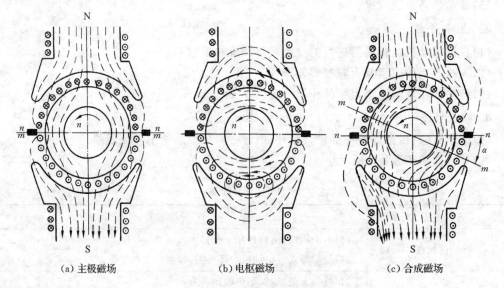

(a) 主极磁场　　　　　　　(b) 电枢磁场　　　　　　　(c) 合成磁场

图 4-7　直流电动机的磁场

2. 直流电动机的合成磁场与电枢反应

直流电动机加负载运行时,电枢绕组中便有电流通过,产生电枢磁通势。该磁通势所建立的磁场,称为电枢磁场,如图4-7(b)所示。电枢磁场与主极磁场一起,在气隙内建立一个合成磁场,如图4-7(c)所示。当两磁场合成时,磁力线发生扭斜,主极磁场产生畸变,物理中性线偏移。

由于电枢磁场的出现,对主极磁场产生了明显的影响。这种电枢磁场对主极磁场(空载磁场)的影响称为电枢反应。

电动机拖动的机械负载越大,电枢反应的影响就越大,但正是电枢磁场与主极磁场相互作用而产生电磁转矩,从而实现机械能和电能转换。

电枢反应的性质如下:①使磁力线扭斜,主极磁场发生畸变,物理中性线偏移,阻碍电动机换向电流的变化;②使每极合成磁通比空载时每极主磁通 Φ_0 略小,起去磁作用。

二、直流电动机的换向

直流电动机换向问题涉及电磁、机械、化学等方面因素,这里仅对换向过程、影响换向的电磁原因、改善换向的方法做简要介绍。

1. 直流电动机的换向过程

当直流电动机带负载运行时,电刷固定不动,旋转的电枢绕组元件从一个支路经过电刷短路换到另一个支路,元件中的电流必然随之改变方向的这一过程,称为换向过程。图 4-8 所示为直流电动机换向元件 K 的换向过程。图中以单叠绕组的线圈为例,设电刷的宽度等于一片换向片的宽度,电枢以恒速 v_a 从右向左运动。T_c 为换向周期,b_s 为电刷与换向片的接触面积,b_c 为换向片的宽度。

换向开始时,电刷正好与换向片 1 完全接触,换向元件 K 位于电刷右侧支路,设电流为 $i = +i_a$,方向为逆时针,由相邻两条支路而来的电流为 $2i_a$,经换向片 1 流入电刷,如图 4-8(a)所示。

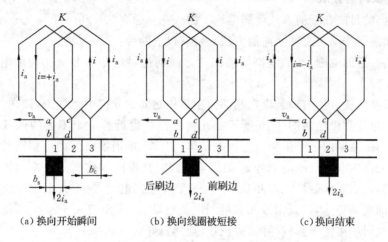

(a) 换向开始瞬间   (b) 换向线圈被短接   (c) 换向结束

图 4-8   直流电动机换向元件 K 的换向过程

换向过程中,$t = T_c/2$,电刷同时与换向片 1 和换向片 2 接触,换向元件 K 被短路;换向元件 K 中的电流为 $i = 0$,由相邻两条支路而来的电流为 $2i_a$,经换向片 1、2 流入电刷,如图 4-8(b)所示。

换向结束时,$t = T_c$,电枢转到电刷与换向片 2 完全接触,换向元件 K 从电刷右侧支路进入左侧支路,电流为 $i = -i_a$,方向为顺时针,相邻两条支路的电流为 $2i_a$,经换向片 2 流入电刷,如图 4-8(c)所示。至此,换向元件 K 的换向过程结束。处于换向过程中的元件称为换向元件。从换向开始到换向结束所经历的时间称为换向周期,直流电动机的换向周期 T_c 是极短的(千分之几秒)。

直流电动机的换向过程是比较复杂的,如果换向不良会在电刷与换向器之间产生较大的电火花,严重时将烧毁电刷,导致电动机不能正常运行。火花通常出现在电刷边,换向器离开电刷的一侧。

2. 影响换向的电磁原因

1) 直线换向(理想换向)

前述换向元件 K 换向过程中所处的主磁场为零,换向元件的电动势为零,只计电刷和换向片的接触电阻,则换向过程中,换向元件 K 中的电流 i 均匀地由 $+i_a$ 改变成 $-i_a$,变化过程为一条直线,如图 4-9 中曲线 1,这种换向称为直线换向。直线换向时不产生火花,故又称为理想换向。

2）延迟换向

换向线圈中存在：

（1）电抗电动势 e_x 由换向电流变换产生的自感电动势和互感电动势，e_x 与换向前的电流 $+i_a$ 同方向，阻碍换向电流的变化；

（2）电枢反应电动势 e_a 由电枢反应使全磁场发生畸变，物理中性线偏移引起的电动势 e_a 与换向前的电流 i_a 同方向，阻碍换向电流的变化，如图4-7（c）所示。

由于阻碍换向 $e_x + e_a$ 的存在，使换向元件中存在一个附加换向电流 i_k，从而使换向电流的变化变慢，称为延迟换向。如图4-9中的曲线2，在电刷的后刷边易出现火花。

3. 改善换向的方法

改善换向的目的在于消除或削弱电刷下的火花。想办法产生一个与 $e_x + e_a$ 反向的电动势，起抵消和削弱作用。改善换向的方法一般有以下两种：

（1）选用合适的电刷，增加电刷与换向片之间的接触电阻。如选用接触电阻最大的碳-石墨电刷。

（2）装设换向极。换向极装设在相邻两主磁极之间的几何中性线上，换向线圈中电动势方向、换向极位置和极性如图4-10所示。几何中性线附近有一个不大的区域称为换向区。换向极的作用是在换向区产生换向磁极电动势，它首先抵消换向区内电枢磁动势的作用，从而消除换向元件中电枢反应电动势 e_a 的影响。同时在换向区建立一个换向极磁场，换向极磁场的方向与电枢反应磁场方向相反，产生一个与电抗电动势 e_x 大小相等或近似相等、方向相反的附加电动势 e_k，以抵消或明显削弱电抗电动势，从而使 $e_x + e_k \approx 0$，使 $i_k \approx 0$。换向过程为直线换向或接近于直线换向，火花小，换向良好。

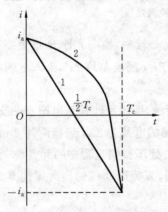

图4-9　直线换向与延迟换向

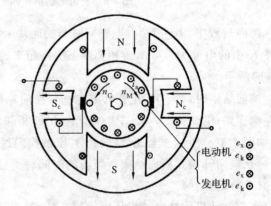

图4-10　安装换向极改善换向示意图

为保证附加电动势 e_k 的方向与电枢反应电动势 e_a 和电抗电动势 e_x 的方向相反。电动机换向极的极性应与顺电枢旋转方向下一个主磁极的极性相反；发电机换向极的极性应与顺电枢旋转方向下一个主磁极的极性相同。换向极绕组应与电枢绕组串联如图4-10所示，并使换向极磁路处于不饱和状态，装设换向极是改善换向最有效的方法，一般容量在 1 kW 以上的直流电动机几乎都装有与主磁极数目相等的换向极。

三、直流电动机的换向故障分析与维护

直流电动机的换向故障是直流电动机运行中经常碰到的重要故障，换向不良不但严重影响直流电动机的正常工作,还会危及直流电动机的安全,造成较大的经济损失。因此,对换向故障进行正确分析、检测、维护是现场技术人员必不可少的基本技能。

1. 直流电动机换向不良的主要因素

直流电动机换向不良的因素很多,也很复杂,但主要表现为换向火花增大,换向器表面灼伤,换向器表面氧化膜被破坏,电刷镜面出现异常现象等。

1) 换向火花状态

换向火花是衡量换向优劣的主要标准。换向火花的形状,从直观现象可分为点状火花、粒状火花、球状火花、舌状火花、爆鸣状火花、飞溅状火花和环状火花等。在正常运行时,一般是在电刷边缘出现少量点状火花、粒状火花且分布均匀。当换向恶化或不良时,会出现舌状火花、爆鸣状火花和环状火花,这些火花危害极大,可烧坏换向器和电刷。

火花状态的另一种反映是火花颜色,一般可分为蓝、黄、白、红、绿等色。换向正确时时,一般为蓝色、淡黄色或白色;当换向不良时,则会出现红色火花,严重情况时会出现绿色火花。

2) 直流电动机火花等级

我国直流电动机基本技术标准中规定了火花等级,如表 4-6 所示。对于一般的直流电动机,在额定负载下运行时,火花不应大于 1.5 级。

表 4-6　直流电动机的火花等级

火花等级	电刷下的火花程度	换向器或电刷的状态
1	没有火花	换向器上没有黑痕,电刷不发热
1.25	电刷下面有小部分发出微弱的点状火花	
1.5	在一大半电刷下(>1/2 刷边长)有轻微的火花	长时间会使换向器上留有黑痕,用汽油不能擦除,同时电刷会发热,有灼痕
2	在全部电刷边缘上均有火花(仅在短时过载或启动时允许)	长时间会使换向器上留有黑痕,用汽油不能擦除,同时电刷会发热,有灼痕
3	在电刷整个边缘有强烈火花,且火舌向外飞溅,伴有爆裂声音	换向器上有很大的黑痕,用汽油不能擦除,同时电刷可能烧坏

3) 换向器表面状态

在正常换向运行时,换向器表面是光亮、平滑的,无任何磨损、印迹或斑点。当换向不不良时,换向器表面会出现异常烧伤。

(1)烧痕。

在换向器表面一般会出现用汽油擦不掉的烧伤痕迹。当换向片倒角不良、云母片凸出时,换向片上将出现烧痕;当换向极绕组接线极性不对时,换向片可能全发黑。

(2)节痕。

节痕是指换向器表面出现有规律的变色或痕迹。一种是槽距节痕,其痕迹规律是按电枢槽间距出现,产生的主要原因是换向极偏强或偏弱;另一种是极距型节痕,伤痕是按磁极数或磁极对数间隔排列的,产生的主要原因是接线套开焊或升高片焊接不良。

(3)电刷镜面状态。

正常换向时,电刷与换向器的接触面是光亮平滑的,通常称为镜面。当电动机换向不良时,电刷镜面会出现雾状、麻点和烧伤痕迹。如果电刷材质中含有碳化硅或金刚砂之类的物质,镜面上就会出现白色斑点或条痕。当空气湿度过大或空气含酸性气体时,电刷表面会沉积一些细微的铜粉末,这种现象为镀铜。当电动机发生镀铜时,换向器氧化膜被破坏,使换向恶化。

2. 直流电动机换向故障原因及维护

直流电动机的内部故障多数会引起换向出现有害的火花或火花增大,严重时灼伤换向器表面,甚至妨碍直流电动机的正常运行。

1)机械原因与维护

直流电动机的电刷和换向器的连接属于滑动接触。因此,保持良好的滑动接触,才可能有良好的换向,但腐蚀性气体、大气压力、相对湿度、电动机振动、电刷和换向器装配质量等因素都对电刷和换向器的滑动接触情况有影响,当因电动机振动、电刷和换向器的机械原因使电刷和换向器的滑动接触不良时,就会在电刷和换向器之间产生有害的火花或使火花增大。

(1)电动机振动。

电动机振动对换向的影响是由电枢振动的振幅和频率高低所决定的。当电枢向某一方向振动时,就把电刷往径向推出,由于电刷具有惯性以及与刷盒边缘的摩擦,不能随电枢振动保持和换向器的正常接触,于是电刷就在换向器表面跳动。随着电动机转速的增高,振动越大,电刷在换向器表面跳动越大。电动机振动大多是由于电枢两端的平衡块脱落或位置移动造成电枢的不平衡,或是在电枢绕组修理后未进行平衡引起的。一般说来,对低速运行的电动机,电枢应进行静平衡校验;对高速运行的电动机,电枢必须进行动平衡校验,所加平衡块必须牢靠地固定在电枢上。

(2)换向器。

换向器是直流电动机的关键部件,要求表面光洁圆整,没有局部变形。在换向良好的情况下,长期运转的换向器表面与电刷接触的部分将形成一层坚硬的褐色薄膜。这层薄膜有利于换向并能减少换向器的磨损。当换向器装配质量不良造成变形或片间云母突出,以及受到碰撞,使个别换向片凸出或凹下、表面有撞击疤痕或毛刺时,电刷就不能在换向器上平稳滑动,使火花增大。换向器表面黏有油腻污物也会使电刷接触不良而产生火花。

换向器表面如有污物,应使用蘸有酒精的抹布擦净。换向器表面出现不规则情况时,可在电动机旋转的情况下,用与换向器表面吻合的曲面木块垫上细玻璃砂纸来磨换向器。若仍不能满足换向要求(仍有较大火花),则必须车削换向器外圆。

当换向器片间云母突出,应将云母片下刻,下刻深度以 5 mm 为宜,过深的下刻易在片间堆积炭粉,造成片间短路。下刻片间云母之后,应研磨换向器外圆,方能使换向器表面光滑。

(3)电刷。

为保证电刷和换向器良好的滑动接触,每个电刷表面至少要有 3/4 与换向器接触,电刷的压力应保持均匀,电刷间弹簧压力相差不超过 10%,以保证各电刷的接触电阻基本相当,从而使各电刷的电流均衡。

电刷弹簧压力不合适、电刷材料不符合要求、电刷型号不一致、电刷与刷盒间配合太紧或太松、刷盒边离换向器表面距离太大时,就易使电刷和换向器滑动接触不良,产生有害的火花。

电刷压力或电刷的弹簧压力应根据不同的电刷确定。一般电动机用 D104 或 D172 的电刷,其压力可取 1 500～2 500 Pa。同一台电动机必须使用同一型号的电刷,因为不同型号的电刷性能不同,通过的电流相差较大,这对换向是不利的。

电刷压力的测定与调整如图 4-11 所示。若是双辫电刷,用弹簧秤挂住刷辫,若是单辫电刷,则用弹簧秤挂住电刷压指,然后将普通打印纸片垫入电刷下,放松并调整弹簧秤位置,使弹簧秤轴线与电刷轴线一致,然后使弹簧秤的拉力逐渐加大,当纸片能轻轻拉动时,弹簧秤读数即为电刷所受的压力。

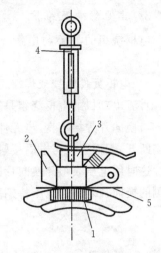

图 4-11　电刷压力的测定与调整

1—换向器;2—刷握;3—电刷;
4—弹簧秤;5—纸片

新更换的电刷需要用较细的玻璃砂纸研磨。经过研磨的电刷,空转半个小时后,在负载下工作一段时间,使电刷和换向器进一步磨合。在换向器表面初步形成氧化膜后,才能投入正常运行。

2)电气原因及维护

换向接触电动势与电枢反应电动势是直流电动机换向不良的主要原因,一般在电动机设计与制造时都作了较好的补偿与处理。电刷通过换向器与几何中心线的元件接触,使换向元件不切割主磁场,由于维修后换向绕组、补偿绕组安装不准确,磁极、刷盒的装配偏差,造成各磁极间距离相差太大、各磁极下的气隙不均匀、电刷中心对齐不好、电刷沿换向器圆周等分不均(一般电动机电刷沿换向器圆周等分差不超过±0.5 mm)。因此,上述原因都可以增大电枢反应电动势,从而使换向恶化,产生有害火花。

因此,在检修时,应使各个磁极、电刷安装合适,分配均匀。换向极绕组、补偿绕组安装正确,就能起到改善换向的作用。

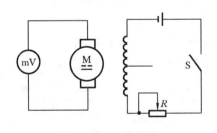

图 4-12　几何中心测度电路

电刷中心位置测定一般有以下两种方法。

(1)感应法。

这是最常用的一种方法,如图 4-12 所示,将毫伏表(或电流表代替)接入相邻两组电刷上,接通励磁开关 S 的瞬间,指针会左右摆动。这样反复移动电刷位置测试,直到出现摆动最小或几乎不摆动时的位置,这就是要找的几何中心线位置。

(2)正反转电动机法。

在直流电动机端电压与励磁保持恒定时,改变直流电动机端电压的极性,使直流电动机正反转,逐渐移动电刷位置,用测速表测量正反向转速,若电刷不在几何中心上,正反转的转速相差较大,只有调节电刷位置到中心点时,正反转速相差最小或基本相等。

若换向极绕组或补偿绕组出现接线错误,不能保证其附加磁场抵消电枢反应磁场,其结果不但不能改善换向,反而会使换向恶化,使火花急剧增大,换向片明显灼黑。这种情况下,对调换向极或补偿极的两个接线端子,若换向火花明显减小或消失,则表明接线极性正确。

3）其他影响及维护

电枢绕组的故障与电源不良等因素造成的换向不良常出现在一般中小型直流电动机中。

(1)电枢元件断线或焊接不良。

直流电动机的电枢绕组是通过与相应换向片焊接相连的闭合回路。如果电枢绕组个别元件与换向片焊接不良，当元件转到电刷下时，电流就通过电刷接通，在离开电刷时也通过电刷断开，因而会在与电刷接触和断开的瞬间产生大量的火花，使短路元件两端的换向片灼黑。这时用电压表检测换向片间电压，如图 4-13 所示，断线元件与换向器焊接不良的元件两侧的换向片之间的电压特别高。

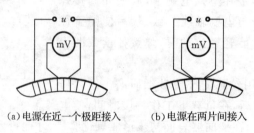

(a)电源在近一个极距接入   (b)电源在两片间接入

图 4-13　换向片间电压测量

(2)电枢绕组短路。

电枢绕组有短路现象时，电动机的负载电流增大，短路元件中产生了较大的交变电流，使电枢局部发热，甚至烧伤绕组。在电枢绕组的个别处发生匝间短路时，破坏了并联支路电动势的平衡，由短路元件中产生的交变电流会加剧换向恶化，使火花增大。

电枢绕组短路可能由下列情况引起：换向器片间短路、换向器之间短路、电枢元件匝间短路或上下层间短路等。短路元件的位置可用短路侦察器寻找。

(3)电源的影响。

由于变流技术的进步，可变直流电源以维护简单、效率高、质量轻等优点得到快速发展，但这种电源带来了谐波电流和快速暂态变化，对直流电动机有一定的危害。

电源中的交流分量不仅对直流电动机的换向有影响，而且增加了电动机的噪声、振动、损耗和发热。为改善这种情况，一般采用串接平波电抗器的方法来减少谐波的影响。

3. 直流电动机运行时的性能异常及维护

1）转速故障

一般小型直流电动机在额定电压和额定负载时，即使励磁回路中不串电阻，转速也可保持在额定转速的容差范围内。中型直流电动机必须接入磁场变阻器，才能保持额定励磁电流，而达到额定转速。

(1)转速偏高。

在电源电压正常的情况下，转速与主磁通成反比。当励磁绕组中发生短路现象，或个别磁极极性装反时，主磁通量减少，转速就上升。励磁电路中若有断线，便没有电流通过，磁极只有剩磁。这时，对于串励电动机来说，励磁线圈断线即电枢开路，与电源脱开，电动机就停止运行；对于并励或他励电动机来说，则转速剧升，有飞车的危险，若所带负载很重，那么电动机速度也不致升高,这时电流剧增,使开关的保护装置动作后跳闸。

(2)转速偏低。

电枢电路中连接点接触不良,使电枢电路的电阻压降增大时电动机转速偏低。所以,转速偏低时,要检查电枢电路各连接点(包括电刷)的接头焊接是否良好,接触是否可靠。

(3)转速不稳。

直流电动机在运行中当负载逐步增大时,电枢反应的去磁作用亦随之逐步增大。尤其直流电动机在弱磁提高转速运行时,电枢反应的去磁作用所占的比例就较大,在电刷偏离中性线或串励绕组接反时,则去磁作用更强,使主磁通更为减少,电动机的转速上升,同时电流随转速上升而增大,而电流增大又使电枢反应的去磁作用增大,这样恶性循环使直流电动机的转速和电流发生急剧变化,导致直流电动机不能正常稳定运行。如不及时制止,直流电动机和所接仪表均有损坏的危险。在这种情况下,首先应检查串励绕组极性是否准确,减小励磁电阻并增大励磁回路电流,若电刷没有放在中性线上则应加以调整。

2)电流异常

直流电动机运行时,应注意电动机所带负载不要超过铭牌规定的额定电流。但在故障的情况下,如机械上有摩擦、轴承太紧、电枢回路中引线相碰或有短路现象、电枢电压太低等,会使电枢电流增大。电动机在过负载电流下长时间运行,就易烧毁电动机绕组。

3)局部过热

凡电枢绕组中有短路现象,均会产生局部过热。在小型电动机中,有时电枢绕组匝间短路所产生的有害火花并不显著,但局部发热较严重。导体各连接点接触不良亦会引起局部过热;换向器上的火花太大,会使换向器过热;电刷接触不良会使电刷过热。当绕组长时间局部过热时,会烧毁绕组。在运行中,若发现有绝缘烤煳味或局部过热情况,应及时检查修理。

◀ 学习任务 2　直流电动机的电气控制 ▶

【任务导入】

直流电动机具有良好的启动性能和较宽的调速范围,因而在一些启动和调速要求较高的场合,直流电动机得到了广泛的应用,例如电力牵引、轧钢机、起重设备等,如图 4-14 所示。使用一台电动机主要包括启动、调速、制动、反转等控制,因此,掌握直流电动机的启动、调速、制动、反转的控制方法对电气技术人员是非常重要的。

【任务分析】

本任务以直流他励电动机的启动、调速及反转为工作对象。完成本任务的步骤是:①查阅相关资料,熟悉直流电动机的启动、调速及反转的工作原理,掌握直流电动机的机械特性;②学会直流电动机的启动、调速及反转的控制方法;③根据任务要求完成直流他励电动机的启动、调速及反转的控制的操作,并能对直流电动机控制电路的常见故障进行分析和排除。

（a）起重机　　　　　　　　　　　　　（b）电葫芦

图 4-14　直流电动机的应用

【相关知识】

一、直流电动机的分类和基本方程式

1. 直流电动机的分类

直流电动机一般是根据励磁方式进行分类的。按励磁绕组与电枢绕组连接不同，直流电动机可分为他励、并励、串励和复励等四类。

1）他励电动机

他励电动机的励磁绕组由外加电源单独供电，励磁电流的大小与电枢两端电压或电枢电流的大小无关，$I=I_a$，如图 4-15（a）所示。

2）并励电动机

并励电动机的励磁绕组与电枢绕组并联连接，由外部电源一起供电，$I=I_a+I_f$，如图 4-15（b）所示。

3）串励电动机

串励电动机的励磁绕组与电枢绕组并联连接，由外部电源一起供电，$I=I_a=I_f$，如图 4-15（c）所示。

4）复励电动机

复励电动机的励磁绕组分为两部分：一部分与电枢绕组并联连接，另一部分与电枢绕组并联连接，$I=I_a+I_f$，如图 4-15（d）所示。

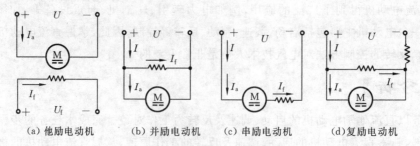

（a）他励电动机　　　（b）并励电动机　　　（c）串励电动机　　　（d）复励电动机

图 4-15　直流电动机的分类

2. 直流电动机的基本方程式

直流电动机基本方程式是指直流电动机稳态运行时电磁系统中的电压平衡方程式、机械系统中的转矩平衡方程式和能量转换过程中的功率平衡方程式。

1）电压平衡方程式

图 4-16 所示为直流他励电动机的结构示意图与电路原理图，电枢回路中的电压平衡方程式为

$$U = E_a = I_a R_a \qquad (4-3)$$

励磁回路的电流为

$$I_f = U_f / R_f \qquad (4-4)$$

式中：E_a——反电动势，单位为 V，$E_a = K_E \Phi n$；

$\quad R_a$——电枢回路总电阻；

$\quad I_a$——电枢电流；

$\quad I_f$——励磁电流；

$\quad U_f$——励磁电压；

$\quad \Phi$——主磁通。

2）转矩平衡方程式

按电动机惯例，E_a 与 I_a 反向，T 与 n 同方向，T_L 与 n 反方向，如图 4-16(a)所示。

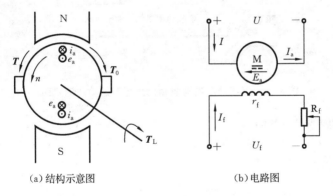

(a)结构示意图　　　　　　　(b)电路图

图 4-16　直流他励电动机的结构示意图与电路图

直流电动机稳态运行时，作用于电动机轴上的转矩有电磁转矩 T，电动机轴上的输出转矩 T_2 和空载转矩 T_0。

电动机的转矩平衡方程式为

$$T = T_2 + T_0 \qquad (4-5)$$

$$T = K_T \Phi I_a \qquad (4-6)$$

式中：T——电磁转矩，用于驱动电动机转子旋转；

$\quad T_2$——电动机轴上输出转矩，用于拖动生产机械的转矩，对电动机来说属阻转矩；

$\quad T_0$——空载转矩，对电动机来说属阻转矩。

电动机稳定运行时，拖动性质的 T 与制动性质的 $T_L + T_0$ 相平衡，电动机轴上输出转矩 T_2 必须和负载转矩 T_L 相平衡，即 $T_2 = T_L$。

由于 T_0 很小，一般 $T_0 \approx (2\% \sim 6\%) T_N \approx 0$，则 $T \approx T_2 = T_L$。

特别提示

电动机转矩的常用计算公式:

负载转矩, $T_2 = P_2/\Omega = P_2/(2\pi n/60) = 9.55P_2/n$, 单位为 N·m; 在额定情况下, $T_N = 9.55P_N/n_N$, 单位为 N·m; 同理, $T = 9.55P_e/n$, 单位为 N·m。

3) 功率平衡方程式

功率平衡方程式为

$$P_e = P_2 + P_0 \tag{4-7}$$

式中: $P_0 = T_0\Omega$ (空载损耗);

$P_e = T\Omega = E_a I_a$ (电动机的电磁功率);

$P_2 = T_2\Omega$ (轴上输出功率)。

直流他励电动机稳态运行时的功率流程图如图 4-17 所示, 图中 P_{Cu1} 为电枢回路损耗, P_{Cu2} 为励磁回路损耗。

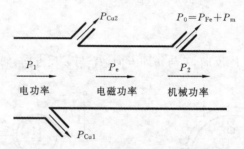

图 4-17 直流他励电动机稳定运行时的功率流程图

直流他励电动机的总损耗:

$$\sum P = P_1 - P_2 = P_{Cu} + P_s + P_0 = (P_{Cu1} + P_{Cu2}) + P_s + P_{Fe} + P_m$$

式中: P_s ——附加损耗;

P_m ——摩擦损耗;

P_{Cu} ——铜损耗;

P_{Fe} ——铁损耗。

直流他励电动机的电磁功率为 $P_e = P_2 + P_0 = P_2 + (P_{Fe} + P_m)$。

电动机效率为

$$\eta = \frac{P_2}{P_1} \times 100\%$$

或

$$\eta = 1 - \frac{P_\Sigma}{P_2 + P_\Sigma}$$

式中: $P_1 = UI_a$ (输入功率)。

此时, 电动机将电能转换为机械能。

二、直流他励电动机的工作特性

直流他励电动机的工作特性是指 $U = U_N =$ 常值, 电枢电路不串附加电阻, 励磁电流 $I_f =$

I_{fN}时,电动机的转速 n,电磁转矩 T 和效率 η 与输出功率 P_2 之间的关系,即 $n=f(P_2)$,$T=f(P_2)$,$\eta=f(P_2)$。在实际中往往用 $n=f(I_a)$,$T=f(I_a)$,$\eta=f(I_a)$ 来表示。

1. 转速特性

当 $U=U_N$、$I_f=I_{fN}$时,$n=f(I_a)$的关系曲线称为转速特性,其表达式为

$$n = \frac{U_N}{K_E \Phi_N} - \frac{R_a}{K_E \Phi_N} I_a \tag{4-8}$$

式(4-8)表明:一方面,当 I_a 变化时,电动机转速要发生变化,如 I_a 增加时,转速下降,由于 R_a 较小,转速 n 下降不大;另一方面,随着 I_a 的增加,电枢反应的去磁作用又使转速 n 增加。因此,转速特性是一条略有下垂的直线,如图 4-18 曲线 1。

2. 转矩特性

当 $U=U_N$、$I_f=I_{fN}$时,$T=f(I_a)$ 的关系曲线称为转矩特性,即 $T=K_T \Phi I_a$。

当气隙磁通 $\Phi=\Phi_N$ 时,电磁转矩与电枢电流成正比,若考虑电枢反应的去磁作用,I_a 增大,T 略有减小,如图 4-18 曲线 2 所示。

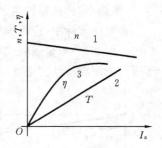

图 4-18 直流他励电动机的工作特性曲线

3. 效率特性

当 $U=U_N$、$I_f=I_{fN}$时,$\eta=f(I_a)$关系曲线称为效率特性。

电动机的总损耗 P_Σ 中主要由不变损耗和可变损耗两部分组成。不变损耗也称为空载损耗 $(P_0 = P_{Fe} + P_m)$,它基本不随 I_a 变化;而可变损耗(铜损)主要是电枢回路的损耗 $P_{Cu1} = I_a^2 R_a$,它与 I_a 的平方成正比,其关系曲线如图 4-18 曲线 3 所示。

由图 4-18 曲线 3 可以看出,可变损耗随 I_a 变化,刚开始时效率 η 随 I_a 的增大而增大,当 I_a 增大到一定值时,效率 η 反而逐渐减小。当可变损耗等于不变损耗时,电动机的效率最高。

电动机的容量越大,效率越高,直流电动机效率在 $0.75 \sim 0.94$ 之间,当电动机工作在额定负载时,效率都比较高。

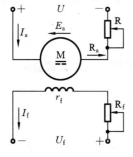

图 4-19 直流他励电动机的电路图

三、直流他励电动机的机械特性

电动机的机械特性就是研究电动机的转速 n 和电磁转矩 T 之间的关系,即 $n=f(T)$。电动机的机械特性分为固有机械特性和人为机械特性两种。机械特性是直流电动机的重要特性,它是分析直流电动机启动、调速、制动和运行的基础。

1. 直流他励电动机的机械特性方程式

直流他励电动机的电路图如图 4-19 所示,电枢回路和励磁回路分别由独立的电源供电。电枢回路的电阻为 R_a,串电阻为 R,则电枢回路的总电阻 $R_\Sigma = R_a + R$,励磁回路电阻为 R_f。

由式(4-3)得电枢回路的电压方程式为

$$U = E_a + I_a R_a$$

将式(4-1)$T = K_T \Phi I_a$ 和式(4-2)$E_a = K_E \Phi n$ 代入上式,得电动机的机械特性方程式为

$$n = \frac{U}{K_E \Phi} - \frac{R_a}{K_E K_T \Phi^2} T = n_0 - \beta T = n_0 - \Delta n \qquad (4-9)$$

式中:n_0——理想空载转速;

Δn——电动机加负载后转速降;

β——机械特性的硬度(转速方程的斜率),斜率 β 越大,机械特性越软,斜率 β 越小,特性越平,机械特性越硬。

在生产实际中,应根据生产机械和工艺过程的具体要求来确定选用何种机械特性的电动机。例如,一般金属切削机床、轧钢机、造纸机等应选用硬特性的电动机,而对起重机、电车等应选用软特性的电动机。

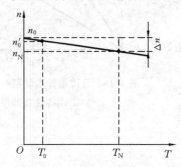

**图 4-20　直流他励电动机的
固有机械特性曲线**

2. 固有机械特性

1) 固有机械特性方程

固有机械特性也称为自然特性,它是指电动机的工作电压 $U = U_N$、励磁磁通 $\Phi = \Phi_N$ 为额定值、电枢回路中的电阻为 R_a 时,转速 n 和电磁转矩 T 之间的关系,即 $n = f(T)$。对照公式(4-9),其机械特性方程的表达式为

$$n = \frac{U_N}{K_E \Phi_N} - \frac{R_a}{K_E K_T \Phi_N^2} T = n_0 - \beta_N T \qquad (4-10)$$

由此作出的特性曲线,称为固有机械特性曲线,如图4-20所示。

2) 固有机械特性的特点

(1)固有机械特性反映了电动机本身能力的重要特性。对于任何一台直流电动机,只有一条固有机械特性曲线。

(2)由于电枢回路无外串电阻,且 R_a 很小,Φ_N 数值最大,则 β_N 很小,转速降 Δn 很小,因此,固有机械特性曲线是一条稍向下倾斜的直线。当负载变化时,电动机转速变化并不大,所以直流电动机的机械特性比较硬。

3. 人为机械特性

从机械特性方程式可以看出,当人为地改变电枢电压、改变电枢回路中的串接电阻和改变励磁电流的大小使磁通发生变化时,可以得到一系列的人为特性。

1) 电枢回路串接电阻的人为机械特性

如果将电动机的外加电压 U 和磁通 Φ 保持为额定值,而在电枢回路串入附加电阻。

电枢回路串入电阻 R 后的人为机械特性方程式为

$$n = \frac{U_N}{K_E \Phi_N} - \frac{R_a + R}{K_E K_T \Phi_N^2} T \qquad (4-11)$$

电枢回路串附加电阻时的人为机械特性曲线是通过理想空载点$(n = n_0, T)$的一簇放射形直线,如图4-21所示。与固有机械特性相比,电枢回路串电阻的人为机械特性的特点如下:

(1)理想空载转速 n_0 保持不变;

(2)特性斜率 β 与串入的电阻 R 有关,R 增大,β 也增大;

(3)当 $T = T_N$ 时,$n < n_N$,电动机随 R 增大,转速降 Δn 增大,机械特性变软,电动机产生的损耗就越大。

2) 改变电枢电压的人为机械特性

保持励磁磁通 $\Phi = \Phi_N$,电枢回路不串电阻,只改变电枢电压大小及方向的人为机械特性的方程为

$$n = \frac{U}{K_E \Phi_N} - \frac{R_a}{K_E K_T \Phi_N^2} T \qquad (4\text{-}12)$$

其特性曲线如图 4-22 所示。

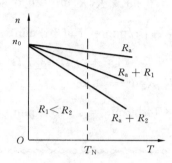

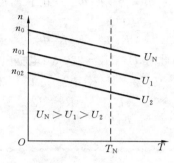

图 4-21 电枢回路串电阻的人为机械特性曲线 　图 4-22 改变电枢电压的人为机械特性曲线

与固有机械特性相比,改变电枢电压人为机械特性的特点如下:

(1)理想空载转速 n_0 与电枢电压 U 成正比,即 $n_0 \propto U$,且 U 为负时,n_0 也为负;

(2)特性斜率不变,与固有机械特性相同,因而改变电枢电压 U 的人为机械特性曲线是一组平行于固有机械特性曲线的直线;

(3)当 $T = T_N$ 时,降低电枢电压时,可使电动机的转速 n 降低。

3) 改变磁通 Φ 的人为机械特性

电枢电压为额定值,电枢回路不串电阻,励磁回路串入调节电阻,使磁通 Φ 减弱。改变磁通 Φ 的人为机械特性方程为

$$n = \frac{U_N}{K_E \Phi} - \frac{R_a}{K_E K_T \Phi^2} T \qquad (4\text{-}13)$$

其特性曲线如图 4-23 所示。

与固有机械特性相比,减弱磁通的人为机械特性特点如下:

(1)理想空载转速 n_0 随磁通的减弱而上升;

(2)机械特性斜率 β 与磁通 Φ 的平方成反比,随着磁通 Φ 的减弱,β 增大,机械特性变软;

(3)一般 Φ 下降,n 上升,但由于受机械强度的限制磁通 Φ 减不能下降太多。

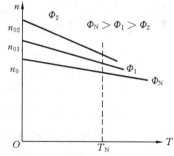

图 4-23 改变磁通的人为
机械特性曲线

【例 4-3】 一台直流他励电动机的额定数据为 $P_N = 2.2$ kW,$U_N = 220$ V,$I_N = 12.4$ A,$n_N = 1\,500$ r/min,$R_a = 1.7$ Ω;如果电动机在额定转矩下运行,求:(1)电动机的电枢电压降到 180 V 时,电动机的转速是多少?(2)激磁电流 $I_f = I_{fN}$(即磁通为额定值的 0.8 倍)时,电动机的转速是多少?(3)电枢电路串入 2 Ω 的附加电阻时,电动机的转速是多少?

【解】 (1) $\quad K_F \Phi = \dfrac{U_N - I_N R_a}{n_N} = \dfrac{220 - 12.4 \times 1.7}{1\,500} = 0.13$

$$K_T\Phi = 9.55K_E\Phi = 9.55 \times 0.13 = 1.24, \quad K_EK_T\Phi^2 = 0.13 \times 1.24 = 0.16$$

$$T = T_N = 9.55\frac{P_N}{n_N} = \left(9.55 \times \frac{2\,200}{1\,500}\right) \text{N·m} = 14 \text{ N·m}$$

$$n = \frac{U}{K_E\Phi} - \frac{R_a}{K_EK_T\Phi^2}T_N = \left(\frac{180}{0.13} - \frac{1.7}{0.16} \times 14\right)\text{r/min} = 1\,236 \text{ r/min}$$

(2)此时,$U = U_N = 220$ V,$R_a = 1.7$ Ω。

$$K_E\Phi = 0.8K_E\Phi_N = 0.1, \quad K_T\Phi = 9.55K_E\Phi = 0.96, \quad K_EK_E\Phi^2 = 0.096$$

$$n = \frac{U_N}{K_E\Phi} - \frac{R_a}{K_EK_T\Phi^2}T_N = \left(\frac{220}{0.1} - \frac{1.7}{0.096} \times 14\right)\text{r/min} = 1\,963 \text{ r/min}$$

(3)此时,$U = U_N = 220$ V;电枢电路总电阻 $R_\Sigma = R_a + R = (1.7+2)$ Ω $= 3.7$ Ω。

$$K_E\Phi = 0.13, \quad K_T\Phi = 1.24, \quad K_EK_T\Phi^2 = 0.16$$

$$n = \frac{U_N}{K_E\Phi_N} - \frac{R_a + R}{K_EK_T\Phi^2}T_N = \left(\frac{220}{0.13} - \frac{3.7}{0.16} \times 14\right)\text{r/min} = 1\,368 \text{ r/min}$$

特别提示

直流他励电动机在额定磁通下运行时,电动机磁路已经接近饱和,因此,改变磁通只能是减弱磁通,但 Φ 不能太小。当磁通过分削弱后,输出转矩一定时,会造成直流电动机严重过载。另外,在严重弱磁状态下,直流电动机的转速会上升到机械强度不允许的数值,造成所谓的飞车现象。所以,直流他励电动机在启动时必须先加励磁电流,在运行过程中决不允许励磁电路断开或励磁电流为零。

四、直流他励电动机的启动

直流他励电动机的启动是指电动机接通电源后,由静止状态加速到稳定运行状态的过渡过程。启动中最重要的是启动电流 I_{st} 和启动转矩 T_{st} 这两个指标。

直流他励电动机的启动方法有直接启动、电枢串电阻和降压启动三种方式。

1. 直流他励电动机的直接启动

直接启动就是在直流电动机电枢上直接加额定电压的启动方式,其电路图如图 4-24 所示。对直流电动机而言,在未启动之前 $n=0$,$E_a=0$。将电动机直接接入电网并施加额定电压时,由式(4-3)得直流他励电动机的启动电流 I_{st} 和启动转矩 T_{st} 分别为

$$I_{st} = \frac{U_N}{R_a} = (10 \sim 20)I_N, \quad T_{st} = K_T\Phi I_{st} \tag{4-14}$$

1) 直接启动存在的问题

额定电压下的直接启动,启动电流很大,通常可达额定电流的 10～20 倍,启动转矩也相当大,造成的问题是:

(1)启动电流将达到很大的数值,会出现强烈的换向火花,造成换向困难;

(2)引起过流保护装置的误动作或电网电压的下降,影响其他用户的正常用电;

(3)启动转矩也很大,造成机械轴过度冲击,损坏传动机构或设备。

所以,直流电动机一般不允许全压启动。直接启动适用于启动设备要求简单、操作方便的小容量直流电动机,而对于中、大容量的直流电动机则不允许采用这种直接启动方法。

2）直流他励电动机对启动性能的要求

（1）要有足够大的启动转矩（$T_{st} > T_L$），启动时间要短。

（2）启动电流 I_{st} 要限制在一定的范围内。

（3）启动设备简单、可靠，操作方便。

为了解决直流他励电动机直接启动电流过大的问题，常采用电枢回路串联电阻或降低电枢电压等启动方法。

2. 直流他励电动机电枢回路串电阻启动

电枢回路串电阻启动就是启动时在电枢回路串入启动电阻 R_{st} 以减小启动电流，即

$$I_{st} = \frac{U_N - E_a}{R_a + R_{st}} \qquad (4-15)$$

此时，启动电流将受外串启动电阻的限制。随着转速的升高，反电动势增大，逐步切除外加电阻直到全部切除，直到电动机达到要求的转速。直流他励电动机串电阻分级启动原理图如图 4-25(a)所示。

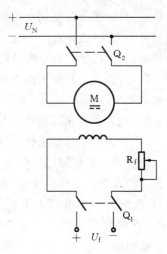

图 4-24　直流他励电动机直接启动的电路图

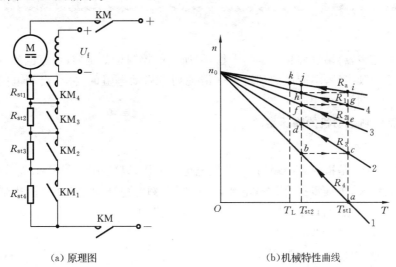

（a）原理图　　　　　　　　（b）机械特性曲线

图 4-25　直流他励电动机串电阻分级启动的原理图和机械特性曲线

图 4-25 中，T_{st1} 为启动转矩、T_{st2} 为换接转矩。直流他励电动机串电阻分级启动的机械特性曲线如图 4-25(b) 所示。

1）启动过程

（1）电枢接入电网时，KM_1、KM_2、KM_3、KM_4 均断开，电枢回路串接外加电阻 $R_4 = R_a + R_{st1} + R_{st2} + R_{st3} + R_{st4}$（最大），此时，电动机的启动电流 I_{st1} 和启动转矩 T_{st1} 均达到最大值（通常为额定值的 2 倍左右），电动机工作在特性曲线 1，起始工作点为 a 点，在转矩 T_{st1} 的作用下，转速沿曲线 1 上升。

（2）当速度上升使工作点到达 b 点时，将 KM_1 闭合，即切除电阻 R_{st4}，此时电枢回路串外加电阻 $R_3 = R_a + R_{st1} + R_{st2} + R_{st3}$。由于机械惯性的作用，电动机的转速不能突变，工作点由 b 点切换到 c 点，电动机在机械特性曲线 2 上工作，速度沿着曲线 2 继续上升。

(3)当速度上升使工作点到达 d 点时,将 KM₂ 闭合,即切除电阻 R_{st3},此时电枢回路串外加电阻 $R_2 = R_a + R_{st1} + R_{st2}$。由于机械惯性的作用,电动机的转速不能突变,工作点由 d 点切换到 e 点,电动机在机械特性曲线 3 上工作,速度沿着曲线 3 继续上升。

(4)当速度上升使工作点到达 f 点时,将 KM₃ 闭合,即切除电阻 R_{st2},此时电枢回路串外加电阻 $R_1 = R_a + R_{st1}$。由于机械惯性的作用,电动机的转速不能突变,工作点由 f 点切换到 g 点,电动机在机械特性曲线 4 上工作,速度沿着曲线 4 继续上升。

(5)当速度上升使工作点到达 h 点时,将 KM₄ 闭合,即切除电阻 R_{st1},此时电枢回路无外串电阻。由于机械惯性的作用,电动机的转速不能突变,工作点由 h 点切换到 i 点,电动机工作在固有特性曲线上工作,速度又沿着固有特性曲线继续上升直到 j 点,最后在负载转矩 T_L 和电磁转矩 T 共同作用下,稳定在工作点 k 点上,至此启动过程结束($T = T_L$,$n = n_N$)。

特别提示

(1)分级启动时,每一级的 T_{st1}(或 I_{st1})和 T_{st2}(或 I_{st2})应分别相等,通常 $T_{st1} = (1.5 \sim 2.5)T_N$,$T_{st2} = (1.1 \sim 1.2)T_N$,才能保证电动机有比较均匀的加速度。

(2)电枢串电阻启动后,$n \uparrow$,$E_a \uparrow$,$I_a \downarrow$,$T_{st} \downarrow$,加速减慢了。

2)电枢回路串电阻启动的特点

(1)级数越多,启动过程越快且越平稳,但所需的控制设备越多,投资也越多。

(2)属于分级启动,不能做到理论上平滑地切除启动电阻的要求,启动电阻上有能量损耗,不经济。

3. 直流他励电动机的降压启动

1)降压启动

所谓降压启动是指在启动瞬间,降低供电电源电压,以减小启动电流,随着转速的升高,反电动势 E_a 增大,再逐步提高供电电压,当恢复到额定电压时,使电动机达到所要求的转速。如 SCR-M 组成的自动调速系统就是采用这种启动方法。为了满足启动转矩,一般电流为 $(2.0 \sim 2.5)I_N$。

2)降低电枢电压启动的特点

降低电枢电压在启动过程中不会有大量的能量消耗,电枢电流始终在最大值上,保证恒加速启动,但设备投资大,需要一套调节直流电源设备。

生产机械对电动机启动或不同种类的电动机启动要求是有差异的。如串励电动机绝对不允许在空载下启动,否则电动机的转速将达到危险的高速,电动机会因此而损坏;市内无轨电车直流电动机传动系统中,要求平稳慢速启动,若启动太快会使乘客感到不舒服;一般生产机械则要求启动转矩大,以缩短启动时间和提高生产效率。

五、直流他励电动机的调速与反转

在现代工业生产中,有大量的生产机械,要求在不同的生产条件及工艺过程中采用不同的工作速度,以确保产品的质量和提高生产效率,这就要求拖动生产机械的电动机的转速在一定范围内可调。

调速可分为机械调速、电气调速和机电联合调速三种。机械调速是通过改变传动机构的速度比来调速的,其变速机构较复杂;电气调速是指在负载不变的情况下,通过人为改变电动机的机械特性来调速的,电动机可与工作机构同轴,机械较简单,但电气较复杂;机电联合调速是指用电动机获得几种速度,配合几套(一般3套左右)机械变速机构来调速。此外还有液压调速。

1. 调速指标

1)调速范围

电动机在额定负载下可能运行的最高转速与最低转速之比,通常又用 D 表示,即

$$D = \frac{n_{\max}}{n_{\min}} \tag{4-16}$$

不同的生产机械对调速范围的要求不同,例如车床 $D= 20\sim120$,龙门刨床 $D=10\sim40$,轧钢机 $D= 3\sim120$,造纸机 $D=3\sim20$ 等。电动机的最高转速 $n_{\max}$ 受电动机的机械强度、换向条件、电压等级等方面的限制,而电动机的最低转速 $n_{\min}$ 受到低速运行时转速的相对稳定性的限制。

2)调速的相对稳定性(静差率)

调速的相对稳定性是指负载转矩 T_L 变化时转速变化的程度,转速变化小,其相对稳定性好。调速的相对稳定性用 δ 来表示,即

$$\delta = \frac{n_0 - n_N}{n_0} \times 100\% = \frac{\Delta n}{n_0} \times 100\% \tag{4-17}$$

显然,在相同的 n_0 情况下,电动机的机械特性越硬,Δn 越小,静差率就越小,相对稳定性就越好。静差率与调速范围两个指标是相互制约的,要统筹考虑。生产机械容许的静差率用 δ_r 表示。例如,普通车床要求 $\delta_r \leqslant 30\%$,高精度的造纸机要求 $\delta_r \leqslant 0.1\%$。

3)调速的平滑性

调速的平滑性是指在一定的调速范围内,相邻两级速度变化的程度,用平滑系数 φ 表示,即

$$\varphi = \frac{n_i}{n_{i-1}} \tag{4-18}$$

在一定的调速范围内,调速的级数越多,调速就越平滑。当 $\varphi=1$ 时,称为无级调速,即转速可以连续调节;当调速的级数少,φ 值偏离1时,调速不连续,转速有跃变化变化,称为有级调速。

4)调速的经济性

调速的经济性包括两个方面的内容:一方面是指调速设备的投资和调速过程中的电能消耗、运行效率及维修费用等;另一方面是指电动机在调速时能否得到充分利用,即调速方法是否与负载类型相匹配。

2. 直流他励电动机的调速

电动机的调速是指在拖动负载不变的情况下,通过改变电动机参数,人为地改变电动机的机械特性来实现调速的。由他励直流电动机机械特性方程式

$$n = \frac{U_N}{K_E \Phi_N} - \frac{R_a}{K_E K_T \Phi_N^2} T = n_0 - \beta_N T$$

可知,他励直流电动机的调速方式有电枢回路串电阻、降低电源电压和改变磁通 Φ 三种。

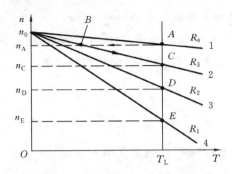

图 4-26　电枢回路串电阻调速特性曲线

1）电枢回路串电阻调速

电枢回路串电阻调速是指在保证 $U = U_N$ 和 $\Phi = \Phi_N$ 的条件下，通过人为地改变直流电动机电枢回路的电阻来进行调速的，电枢回路串电阻的调速特性曲线如图 4-26 所示。

（1）电枢回路串电阻调速过程。

调速前，电枢回路的电阻为 R_a，电动机在 $T = T_L$ 的作用下，稳定运行在 A 点上，其转速为 n_A。

若电枢回路中串入电阻 R_3，得到人为机械特性曲线 2，由于机械惯性的作用，电动机的转速不能突变，工作点由 A 点切换到 B 点，这时，$I_a \downarrow \rightarrow T \downarrow \rightarrow T < T_L, n \downarrow \rightarrow E_a \downarrow \rightarrow I_a \uparrow \rightarrow T \uparrow$，直到 $T = T_L$，电动机在低速的 C 点稳定运行。

由以上分析可看出，在一定的负载转矩 T_L 下，当串入不同的电阻可以得到不同的转速。如在电阻分别为 R_a、R_3、R_2、R_1 的情况下，可以分别得到稳定工作点 A 点、C 点、D 点和 E 点，分别对应的转速为 n_A、n_C、n_D 和 n_E。

在不考虑电枢回路电感时，电动机调速的过程沿图 4-26 中 A 点、B 点、C 点的箭头方向所示，即从稳定额定转速 n_A 调节到稳定转速 n_C。

（2）电枢回路串电阻调速的特点如下。

①串入电阻后，转速只能由额定转速向下调节，机械特性变软，静差率变大，特别是低速运行时，负载稍有变动，电动机转速波动大，因此调速范围受到限制，$D = 1 \sim 3$；②为恒转矩调速，调速的平滑性不高（有级调速），轻载时调速不明显；③由于电枢电流大，调速电阻消耗的能量较多，不够经济；④调速方法简单，设备投资少。

这种调速方式目前已很少采用，只在有些起重机、卷扬机等低速运转时间不长和对调速性能要求不高的传动系统中采用。

2）降低电源电压调速

降低电源电压调速是指在保证 $\Phi = \Phi_N$ 和 $R = R_a$ 的条件下，通过人为降低直流电动机电枢电压 U 的大小来进行调速的，降低电源电压的调速特性曲线如图 4-27 所示。

（1）降低电源电压的调速过程。

从图 4-27 所示的调速特性曲线可看出，在一定的负载转矩 T_L 下，电枢外加不同电压可以得到不同的转速。如在电压分别为 U_N、U_1、U_2、U_3 的情况下，可以分别得到稳定工作点 a 点、b 点、c 点和 d 点，

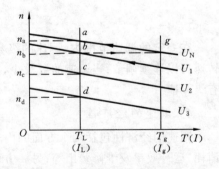

图 4-27　降低电源电压的调速特性曲线

对应的转速为 n_a、n_b、n_c 和 n_d。图 4-27 所示的箭头方向为电压 U_1 突然升高到 U_N 的升速过程。

（2）降低电源电压调速的特点如下。

①无论高速还是低速，机械特性硬度不变，静差率小，调速性能稳定，故调速范围广；②电源电压能平滑调节，故调速平滑性好，可达到无级调速；③降压调速是通过减小输入功率来降低转速的，低速时，损耗减小，调速经济性好；④调压电源设备较复杂。

降压调速的性能好,目前被广泛用于自动控制系统中,如轧钢机,龙门刨床等。

3)改变磁通调速

改变磁通调速是指在保证 $U=U_N$ 和 $R=R_a$ 的条件下,通过人为地改变直流电动机励磁磁通 Φ 的大小来进行调速的,改变磁通的调速特性曲线如图 4-28 所示。

(1)改变磁通调速的过程。

从图 4-28 所示的调速特性曲线可看出,在负载转矩 T_L 下,不同的主磁通 Φ_N、Φ_1 和 Φ_2,可以得到不同的转速 n_a、n_b 和 n_c。即改变励磁磁通 Φ 可以达到调速的目的,改变励磁磁通 Φ 的调速属弱磁调速,只能向额定转速以上进行调速。在电动机励磁电路中,当串接可调电阻 $R_f \rightarrow I_f \downarrow \rightarrow \Phi \uparrow \rightarrow n \uparrow$,分析时注意变负载转矩 T_L 的作用。图 4-28 所示的箭头方向为磁通 Φ_1 突然升高到 Φ_2 的升速过程。

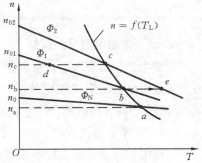

图 4-28 改变磁通的调速特性曲线

(2)改变电动机主磁通调速的特点如下。

①弱磁调速机械特性较软,受电动机换向条件和机械强度的限制,转速调高幅度不大,因此调速范围 $D=1\sim2$;②调速平滑性较好;③在功率较小的励磁回路中调节,能量损耗小;④调速时应有弱磁或失磁保护,防止飞车事故发生;⑤控制方便,控制设备投资少。

弱磁调速后,电动机的转速得到提高,对于恒转矩负载来说,同时电枢电流比调速前大。若调速前是在额定状态运行,则调速后电枢电流会大于额定电流,变成过载运行,电动机是不允许长期过载运行的。因此,改变磁通调速比较适合于对恒功率负载进行调速。

3. 调速方式与负载特性的配合

1)恒转矩调速与恒功率调速

恒转矩调速是指在保持电枢电流为额定值时,保持电动机轴上的输出转矩恒定不变的一种调速方式。

恒功率调速是指在保持电枢电流为额定值时,保持电动机轴上的输出功率恒定不变的一种调速方式。

2)实现恒功率调速和恒转矩调速的条件

在稳定运行条件下,实现恒功率调速和恒转矩调速的条件是电动机所带的负载是恒功率负载还是恒转矩负载,不能片面地理解为改变电枢供电电压调速一定是恒转矩调速,而改变磁通调速一定是恒功率调速。

3)调速方式和负载配合关系

为了使电动机调速性能得到充分利用,调速方式与负载应合理匹配。一般恒转矩调速方式适合于拖动恒转矩负载,恒功率调速方式适合于拖动恒功率负载。

有些生产机械的负载特性在较低转速范围内具有恒转矩特性,而在高转速范围内具有恒功率特性,这时应选择减弱磁通的基速上调和降低电源电压基速下调的混合调速方案,从而获得较好的调速方式和负载配合关系。

特别提示

(1)降低电源电压调速在降压较大时和改变磁通调速在突然增磁中,都会出现回馈制动。

(2)调速(速度调节)与速度变化:调速是指在某一特定的负载下,靠人为改变机械特性来实现的;而速度变化是指在某一条机械特性上,由于负载改变而引起的。它们是两个不同的概念。

4. 直流他励电动机的反转

许多生产机械要求电动机能正反转,如龙门刨床工作台的往复运动。由于直流电动机的转向是由电磁转矩 T 决定的,由 $T = K_T \Phi I_a$,只要改变磁通 Φ 和 I_a 中任意一个参数的方向,电磁转 T 的方向就能改变。在自动控制中,直流电动机反转的实现方法有以下两种。

(1)改变励磁电流方向。

保持电枢两端电压极性不变,将电动机励磁绕组反接,使励磁电流 I_f 反向,从而使磁通 Φ 改变方向,如图 4-29(a)所示。

(2)改变电枢电压极性。

保持励磁绕组两端的电压极性不变,将电动机电枢绕组反接,从而改变电枢电流 I_a 的方向,如图 4-29(b)所示。在图 4-29 中,KM₁ 为正转接触器触点,KM₂ 为反转接触器触点。

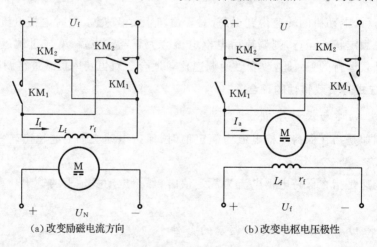

(a)改变励磁电流方向　　　　　　　　　(b)改变电枢电压极性

图 4-29　直流他励电动机的反转接线图

在直流并励电动机中,由于励磁绕组匝数多,电感大,当励磁绕组反接时产生较大的感应电动势,同时建立反向磁通较缓慢,导致反转时间延长,因此,实际应用中大多采用改变电枢电压极性的方法来实现电动机的反转。但在电动机容量很大,对反转速度变化要求不高的场合,为了减小控制电器的容量,可采用改变励磁绕组极性的方法实现电动机的反转。

特别提示

当同时改变励磁电流 I_f 和电枢电流 I_a 的方向,电动机转向维持不变。

六、直流他励电动机的制动

直流他励电动机的电气制动是使电动机产生一个与旋转方向相反的电磁转矩 T,阻碍电动机的转动。在制动过程中,要求电动机制动迅速、平滑、可靠、能量损耗少。

直流他励电动机常用的电气制动方法有能耗制动、反接制动和回馈制动等三种。

1. 能耗制动

1) 能耗制动原理

能耗制动是将正处于电动机运行状态的直流他励电动机的电枢从电源上切除,并接入一个外加的制动电阻 R_H 上构成回路,其控制电路如图 4-30(a)所示。能耗制动时,电枢电源电压 $U=0$ V,电动机励磁方向不变,接触器 KM 线圈断电释放,其常开触头断开,切断电枢电源,KM 常闭触头复位,接入制动电阻 R_H 与电枢构成闭合回路,电动机进入能耗制动状态,如图 4-30(b)所示。

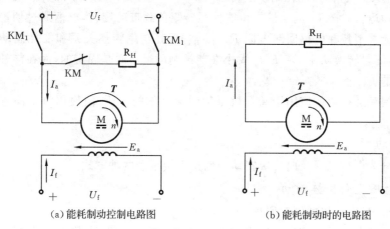

(a)能耗制动控制电路图　　　　　(b)能耗制动时的电路图

图 4-30　直流他励电动机能耗制动原理图

能耗制动时,电动机靠生产机械惯性力的作用拖动电枢切割磁场而发电,将生产机械储存的机械能转换成电能,并消耗在绕组及制动电阻 R_H 上,直到电动机停止转动为止,所以将这种制动方式称为能耗制动。

能耗制动开始瞬间,由于机械惯性作用,转速 n 和电枢电动势 E_a 不能突变,但 $U=0$,此时的电枢电流 I_a 为

$$I_a = \frac{U - E_a}{R_a + R_H} = -\frac{E_a}{R_a + R_H} \qquad (4\text{-}19)$$

由式(4-19)可知,电流 I_a 变为负,其方向与电动状态时的电枢电流相反,因此,电磁转矩 T 也与转速 n 方向相反成为制动转矩。

2) 能耗制动机械特性

由图 4-30(b)所示电路,能耗制动的机械特性方程为

$$n = -\frac{R_a + R_H}{K_E K_T \Phi_N^2} T = -\beta_H T \qquad (4\text{-}20)$$

式中:$\beta_H = \dfrac{R_a + R_H}{K_E K_T \Phi_N^2}$。

能耗制动的机械特性曲线如图 4-31 所示。

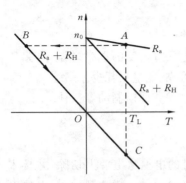

图 4-31　能耗制动的机械
特性曲线

能耗制动开始,电动机由于机械惯性的作用,转速不能突变,运行点从 A 点瞬间过渡到 B 点,然后沿机械特性转速逐渐下降。此时,如果电动机拖动的是反抗性恒转矩负载,它只具有惯性能量(动能),当 $n=0$ 时,$T=0$,拖动系统停车。从 B 点到坐标原点 O,电动机制动并停车,属能耗制动停车过程。

如果电动机拖动的是位能性恒转矩负载,当 $n=0$ 时,由于动态转矩($T-T_L<0$),系统在负载转矩作用下,开始反向旋转,电动机继续沿机械特性曲线运行,直到稳定运行在 C 点($T=T_L$),如图 4-31 中的 OC 段。在 C 点处($n<0$、$E_a<0$、$I_a>0$、$T>0$),所以 T 成为制动性转矩,电动机在 C 点上的稳定运行称为能耗制动运行。

在能耗制动运行状态下,电动机靠位能性恒转矩负载带动旋转,电枢通过切割磁场将机械能转变成电能并消耗在电枢回路电阻 R_a+R_H 上,其功率转换关系和能耗制动停车过程相同,不同的是能量转换功率 $P=E_a I_a$ 大小在能耗制动运行时是固定的,而在能耗制动停车过程中是变化的。

这种能耗制动运行通常应用于卷扬机重物恒速下放的场所,但使用时要注意附加电阻大小的选择。

2. 反接制动

反接制动分为电枢电压反向反接制动和倒拉反接制动两种方式。

1) 电枢电压反向反接制动

(1)电枢电压反向反接的制动原理。

电枢电压反接制动是将直流他励电动机的电枢反接在电源上,同时在电枢回路中串接制动电阻 R_F,以限制制动电流。

电枢电压反向反接制动原理图如图 4-32(a)所示。制动前,接触器的常开触头 KM$_1$ 闭合,另一个接触器的常开触头 KM$_2$ 断开,假设此时电动机处于正向电动运行状态。如图 4-32(b)所示,电磁转矩 T 与转速 n 的方向相同,即电动机 U、I_a、E_a、T 和 n 的值均为正值。

电动机在电动运行中,若断开 KM$_1$,闭合 KM$_2$,则电枢极性反接,电枢电压反向($U<0$)并串入制动电阻 R_F,电动机进入电枢电压反向反接制动状态。此时,由于机械惯性的作用,n 和 E_a 均不能突变,由图 4-32 可知,反接制动后电枢电流变为

$$I_a = \frac{-U_N - E_a}{R_a + R_F} = -\frac{U_N + E_a}{R_a + R_F} \tag{4-21}$$

从式(4-21)可知,电枢电流 I_a 变为负,电磁转矩 T 也随之变为负,T 与 n 的方向相反,电磁转矩 T 为制动性转矩。I_a 产生很大的反向电磁转矩 T,从而产生很强的制动作用,n 快速下降,这就是反接制动。反接制动时要求制动电流 $I_a \leqslant (2\sim2.5)I_N$。

(2)电枢电压反向反接制动的机械特性。

电枢电压反向反接制动的机械特性方程式为

$$n = \frac{-U_N}{K_E \Phi_N} - \frac{R_a + R_F}{K_E K_T \Phi_N^2} T \tag{4-22}$$

由式(4-22)可知,电枢电压反向反接制动机械特性是一条过 $-n_0$ 点,并与电枢回路串入

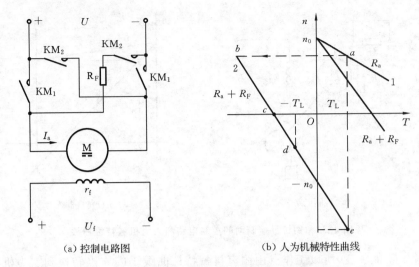

(a) 控制电路图　　　　　　　(b) 人为机械特性曲线

图 4-32　电枢电压反接制动控制电路图和人为机械特性曲线

电阻 $R_a + R_F$ 的人为机械特性相平行的直线,如图 4-32 的曲线 2。

图 4-32(b)可知,反接制动开始时,由于机械惯性转速 n 不能突变,电动机的运行点从 a 点瞬间过渡到 b 点,然后沿机械特性曲线 2 转速下降,当到 c 点时,$n=0$ 反接制动过程结束。在 c 点,$n=0$,但制动的电磁转矩 $T \neq 0$,根据负载转矩的性质不同,此后工作点的变化又分两种情况。

(1)电动机拖动反抗性恒转矩负载。当反接制动过程到达 c 点处,如果电磁转矩 $-T$ 的绝对值大于 $-T_L$ 的绝对值时,若为了停车,在电动机转速 n 接近于零时必须立即断开电源,否则拖动系统将就会反向启动,直到在 d 点稳定运行,这时 $-T=-T_L$。而当 $-T$ 的绝对值小于 $-T_L$ 的绝对值时,拖动系统将处于堵转状态。

(2)电动机拖动位能性恒转矩负载。过 c 点后电动机反向启动并加速,当转速升高到达 e 点,电动机在回馈制动状态下稳定运行。

电枢电压反向反接制动过程中,电动机一方面向电源吸取电功率 $P_1 = UI$,另一方面将系统的机械能转换成电磁功率 $P_e = E_a I_a$,这些电功率全部消耗在电枢电路的电阻 $R_a + R_F$ 上,其能量损耗很大。

2)倒拉反接制动

倒拉反接制动只适用于位能性恒转矩负载,接线与电动状态相同,不同的是:在电枢回路中串入一个较大的制动电阻 R_F,其控制电路与机械特性曲线如图 4-33 所示。

(1)倒拉反接制动的机械特性。

倒拉反接制动时的机械特性方程式为

$$n = \frac{U_N}{K_E \Phi_N} - \frac{R_a + R_F}{K_E K_T \Phi^2} T - n_N - \Delta n \qquad (4\text{-}23)$$

机械特性方程式就是电动状态时电枢串电阻的人为机械特性方程,只不过,此时串入的电阻较大,其机械特性曲线如图 4-33(b)所示。

(2)倒拉反接的制动过程。

以起重机下放重物为例,正向电动状态(提升重物)时,电动机工作在固有机械特性曲线如图 4-33(b)所示上的 a 点。制动时如图 4-33 所示,在电枢回路串入电阻 R_F 瞬间,由于机

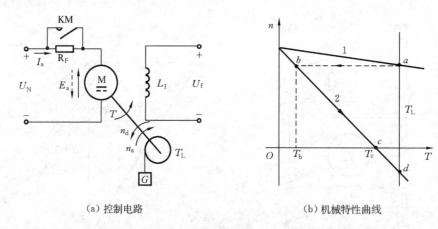

(a) 控制电路　　　　　　　　　(b) 机械特性曲线

图 4-33　倒拉反接制动的控制电路和人为机械特性曲线

械惯性转速 n 不能突变,所以工作点由固有机械特性曲线 1 的 a 点转换到人为机械特性曲线 2 上的 b 点,此时,电磁转矩 $T_b < T_L$,电动机开始减速,工作点沿人为机械特性曲线 2 由 b 点向 c 点变化。到达 c 点时,$n = 0$,电磁转矩为堵转转矩 T_c,因 T_c 仍小于位能性负载转矩 T_L,电动机在负载转矩 T_L 的作用下,倒拉反向旋转,电动机由提升重物变为下放重物。

因励磁不变,所以 E_a 随 n 的方向而改变方向,由图 4-33(a)可以看出,I_a 的方向不变,故 T 的方向也不变,电磁转矩 T 与转速 n 方向相反成为制动转矩,对应于图 4-33(b)人为机械特性曲线 2 上的 bc 段。当电动机反向(重物下放)并增加,E_a 的方向也改变,如图 4-33(a)中的虚线所示,E_a 的增大,电枢电流 I_a 和制动的电磁转矩 T 也相应增大。当到达 d 点时,$T = T_L$,电动机以稳定的转速匀速下放重物。电动机串入的电阻 R_F 越大,最后稳定的转速越高,下放重物的速度就越快。倒拉反接制动时的能量关系和电枢电压反向反接制动时相同。

3. 回馈制动(再生发电制动)

电动机在电动状态下运行时,若在外部条件作用下使电动机的实际转速大于理想空载转速时(如电车下坡,反电动势 $E_a >$ 供电电压 U),电枢电流 I_a 将反向,电磁转矩 T 也反向成为制动转矩,电动机从电动运行状态变成发电运行状态,把机械能转变成电能,向电网馈送,我们将电动机的这种运行状态称为回馈制动状态。回馈制动分正向回馈制动和反向回馈制动两种形式。

1) 回馈制动的机械特性

图 4-34 所示为回馈制动的机械特性曲线,其中,曲线 1 为正向反馈制动的机械特性,曲线 2 为反向回馈制动的机械特性曲线。回馈制动的特性方程与电枢串电阻的特性方程相似,所不同的仅是 T 改变了符号。

(1) 正向反馈制动的原理。

以电车为例,电车在平路上时,电动机工作在电动状态,电磁转矩 T 克服摩擦负载转矩 T_r 并以 n_a 的转速稳定运行在图 4-34 曲线 1 上的 a 点上。当电车下坡时,电车在位能负载 T_p 的作用下加速,转速 n 增加,超过 n_0 继续加速,使 $n > n_0$,反电动势 E_a 大于电源电压 U,电枢电流 I_a 反向与电动状态相反,电磁转矩方向也变得与电动状态相反,直到 $T_p = T + T_r$ 时,电动机以 n_b 的稳定转速控制电车下坡,此时实际上是电车的位能转矩带动电动机发电,实现了反馈制动。反馈制动在某种意义上是保护电车在下坡时不会因速度太高而失速,是一种较安全的运行方式。

（2）反向回馈制动原理。

以直流他励电动机拖动位能负载为例，其反向回馈制动的机械特性曲线如图 4-35 曲线 2 所示。

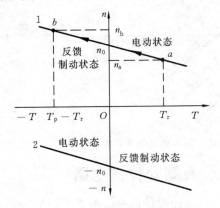

图 4-34　回馈制动的机械特性曲线

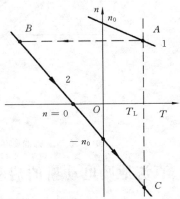

图 4-35　反向回馈制动的机械特性曲线

假设电动机原先在 A 点提升重物，当要下放重物时，电源电压反接，同时接入一个大电阻。电动机由于惯性运行点从曲线 1 上的 A 点过渡到曲线 2 上的 B 点，电动机拖动位能负载进入反接制动状态，开始降速。当转速 n 下降到 $n=0$，若不及时切断电源，又不采用机械制动措施，此时在电磁转矩 T 和负载转矩 T_L 的共同作用下，由反接制动状态进入反向电动状态，当转速达到 $n=-n_0$ 时，反向电动状态结束。此时，$T=0$，电动机在 T_L 的作用下，沿曲线 2 继续加速，使 $|n|>|-n_0|$，电枢电流 I_a 与电枢反电势 E_a 同方向，T 与 n 反方向，电动机工作在反向回馈制动运行状态，直到稳定工作在 C 点上，重物匀速下放。

由以上分析可知，电动机拖动位能负载进行反向反馈制动在原理上分为三个阶段：反接制动状态→反向电动状态→反馈制动运行状态。反向回馈制动对位能性负载下放时起限速作用。

4．产生回馈制动的几种情况

（1）电动机电枢电压突然降低使电动机的转速降低的过程中，会出现回馈制动。

（2）电动机在弱磁状态用突然增加磁通的方法来降速时，也能产生回馈制动，达到降速的目的。

（3）卷扬机构下放重物时，也能产生回馈制动过程，以保持重物匀速下降。

5．直流他励电动机各种运行特性总结

从以上分析可知：电动机有电动和制动两种状态，这两种状态的机械特性曲线分布在 T-n 坐标平面上的四个象限，这就是所谓的电动机四象限运行。如图 4-36 所示，采用正常接线时，电动机的电动、反馈制动和反接制动这三种状态是处在同一条机械特性的不同区域，而能耗制动的接线则稍有不同。

特别提示

回馈制动实际上是以反接制动作为降速手段，以反向电动状态作为过渡过程，最后在负载转矩 T_L 的作用下以某一稳定转速运行在回馈制动状态下。回馈制动的目的是限速，不是用于停车，它是一种较为特殊的制动工作方式。对这一点必须要理解清楚，否则会造成某些概念上的混乱。

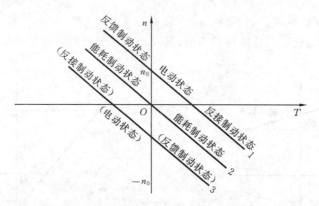

图 4-36　直流他励电动机各种运行状态下的机械特性曲线

七、直流他励电动机的启动、调速反转及制动控制电路

直流电动机的启动、调速、反转控制有其自身特点,例如直接启动时电流为$(10\sim20)I_N$,对于直流他励电动机在接通电枢电源之前必须先加额定励磁电流等,所以,在控制电路分析和设计中这些因素都应予以充分考虑。

1. 直流他励电动机的启动与调速控制电路

直流他励电动机电枢串电阻启动与调速电气控制电路如图 4-37 所示。

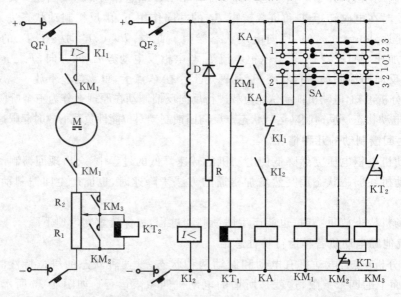

图 4-37　直流他励电动机电枢串联电阻启动与调速电气控制电路

1) 电路的特点

采用 QF_1、QF_2 断路器作为电源控制,具有短路与过载保护;采用主令开关 SA 实现启动、调速和停车控制方式,必须设置零压继电器实现零电压和零位保护;采用电流继电器 KI_1、KI_2 实现主电路的过电流和励磁电路的弱磁保护等。

2) 主令开关 SA 各挡位的作用与电路工作过程

(1) SA 在"0"位为启动准备。

$$QF_1 \downarrow \quad \rightarrow KI_2^+$$
$$QF_2 \downarrow \quad \rightarrow KT_1^+ \rightarrow KA^+$$

通入额定励磁电流,接通转速控制各挡电源。同时为保证减小调速过程中的冲击由 KT_1 断电延时常闭触点切断中、高速控制通路,保证低速启动功能。

(2)SA 在"1"位获得低速(n_1)运行低速运行。

$$\text{"0"位} \rightarrow \text{"1"位} \rightarrow KM_1^+ \xrightarrow[\text{启动}]{\text{串 } R_1 \text{、} R_2} \begin{array}{c} n \uparrow \\ KT_1^- \\ KT_2^+ \end{array} \xrightarrow[\text{延时到}]{KT_1} n \searrow n_1$$

由 KT_1、KT_2 延时触点接通中速控制通路,切除高速控制通路。KT_1 为断电延时,其整定值为转速从 $0 \sim n_1$ 所需时间。

(3)SA 在"2"位获得中速(n_2)运行中速运行,由 KT_2 延时触头接通高速挡控制电路。KT_2 为断电延时,其整定值为 $n_1 \sim n_2$ 所需时间。

$$\text{"1"位} \rightarrow \text{"2"位} \xrightarrow[\text{延时到}]{KT_1} KM_2^+ \xrightarrow[KT_2^-]{\text{短接 } R_1} \begin{array}{c} n_1 \uparrow \end{array} \xrightarrow[\text{延时到}]{KT_2} n \searrow n_2$$

(4)SA 在"3"位获得高速(n_3)运行至高速运行。

$$\text{"2"位} \rightarrow \text{"3"位} \xrightarrow[\text{延时到}]{KT_2} KM_3^+ \xrightarrow{\text{切除 } R_2} n_2 \searrow n_3$$

该电路可以在 SA 任一挡位实现三种速度的调控。其中励磁绕组两端并接电阻 R 与二极管 D 构成续流回路,起过电压保护作用。

2. 直流他励电动机的正反转控制电路

MM52125A 型导轨磨床中直流电动机可逆运行部分控制电路如图 4-38 所示。由于可逆运行换接过程中未采用制动措施,故采用 KT 延时以保证在直流电动机停转后才能反向启动。

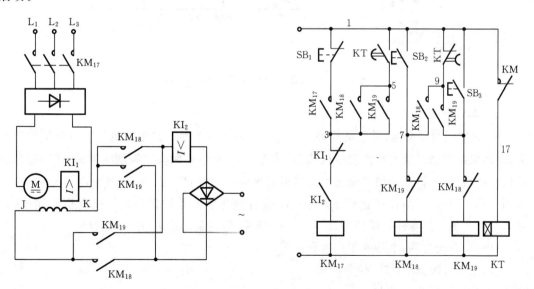

图 4-38 MM52125A 型导轨磨床中直流电动机可逆运行部分控制电路

其电路的工作过程如下。

正向启动运行：接通电源 $KT^+ \to SB_2 \downarrow \to KM_{18}^+ \xrightarrow[\text{磁 } J \to K]{\text{正向励}} KI_2^+ \xrightarrow[\text{延时到}]{KT} KM_{17}^+ \to KT^-$（正向运行）

正向停车：$SB_1^{\pm} \to KM_{17}^- \xrightarrow[n \downarrow]{KT^+} \xrightarrow[\text{延时到}]{KT} KM_{18}^- \to KI_2^- \ )\ n_0$

同理，反向运行按 SB_3，停车按 SB_1。

3. 直流他励电动机能耗制动控制电路

1）控制电路

带有能耗制动的正反转控制电路如图 4-39 所示，该控制电路是利用能耗制动来实现电动机的停车控制。

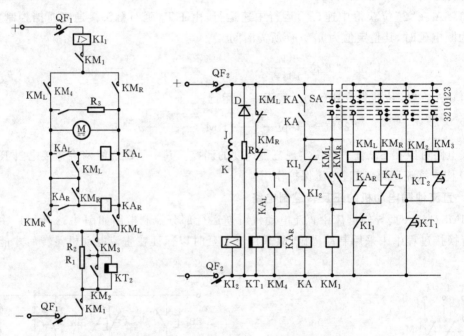

图 4-39 带有能耗制动的正反转控制电路

2）工作过程

R_3 为能耗制动电阻，其制动原理与三相交流电动机类似。在电动机停转时电枢脱离电源，电动机由电动机状态变为发电机状态，并通过 KM_4 常开触头将制动电阻 R_3 并联接在电动机电枢两端，使转子的惯性动能以发热形式消耗在 R_3 电阻上。中间继电器 KA_L 与 KA_R 相当于速度继电器，当转速达到 KA_L、KA_R 吸合电压值时并联接在电动机电枢两端（并自保），当转速低于其释放电压值时，KA_L、KA_R 释放，能耗制动结束（KM_4 释放）。

以一个方向为例，电路的工作过程如下。

(1)主令开关 SA 在"0"位为启动准备。

电源接通 $\genfrac{}{}{0pt}{}{QF_1^+}{QF_2^+} \to \genfrac{}{}{0pt}{}{KI_2^+}{KT_1^+} \to KA^+$ 通入额定励磁电流，接通转速控制各挡电源。同时，KT_1 触点切除中、高速控制电路，保证低速启动。

(2)SA 在上"1"挡，获得正向低速(n_1)运行。

$$"0"位 \to "1"位 \to KM_L^+ \to \frac{KM_1^+}{KT_1^-} \xrightarrow[\text{启动}]{\text{串}(R_1+R_2)} n\uparrow \xrightarrow[\text{启动值}]{U_M \text{达到} KA_L} KA_L^+ \xrightarrow[\text{延时到}]{KT_1} n\searrow n_1 低速运$$

行并由 KT_1 延时触点接通中速挡控制电路,KT_2 延时触点切除高速挡控制电路。

(3)SA 在上"2"挡,获得正向中速(n_2)运行。

$$"1"挡 \to "2"挡 \xrightarrow[\text{延时到}]{KT_1} KM_2^+ \xrightarrow[\text{切除} R_1]{} n_1\uparrow \xrightarrow[\text{延时到}]{KT_2} n_1\searrow n_2 中速运行并由 KT_2 延时触点接$$

通高速挡控制电路。

(4)SA 在上"3"挡,获得正向高速运行(n_3)。

$$"2"挡 \to "3"挡 \xrightarrow[\text{延时到}]{KT_2} KM_3^+ \xrightarrow[\text{切除} R_2]{} n_2\searrow n_3 高速运行。$$

(5)停车能耗制动。

$$"3"挡 \to "0"挡 \to \frac{KM_2^-}{KM_3^-}\frac{KM_1^-}{KT_1^+} \to KM_4^+ \xrightarrow[\text{能耗制动}]{\text{电枢并联} R_3} n_3\searrow\downarrow \xrightarrow[KA_L \text{释放值}]{n \text{达到}} KA_L^- \xrightarrow{KM_4^-} n\searrow n_0$$

同理,SA 在下三挡位置分别可获得反向三种运行速度。其电路工作过程可自行分析。

【任务实施】

一、实施环境

(1)小型直流他励电动机的启动、调速及反转控制。

(2)小型直流他励电动机的启动、调速及反转控制基本知识及资料。

(3)任务实施所需设备、工具及材料如表 4-7 所示。

表 4-7 任务实施所需设备、工具及材料明细表

名称	型号或规格	单位	数量
直流稳压电源	110V	处	1
直流电动机	Z2 系列	台	1
测速发电机	自定	台	1
转速表	自定	块	1
万用表	MF-47 或自定	块	1
直流毫安表	自定	只	1
直流电压表	自定	只	2
直流电流表	自定	只	1
可变电阻	自定	只	2
网孔板	自定	套	1
电工通用工具	验电笔、钢丝钳、螺丝刀(一字和十字)、电工刀、尖嘴钳、活动扳手、剥线钳等	套	1
电源开关	自定	只	2
导线	自定	根	若干

二、实施步骤

1. 实验前的准备

(1)各组组长对任务进行描述并提交本次任务实施计划书(见表 4-8)和完成任务的措施。

(2)各组根据任务要求列出元件清单并依据元件清单备齐所需工具、仪表及材料。

(3)组内任务分配。

表 4-8 任务实施计划

步骤	内　　容	计划时间	实际时间	完成情况
1	阅读和查找相关知识及技术资料,熟悉实验任务,确定实验方案			
2	领取工具和材料			
3	正确选择仪表量程			
4	阅读和分析实验电路图			
5	连接电路并检查接线的正确性			
6	根据实验任务要求完成直流他励电动机的启动、调速及反转控制实验,并做好实验数据的记录			
7	资料整理			
8	实验报告			
9	总结与评价			

2. 直流他励电动机的启动、调速及反转控制电路

实验电路如图 4-40 所示,R_1 为电枢调节电阻;R_2 为励磁电流调节电阻;M 为直流电动机;G 为测速发电机;U_1 为可调直流称压电源;U_2 为直流电动机励磁电源。

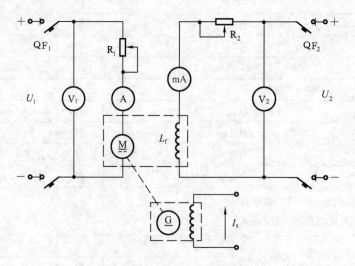

图 4-40 直流他励电动机的启动、调速及反转控制电路

3．正确选择仪表量程

直流仪表、转速表是根据直流电动机的额定值和实验中可能达到的最大值来选择的，可变电阻器要根据实验要求来选用，并依据电流的大小来选择串联、并联或串并联。

(1)电压表与电流表量程选择：根据直流电动机的额定电压，额定电枢电流和额定励磁电流来选择。

(2)转速表量程选择：如电动机额定转速为 1 630 r/min，若采用指针式转速表和直流测速发电机，则选用 1 800 r/min 量程挡；若采用光电编码器，则不需要量程选择。

(3)可变电阻器选择：可变电阻器的选用原则是根据实验中所需的阻值和流过可变电阻器的最大电流来确定。

4．直流电动机的启动

直流电动机启动的实验步骤如下。

(1)按图 4-40 接线，检查 M、G 之间是否用联轴器连接好。电动机励磁回路接线是否牢靠，仪表的量程选择是否合理、极性是否正确。

(2)将励磁电流调节电阻 R_2 调至最小，电枢调节电阻 R_1 调至最大。

(3)开启总电源开关，将可调的直流稳压电源输出调至 110 V。

(4)先合电源开关 QF_2，接通励磁回路(先加励磁电流)；再合电源开关 QF_1，接通电枢回路(后加电枢电流)，使电动机正常启动。

(5)启动后慢慢减小电枢调节电阻 R_1 的电阻，直至最小(能使电动机启动)，观察启动时电枢电流大小的变化情况。

5．直流电动机的调速

分别改变串入直流电动机 M 电枢回路的调节电阻 R_1 和励磁回路的调节电阻 R_2 的电阻值，观察电动机的转速变化情况，并用转速表测量电动机的转速。

6．直流电动机的反转

(1)切断电源 QF_1，将电枢绕组反接，然后重启电动机，观察电动机的旋转方向及转速表的读数。

(2)切断电源 QF_2，将励磁绕组反接，然后重启电动机，观察电动机的旋转方向及转速表的读数。

(3)切断电源 QF_1 和 QF_2，将电枢绕组和励磁绕组同时反接，然后重启电动机，观察电动机的旋转方向及转速表的读数。

7．任务总结与点评

1）总结要点

(1)各组选派一名学生代表陈述本次任务的完成情况；

(2)各组互相提问，探讨工作体会；

(3)各组最终上交成果。

2）点评要点

(1)直流电动机为什么要先加励磁电流，后加电枢电流，其后果是什么？

(2)直流他励电动机启动时，电枢电流调节电阻 R_1 和励磁电流调节电阻 R_2 在什么位置？为什么？否则会产生什么后果？

(3)改变直流电动机转向的方法有哪些？

8．任务评价

（1）根据评价标准进行自评、组评及师评，最后给出考核成绩。

（2）实训评价标准如表 4-9 所示。

表 4-9　评价标准

序号	考核内容	配分	评分标准
1	仪表的选择	5	（1）电压表、电流表和转速表的量程选择不合理，每一处扣1分； （2）变阻器的阻值选择不当扣1分
2	直流电动机启动	40	（1）电压表、电流表极性接错，每只扣2分； （2）损坏元器件，每只扣2分； （3）电枢回路、励磁回路接错，每一处扣1分； （4）启动时，电阻 R_1 和 R_2 放置位置不当，每个扣3分； （5）M、G 间的联轴器及励磁回路接线靠性每漏检一处扣3分； （6）电枢回路、励磁回路操作顺序错误扣10分
3	直流电动机调速与反转	25	（1）分别改变电阻 R_1 和 R_2 进行调速，因 R_1 和 R_2 调节不当而造成的错误，每次扣3分； （2）损坏元器件，每只扣2分； （3）反转实验时，操作方法或步骤不正确，每一处扣5分
4	实训报告	10	没按照报告要求完成、内容不正确扣10分
5	团结协作精神	10	小组成员分工协作不明确、不能积极参与扣10分
6	安全文明生产	10	违反安全文明生产规程扣10分

【拓展与提高】

一、直流串励电动机

直流串励电动机的励磁绕组与电枢电路相串联，其正方向仍用电动机惯例，如图 4-41 所示，使得 $I_f = I_a$，造成了直流串励电动机具有与他（并）励电动机有很大差异的特性。从结构上来看，由于直流串励电动机的励磁绕组流过的是电枢电流，导线截面与他（并）励电动机相比较大，而匝数较少。

1. 直流串励电动机的机械特性

1）固有机械特性

由图 4-41 可知，直流串励电动机的电枢电流 I_a 也就是励磁电流 I_f，即 $I_a = I_f$。如果电动机铁芯未饱和，则励磁电流 I_f 与磁通 Φ 成正比，即 $\Phi = K_f I_f = K_f I_a$，式中 K_f 是比例常数。

由于电动机负载时电枢电流 I_a 是变化的，所以串励电动机的磁通 Φ 随负载电流的变化而变化。

考虑到上述关系，电动机的转速方程式可写成

$$n = \frac{U}{K_E \Phi} - \frac{R}{K_E \Phi} I_a = \frac{U}{K'_E I_a} - \frac{R}{K'_E} \tag{4-24}$$

式中：$R = R_a + r_f + R_p$，$K'_E = K_E K_f$。

根据 $T = K_T \Phi I_a = K'_T I_f I_a = K'_T I_a^2$。结合式(4-24)，直流串励电动机的机械特性方程式为

$$n = \frac{\sqrt{K'_T}}{K'_E} \frac{U}{\sqrt{T}} - \frac{R}{K'_E} \qquad (4\text{-}25)$$

式(4-24)是直流串励电动机的机械特性方程式，用曲线表示时，如图 4-42 中的曲线 1。式(4-24)是在假设电动机铁芯未饱和，电动机磁路为线性的条件下导出的。

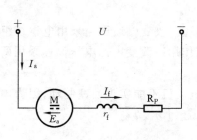

图 4-41 直流串励电动机的电路图　　　　图 4-42 直流串励电动机的机械特性曲线

在轻负载运行区间，串励电动机电枢电流较小，电动机铁芯未饱和，电枢电流与磁通成正比。$T \uparrow \rightarrow n \downarrow$，转速快速下降，机械特性呈非线性关系，且特性较软。

当负载增大时，电枢电流增大，电动机铁芯渐趋饱和，磁通 Φ 随电枢电流 I_a 的增大而很少增加，可近似把 Φ 视为常数，这时串励电动机的机械特性与他励电动机相似，可认为是一条直线。

综上所述，串励电动机的机械特性具有如下特点。

(1)串励电动机转速随负载转矩变化而剧烈变化，这种机械特性称为软特性。在轻负载时电动机转速很快，而当负载转矩增加时，其转速较慢。

(2)串励电动机启动转矩大，过载能力强。

(3)串励电动机的理想空载转速 n_0 在理论上为无穷大，实际中由于电动机总有剩磁存在，空载转速不能达到无穷大。但因剩磁很小，致使电动机的实际空载转速仍很高，一般可达 $(5 \sim 6)n_N$，即出现飞车现象，这样高的速度将造成电动机与传动机构损坏，所以串励电动机是绝对不允许空载启动和空载运行的。

直流串励电动机适用于负载变化比较大，且不可能空载的场合。例如，电力机车、地铁电动车组、电瓶车、城市电车、挖掘机、铲车、起重机等。

2）人为机械特性

直流串励电动机同样可以用电枢回路串电阻 R_P、改变电源电压 U 和改变磁通 Φ 的方法来获得人为机械特性，以适应负载和工艺要求。如图 4-42 中的曲线 2 就是直流串励电动枢回路串电阻 R_P 时的人为机械特性，外加电阻越大，其特性越软。

特别提示

为了安全起见，直流串励电动机与拖动的生产机械之间不得用带传动或链传动，以免皮带、链条断裂或皮带打滑致使电动机空载运行，出现飞车现象，通常要求负载转矩不得小于1/4额定转矩。

2. 直流串励电动机的运行控制

(1)启动。串励电动机的启动性能比他励、并励电动机好,因启动转矩 $T_{st} = K_T\Phi I_a$,如果铁芯未饱和,$\Phi \propto I_a$,启动转矩比他(并)励电动机大。除功率小的电动机外,串励电动机一般是不允许直接启动。其启动方法与他(并)励电动机一样,可以采用在电枢回路串电阻或降低电源电压的启动方法。

(2)反转。采用电枢绕组反接或励磁绕组反接的方法,但两者不能同时反接,否则电动机不会反转,一般采用电枢绕组反接方法。

(3)调速。采用改变磁通调速和改变电源电压调速。改变磁通调速采用电枢绕组并联调节电阻(增磁作用)或励磁绕组并联调节电阻(弱磁作用);改变电源电压调速采用两台较小容量电动机串联代替一台较大容量电动机。

(4)制动。采用反接制动或能耗制动方法,串励电动机不能实现回馈制动,因为串励电动机的理想空载转速 n_0 趋于无穷大,实际转速不可能超过 n_0。

二、直流复励电动机

直流复励电动机有两个励磁绕组:一个是并励绕组,与电枢绕组并联;另一个是串励绕组,与电枢绕组相串联。如果两个绕组的极性相同称为积复励,极性相反称为差复励。为了使电动机稳定运行,复励电动机都接成积复励。直流复励电动机的电路图如图 4-43 所示。

复励电动机的主极磁通是由两个励磁绕组的合成磁通势所产生的,当电枢电流 $I_a = 0$ 时,串励绕组的磁通势为零。此时,主极磁通由并励绕组磁通势产生,并为一恒定值。因此,复励电动机 $I_a = 0$ 时的理想空载转速 n_0 不会像串励电动机那样趋向无穷大,而是一个较适当的数值,$n_0 = U/K_E\Phi_T$,Φ_T 为他励磁通。

直流复励电动机的机械特性曲线如图 4-44 所示。当负载增加时($I_a \uparrow$),由于串励绕组磁通势的增大,积复励电动机的主极磁通相应增大,致使电动机的转速比并(他)励电动机有显著下降,它的机械特性不像并(他)励电动机那么硬。又因为随着负载的增大只有串励磁通势相应增加,并励绕组的磁通势基本保持不变,所以它的机械特性又不像串励电动机的机械特性那么软,积复励电动机的机械特性介于并励和串励的机械特性之间。

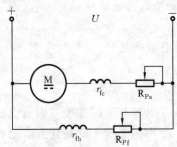

图 4-43　直流复励电动机的电路图

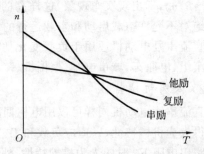

图 4-44　直流复励电动机的机械特性曲线

直流复励电动机兼备并(他)励、串励两种电动机的优点,当负载增加时,因串励绕组的作用,转速比并励电动机下降得多些,当负载减轻时,因并励绕组的作用,电动机不致出现危险的高速,同时,它有较大的启动转矩,启动时转速较快,所以积复励电动机在起重、电力牵引装置及冶金辅助机械等方面得到广泛的应用。

思考与练习 4

一、选择题

1. 直流电动机电枢中产生的电动势是（　　）。

    A. 直流电动势　　　　　　B. 交变电动势　　　　　　C. 脉冲电动势　　　　　　D. 非正弦交变电动势

2. 直流电动机换向极的作用是（　　）。

    A. 削弱主磁场　　　　　　B. 增强主磁场　　　　　　C. 抵消电枢反应　　　　　　D. 产生主磁场

3. 直流电动机反接制动时，当电动机转速接近于零时就应立即切断电源，防止（　　）。

    A. 电动机反转　　　　　　B. 电流增大　　　　　　C. 发生短路　　　　　　D. 电动机过载

4. 直流并励电动机的机械特性曲线是（　　）。

    A. 双曲线　　　　　　B. 抛物线　　　　　　C. 一条直线　　　　　　D. 圆弧线

5. 直流电动机主磁极上有两个励磁绕组：一个绕组与电枢绕组串联，另一个绕组与电枢绕组并联，称为（　　）电动机。

    A. 他励　　　　　　B. 并励　　　　　　C. 串励　　　　　　D. 复励

6. 直流他励电动机反接制动时，在电枢回路串电阻是为了（　　）。

    A. 限制制动电流　　　　　　B. 增大制动转矩　　　　　　C. 缩短制动时间　　　　　　D. 延长制动时间

7. 直流电动机处于平衡状态时，电枢电流的大小取决于（　　）。

    A. 电枢电压的大小　　　B. 负载转矩的大小　　　C. 励磁电流的大小　　　D. 励磁电压的大小

二、填空题

1. 直流发电机的工作原理是基于 _____ 原理；而直流电动机的工作原理是基于 _____ 。

2. 直流电动机的磁场是直流电动机产生 _____ 和 _____ 必不可少的因素。

3. 直流电动机的铜损包括 _____ 和 _____ 两部分。

4. 电动机的飞轮力矩 GD^2 越大，系统惯性 _____ ，灵敏度 _____ 。

5. 直流电动机常用的电气制动方法有 _____ 、 _____ 和 _____ 三种。

6. 直流电动机启动时，励磁回路中变阻器的电阻应置于 _____ 位置。

7. 直流并励电动机可以通过改变 _____ 或 _____ 来改变电动机的旋转方向。

8. 直流电动机的启动方法有 _____ 、 _____ 和 _____ 。

9. 直流电动机的调速方法有 _____ 、 _____ 和 _____ 。

10. 直流电动机的励磁方式可分为 _____ 、 _____ 、 _____ 和 _____ 四种。

三、判断题

1. 电动机处于静止状态称为静态。（　　）

2. 因为直流发电机电枢绕组中感应电势为直流电，所以称之为直流电动机。（　　）

3. 直流并励电动机的励磁绕组决不允许开路。（　　）

4. 直流电动机的电枢电动势 E_a 与外加电源电压 U 及电枢电流方向相同，称为端电压。（　　）

5. 直流电动机的运行状态是不可逆的，只能运行于电动机状态，或只能处于发电机状态。（　　）

6. 直流电动机的额定功率 P_N 对发电机来讲是指输出的电功率,对电动机来讲是指输入的电功率。(　　)

7. 直流电动机电枢串电阻调速,能使空载转速提高,机械特性变软。(　　)

8. 直流电动机在能耗制动过程中电动势 E_a 与电枢电流 I_a 同方向。(　　)

9. 直流电动机的电磁转矩与生产机械的负载转矩同向。(　　)

10. 并励电动机的制动常采用反接制动方式。(　　)

四、问答题

1. 简述直流电动机的主要组成部分,并简要说明换向器的作用。

2. 阐述直流他励电动机的工作原理,要求画出直流电动机模型图进行说明。

3. 什么是直流电动机的机械特性? 直流电动机的人为机械特性有哪些?

4. 什么是直流电动机的启动? 直流电动机采用降压启动有哪些优点?

5. 阐述直流他励电动机启动时为什么一定要先加励磁电压后加电枢电压,否则会产生什么问题?(要求列出直流电动机的转速方程进行阐述。)

6. 直流并励电动机能否采用能耗制动? 为什么?

7. 一台直流并励电动机,$U_N = 220$ V,$I_N = 80$ A,电枢回路总电阻 $R_a = 0.036$ Ω,励磁回路总电阻 $R_f = 110$ Ω,附加损耗 $P_S = 0.01 P_N$,$\eta_N = 0.85$。

试求:(1)额定输入功率 P_1;(2)额定输出功率 P_2;(3)功率总损耗 $\sum P$;(4)电枢损耗 P_{Cu};(5)励磁损耗 P_f;(6)机械损耗和铁芯损耗 P_0。

8. 直流电动机反接制动的特点有哪些?

项目 5
控制电机及其电气控制

控制电机综合了电动机、计算机、控制理论、新材料等多项高新技术,应用于工农业生产、军事、航天、日常生活的各个方面。本项目主要介绍几种常用的控制电机,讨论其基本结构、工作原理、特点和用途。

◀ **知识目标**

(1)掌握伺服电动机、步进电动机、测速发电机、直线电动机和力矩电动机的结构、工作原理及控制方法。

(2)掌握同步电动机的结构和工作原理。

(3)了解单相电动机的结构和工作原理。

◀ **能力目标**

(1)能正确选用伺服电动机。

(2)学会步进电动机的操作使用方法。

(3)正确使用同步电动机。

(4)能选择和使用单相异步电动机。

◀ 学习任务 1   伺服电动机及其电气控制 ▶

【任务导入】

图 5-1 所示为 HNC-21 数控实验台进给控制系统原理图，Z 轴采用交流伺服进给驱动系统，数控系统为华工 HNC-21 系统，Z 轴进给配置为松下 MSDA10 系列伺服驱动加伺服电动机，试根据原理图，将交流伺服电动机、交流伺服驱动器与数控系统连接起来，检查正确，并通电调试。

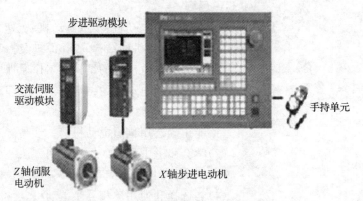

图 5-1　HNC-21 数控实验台进给控制系统原理图

本任务将讲述如何完成伺服电动机、伺服驱动器与数控装置的连接，并对连接好的 Z 轴进给驱动系统进行通电调试。

【任务分析】

本任务以华工 HNC-21 数控实验台的 Z 轴进给驱动系统的连接与功能调试为工作对象。完成本任务的步骤是：先学习伺服电动机种类、交流伺服电动机结构与工作原理，再查阅松下 MSDA10 系列伺服驱动器使用手册，掌握伺服驱动器控制原理、伺服驱动器使用方法，最后进行主要器件连接和功能调试。

【相关知识】

异步电动机、直流电动机都是作为动力使用的，其主要作用是能量的转换。控制电机的主要作用是用来完成信息的传递与交换，而不是进行能量转换。

控制电机的种类很多，按功能分类有执行用的控制电机，如交、直流伺服电动机，步进电动机，力矩电动机等；测速用的控制电机，如交、直流测速发电机；测位用的控制电机，如自整角机、旋转变压器等。

控制电机的性能要求是运行可靠、动作灵敏、精度高。此外，还要求控制电机的重量轻、体积小、耗电少等。

一、伺服电动机

伺服电动机又称为执行电动机,其功能是将输入的电压控制信号转换为轴上输出的转角或转速,以驱动控制对象。伺服电动机分为直流伺服电动机和交流伺服电动机两种。

伺服电动机的性能要求是机械特性和调节特性为线性,调速范围宽,灵敏度高,空载启动电压低,控制功率小,过载能力强,可靠性好。

1. 直流伺服电动机

1)直流伺服电动机的结构与分类

传统的直流伺服电动机是一台容量较小的普通直流电动机,不同点是外形细长,气隙较小,磁路不饱和,电枢电阻较大。

直流伺服电动机按励磁方式分为电磁式直流伺服电动机和永磁式直流伺服电动机两种,电磁式直流伺服电动机按励磁方式不同又分为他励式、并励式和串励式三种。另外还有低惯量型直流伺服电动机,它分为无槽电枢直流伺服电动机、空心杯形电枢直流伺服电动机、印刷绕组直流伺服电动机和无刷直流伺服电动机四种,它们的特点和应用范围如表 5-1 所示。

表 5-1　直流伺服电动机的特点和适用范围

名　称	励磁方式	产品型号	结构特点	性能特点	适用范围
一般直流伺服电动机	电磁或永磁	SZ 或 SY	与普通直流电动机相同,但电枢铁芯长度与直径之比大一些,气隙较小	具有下垂的机械特性和线性的调节特性,对控制信号响应快速	一般直流伺服系统
无槽电枢直流伺服电动机	电磁或永磁	SWC	电枢铁芯为光滑圆柱体,电枢绕组用环氧树脂黏在电枢铁芯表面,气隙较大	具有一般直流伺服机的特点,而且转动惯量和机电时间常数小,换向良好	需要快速动作、功率较大的直流伺服系统
空心杯形电枢直流伺服电动机	永磁	SYK	电枢绕组用环氧树脂浇注成杯形,置于内、外定子之间,内、外定子分别用软磁材料和永磁材料做成	除具有一般直流伺服动机的特点外,转动惯量和机电时间常数小,低速运转平滑,换向好	需要快速动作的直流伺服系统
印刷绕组直流伺服电动机	永磁	SN	在圆盘形绝缘薄板上印制裸露的绕组构成电枢,磁极轴向安装	转动惯量小,机电时间常数小,低速运行性能好	低速和启动、反转频繁的控制系统
无刷直流伺服电动机	永磁	SW	由晶体管开关电路和位置传感器代替电刷和换向器,转子用永久磁铁做成,电枢绕组在定子上且做成多相式	既保持了一般直流伺服电动机的优点,又克服了换向器和电刷带来的缺点,寿命长,噪声低	要求噪声低、对无线电不产生干扰的控制系统

2)直流伺服电动机的工作原理

图 5-2 所示为直流伺服电动机的电气原理图,直流伺服电动机的基本工作原理与普通直流他励电动机完全相同,依靠电枢电流 I_a 与气隙磁通 Φ 的作用产生电磁转矩 T,使伺服电动机转动。

如图 5-2(a)所示,在保持励磁电压不变的条件下,通过改变控制电压 U_c 的大小和极性来控制电动机的转速和转向。控制电压越小,则转速越低;当控制电压 $U_c=0$ 时,$I_c=0$,$T=0$,电动机停转。

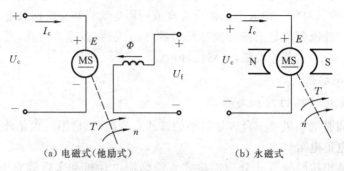

(a) 电磁式(他励式)　　　　　　(b) 永磁式

图 5-2　直流伺服电动机的原理图

控制电压 U_c 为零时,电枢电流 I_c 和电磁转矩 T 均为零,电动机不产生电磁转矩,故直流伺服电动机不会出现自转现象,所以,直流伺服电动机是自动控制系统中一种很好的执行元件。

3) 直流伺服电动机的控制特性

(1) 机械特性。

直流伺服电动机的机械特性是指保持励磁电压 U_f 恒定,改变电枢控制电压 U_c,其转速 n 与电磁转矩 T 之间关系曲线为 $n=f(T)$。其机械特性方程式为

$$n = \frac{U_c}{K_E \Phi} - \frac{R}{K_E K_T \Phi^2} T \tag{5-1}$$

式中：U_c——电枢控制电压；

　　　R——电枢回路电阻；

　　　Φ——磁通。

由式(5-1)可以看出：改变控制电压 U_c 和改变磁通 Φ 都可以控制伺服电动机的转速和转向,前者是电枢控制,使用较多,后者是励磁控制。直流伺服电动机的机械特性曲线如图 5-3(a)所示。

由机械特性曲线可知：①一定负载转矩下,当磁通 Φ 不变时,$U_c \uparrow \rightarrow n \uparrow$,特性曲线为一簇平行直线；②$U_c=0$ 时,$n=0$,电磁转矩 $T=0$,电动机立即停转,无自转现象；③直流伺服电动机的机械特性曲线具有下垂特征,控制电压 U_c 越大,则 $n=0$ 时对应的启动转矩 T_{st} 也越大,有利于电动机启动。

(2) 调节特性。

调节特性是指电磁转矩 T 一定时,直流伺服电动机的转速 n 与控制电压 U_c 之间的关系曲线为 $n=f(U_c)$,调节特性曲线如图 5-3(b)所示。

调节特性曲线与横轴的交点,表示在某一电磁转矩 T 时电动机的始动电压,用 U_{c0} 表示。若负载转矩 T_L 一定时,当控制电压 U_c 大于始动电压 U_{c0},电动机便启动并达到某一转速；反之,当控制电压 U_c 小于始动电压 U_{c0},电动机则不能启动。

一般将调节特性曲线上横坐标从零到始动电压 U_{c0} 这一范围称为失灵区。失灵区的大小与负载转矩 T_L 成正比,负载转矩 T_L 越大,失灵区越大。但同样的电磁转矩,失灵区越

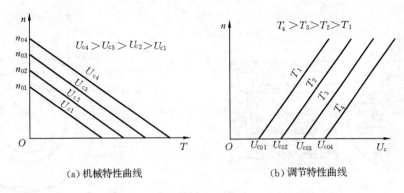

(a) 机械特性曲线　　　　　　　　(b) 调节特性曲线

图 5-3　直流伺服电动机的控制特性曲线

小,灵敏度越高。

4) 直流伺服电动机的控制方式

直流伺服电动机的控制方式有电枢电压控制和磁场控制两种。直流伺服电动机反转可采用改变电枢控制电压 U_c 的极性和改变磁通 Φ 的方向。直流伺服电动机的调速可采用改变电枢电压和励磁磁通的大小,通常采用改变电枢控制方式。

磁场控制方式是在保持电枢电压不变的条件下,通过改变控制电压 U_c 的极性来调节磁通 Φ 的大小和方向,进而实现电动机的转速和转向的控制。

5) 直流伺服电动机的特点及应用

直流伺服电动机在电枢控制方式运行时,特性曲线的线性度好,调速范围大,效率高,启动转矩大,没有自转现象,可以说是具有理想的伺服性能。

直流伺服电动机的电刷和换向器的接触电阻值不够稳定,对低速运行的稳定有一定影响。此外,电刷与换向器之间的火花有可能对控制系统产生有害的电磁波干扰。

直流伺服电动机的输出功率比较大,一般为 1 600 W,通常用于功率稍大的系统中,如随动系统中的位置控制、数控机床中的工作台的位置控制等。

2. 交流伺服电动机

根据电动机运行原理的不同,交流伺服电动机分为感应(或称异步)式、永磁同步式、永磁直流无刷式、磁阻同步式等。这些电动机都是具有三相绕组的定子结构,为研究问题的简单化,下面主要讨论两相交流伺服电动机。

1) 两相交流伺服电动机的基本结构

两相交流伺服电动机的基本结构与单相异步电动机的相似,主要由定子和转子构成。杯式转子伺服电动机的结构图如图 5-4 所示。定子铁芯用硅钢片叠压而成,定子铁芯表面的槽内嵌有两相绕组,其中一相绕组是励磁绕组 WF,另一相绕组是控制绕组 WC,两相绕组在空间位置上相差 90°电角度。工作时这两套绕组分别由两个电源供电,控制绕组 WC 加控制信号电压 U_c,励磁绕组 WF 加励磁电压 U_f,如图 5-5 所示。

转子的形式分为鼠笼式和杯式两种。鼠笼式转子由高电阻率的材料制成,绕组的电阻较大。鼠笼式转子的结构简单,但其转动惯量较大。杯式转子由非磁性材料制成杯形,可看成是导条数很多的鼠笼式转子,其杯壁很薄,因而其电阻值较大。转子在内外定子之间的气隙中旋转,因空气隙较大而需要较大的励磁电流。杯式转子的转动惯量较小,响应迅速。交流伺服电动机的特点和应用范围如表 5-2 所示。

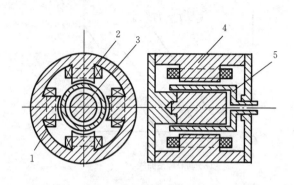

图 5-4　杯式转子伺服电动机的结构图

1—激磁绕组；2—控制绕组；3—内定子；4—外定子；5—转子

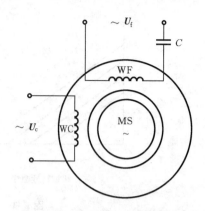

图 5-5　交流伺服电动机的接线图

表 5-2　交流伺服电动机的特点和应用范围

种 类	产品型号	结 构 特 点	性 能 特 点	应用范围
鼠笼式转子	SL	与一般鼠笼式异步电动机结构相同，但转子做得细而长，转子导体采用高电阻率的材料	励磁电流较小，体积较小，机械强度高，但是低速运行不够平稳，有时快时慢的抖动现象	小功率的自动控制系统
杯式转子	SK	转子做成薄壁圆筒形，放在内、外定子之间	转动惯量小，运行平滑，无抖动现象，但是励磁电流较大，体积也较大	要求运行平滑的系统

2）交流伺服电动机的工作原理

交流伺服电动机的工作原理与电容分相式单相异步电动机的相似。从图 5-5 可知，当没有控制电压 U_c 时，气隙中只有励磁绕组产生的脉动磁场，转子上没有启动转矩而静止不动。当有控制电压 U_c 且控制绕组电流和励磁绕组电流不同相时，则在气隙中产生一个旋转磁场并产生电磁转矩 T，使转子沿旋转磁场的方向旋转，旋转磁场转速为 $n_0 = 60f/p$。

（1）交流伺服电动机的自转及自转的消除。

普通的单相异步电动机变成单相后，电磁转矩 T 与转速 n 的方向相同，电动机仍然能够旋转，存在着自转现象。自转是指已旋转起来的单相异步电动机在控制电压 U_c 消失后，电动机在励磁电压 U_f 的作用下继续旋转，出现失控现象，把这种因失控而自行旋转的现象称为自转。

交流伺服电动机采用加大转子电阻 r_2 或采用薄壁杯式转子等方法来消除自转。

如图 5-6 所示，曲线 $T+$ 和 $T-$ 为交流伺服电动机去掉控制电压 U_c 后，脉动磁场分解为正、反两个旋转磁场对应产生的转矩曲线，曲线 T 为 $T+$ 和 $T-$ 的合成转矩曲线。当速度 n 为正时，电磁转矩 T 为负；当速度 n 为负时，电磁转矩 T 为正。即去掉控制电压后，电磁转矩（合成转矩）T 的方向总是与电动机转子的旋转方向相反，是一个制动转矩。这一制动转矩的存在就保证了当控制电压 U_c 消失后由于合成转矩 T 的存在，电动机将被迅速制动而停转，消除了自转现象。

增大转子导条电阻 r_2 的优点：①可消除自转现象；②具有扩大调速范围、改善调节特性、提高反应速度等优点。

(2)交流伺服电动机的控制方法。

交流伺服电动机的转速大小是靠两相绕组合成椭圆旋转磁场的椭圆度大小来自动调节的。椭圆度大,正转旋转磁场相应地会削弱,对应的正向转矩减小,反转旋转磁场则加强,对应的反向转矩增大,合成转矩减小,转速降低,反之转速增大。转向的改变则靠控制电源反相,使合成磁场反转,转子跟着反转。

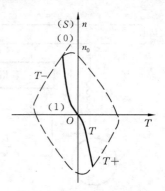

图 5-6 交流伺服电动机
单相运行 T-S 曲线

椭圆度的调节靠改变控制绕组所加电压大小和相位。因此,交流伺服电动机可采用下列三种方法来控制伺服电动机的转速高低及旋转方向。

第一,幅值控制。保持控制电压与励磁电压间的相位差不变,仅改变控制电压的幅值。

幅值控制电路比较简单,生产应用最多,图 5-7 所示为幅值控制的电路图,从图中可看出,两相绕组接于同一单相电源,靠电压移相,使 U_f 和 U_c 相位差为 $90°$,改变 R 的大小,即改变控制电压 U_c 的大小,可以得到图 5-8 所示的不同控制电压下的机械特性曲线。

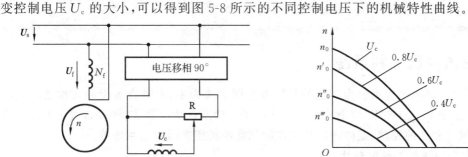

图 5-7 幅值控制的电路图

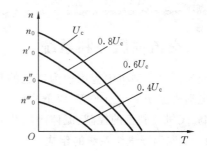

图 5-8 不同控制电压下的机械特性曲线

由图 5-8 可知,在一定负载转矩下,控制电压越高,转差率 S 越小,电动机的转速就越高,因此改变电压可改变转速。

第二,相位控制。保持控制电压的幅值不变,通过改变控制电压的相位 β 来控制交流伺服电动机的转速,如图 5-9 所示。

励磁绕组接在交流电源上,大小为额定电压值。控制绕组所加控制电压 U_c 的大小为额定值,但相位可以改变。$\beta = 0° \sim 90°$,$\beta = 90°$,转速最高,$\beta \downarrow$,$n \downarrow$;当 $\beta = 0°$,则 $n = 0$,电动机停转。

第三,幅值-相位控制。将幅值控制与相位控制两种方法结合起来,构成对交流伺服电动机的控制方式,如图 5-10 所示。

由于移相电容 C 的作用,当改变 U_c 的幅值时,不仅相对 U_f 的幅值改变,它们之间的相位 β 也可发生改变,因此,这是一种幅值和相位复合控制方式。当 $U_c = 0$ 时,电动机停转。

幅值-相位控制的机械特性和调节特性不如幅值控制和相位控制时的线性度好。幅值-相位控制方式的设备简单,不用移相器,并有较大的输出功率,实际应用较广泛。

交流伺服电动机的输出功率一般在 100 W 以下,电源频率为 50 Hz 时,其电压有 36 V、100 V、220 V、380 V 等。当频率为 400 Hz 时,电压有 20 V、36 V、115 V 三种。

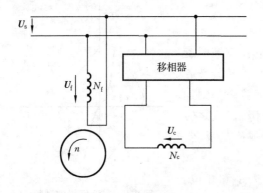

图 5-9　相位控制电路图

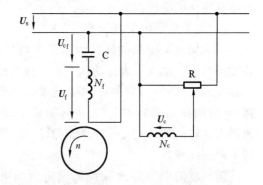

图 5-10　辐值-相位控制电路图

特别提示

单相异步电动机变成单相运行,电磁转矩 T 与转速 n 的方向相同,电动机仍然能转动,产生自转;交流伺服电动机加大转子电阻 r_2 后变成单相运行,电磁转矩 T 与转速 n 的方向相反,制动作用,电动机立即停传,不会产生自转。

二、交流伺服控制系统

交流伺服电动机中应用较为广泛的是以永磁同步式为主,永磁直流无刷式次之。交流伺服电动机因功率小(100 W 以下),所以只适用于小功率自动控制系统中,如雷达天线的旋转控制、飞机驾驶盘的控制、流体阀门开关控制和数控机床进给驱动系统等。

1. 交流伺服进给系统的组成

在数控机床中,伺服进给系统是以机床的移动部件(如工作台)的位置和速度作为控制量的自动控制系统。图 5-11 所示为交流伺服电动机在数控机床进给系统中的应用方框图,它属于半闭环控制系统。伺服进给系统是一种高精度的位置跟踪与定位系统,它的性能决定了数控机床的最大进给速度、定位精度等。

2. 交流伺服驱动装置

在高精度的位置跟踪与定位系统中,速度控制电路一般采用伺服驱动装置来实现。伺服驱动装置有交流伺服驱动装置和直流伺服驱动装置两种。交流伺服驱动装置如西门子 611U/Ue 系列、松下 MSDA10 系列和国产 HSV-16 系列等。交流伺服驱动装置功能强大,接口丰富。下面以松下 MSDA10 系列交流伺服驱动装置为例,其外形如图 5-12 所示,按功能对其接口进行简要介绍。

1) 电源接口

电源接口分为动力电源接口(L_1、L_2、L_3)、逻辑电路电源(直流 24 V)和控制电源接口(r、t)等。

2) 指令接口

一般采用脉冲接口或模拟量接口作为指令接口,此外还有通信和总路线方式。

3) 控制接口

控制接口对驱动装置而言是输入接口,用于接受其他设备的控制指令。控制接口有开关

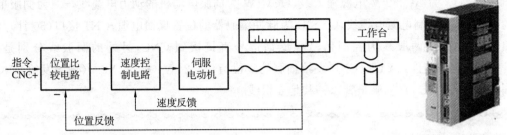

图 5-11 数控机床伺服进给系统方框图

图 5-12 交流伺服
驱动装置

量信号和模拟电压信号接口两种。控制接口的信号较多,如伺服 ON(SRV-ON)、限制电动机正反转输出转矩 CCW 与 CW 等。

4) 状态与安全报警接口

状态与安全报警接口对驱动装置而言是输出信号接口,用于通知其他设备目前的工作状态,如伺服准备好(SRV-RDY)、伺服报警(ALM)等。

5) 通信接口

常用的通信接口有 RS-232、RS-422、RS-485 和以太网接口等。

6) 反馈接口

反馈接口对驱动装置而言是输入接口,用于接收来自位置、速度检测元件的反馈信号,如位置反馈(A+、A-)等。

7) 电动机电源接口

电动机电源接口一般采用端子形式,输出线号是 U、V、W。

3. 交流伺服进给系统

如图 5-13 所示为数控机床交流伺服进给系统接线图,其接线分析如下。

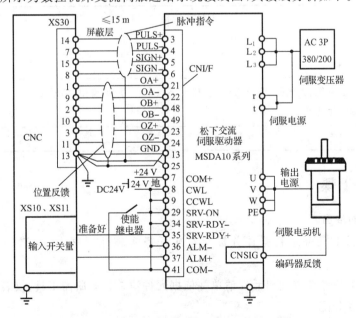

图 5-13 数控机床伺服进给系统接线图

L_1、L_2、L_3 为 AC380 V 电源输入线,U、V、W 为伺服电动机的动力电缆线,r、t 为伺服单元的 AC220 V 控制电源电缆线,CNSIG 为脉冲编码器的位置反馈电缆,CN1 接口(50 针)共引出四股线,其中两股线为控制信号和反馈信号直接接到 CNC,另外的两股线分别是:Y1.7/330(伺服使能)、Y1.6(CNC 发给伺服的复位指令)、24 V;24 V、X2.0(伺服发给 CNC 告知已准备好)、X1.7(伺服报警),一共是 6 根线。

◇◇

小知识

按执行机构的控制方式,数控机床进给伺服系统可分为开环进给伺服控制系统、半闭环进给伺服控制系统和全闭环进给伺服控制系统三类。它们的主要区别如下。

开环进给伺服控制系统,没有检测反馈装置。

半闭环进给伺服控制系统,不是直接测量工作台的位移量,而是通过检测丝杠转角间接地测量工作台的位移量,然后反馈给数控装置。

全闭环进给伺服控制系统,位置检测装置安装在机床工作台上,直接测量工作台的实际位移量,然后反馈给数控装置。

◇◇

【任务实施】

一、实施环境

(1)HNC-21 数控综合实验台。

(2)任务实施所需设备、工具及材料明细表如表 5-3 所示。

表 5-3 任务实施所需设备、工具及材料明细表

名称	型号或规格	单位	数量
实验台	HNC-21 数控综合实验台	台	1
万用表	MF-47 或自定	块	1
电工通用工具	验电笔、钢丝钳、螺丝刀(一字和十字)、电工刀、尖嘴钳、活动扳手、剥线钳等	套	1
导线	自定	根	若干

二、实施步骤

1. 实训前的准备

(1)各组组长对任务进行描述并提交本次任务实施计划书(见表 5-4)和完成任务的措施。

(2)各组根据任务要求列出元件清单并依据元件清单备齐所需工具、仪表及材料。

(3)组内任务分配。

表 5-4　任务实施计划

步骤	内　　容	计划时间	实际时间	完成情况
1	阅读和查找相关知识及技术资料,熟悉实训任务,确定实验方案			
2	领取工具和材料			
3	认识松下 MSDA10 系列交流伺服驱动器			
4	阅读和分析实训接线图(见图 5-13(b)所示)			
5	连接电路并检查接线的正确性			
6	上电完成伺服功能测试并做好实验数据的记录			
7	实训报告(资料整理)			
8	总结与评价			

2. 松下伺服驱动器

(1)松下 MSDA10 系列交流伺服驱动器的操作面板的认识如表 5-5 所示。

表 5-5　松下 MSDA10 系列交流伺服驱动器的操作面板

键名	标志	输入时间	功　　能
确认键	WR	1 s 以上	确认键和写入后的编辑数据
光标键	▶	1 s 以内	选择光标位
上键	▲	1 s 以内	在正确的光标位置按键改变数据,当按下 1 s 或者更长时间,数据上下移动
下键	▼	1 s 以内	
模式键	MODE	1 s 以内	选择显示模式

(2)在网上查一下松下 MSDA10 系列交流伺服驱动器各接口名称与功能并写出来。

3. HNC-21 *Z* 轴伺服进给系统功能调试

检查接线正确无误后,上电进行 *Z* 轴伺服功能的调试(见表 5-6)。

表 5-6　*Z* 轴伺服功能调试

(1)手动方式下 *Z* 轴进给功能调试

项目	检验方法	是否正常	检查方向
＋*Z* 轴方向	按下机床 *Z* 轴正向点动键,机床向 *Z* 轴正方向移动		伺服 ON,驱动器报警,CNC 报警,伺服电源,伺服电动机,编码器及相关参数
－*Z* 轴方向	按下机床 *Z* 轴反向点动键,机床向 *Z* 轴负方向移动		
倍率修调	在机床移动过程中,增减机床进给倍率,机床移动速度按比例变化		相关参数

(2)手动快速方式下 *Z* 轴进给功能调试

续表

项目	检验方法	是否正常	检查方向
+Z轴方向	按下机床Z轴正向点动键,机床向Z轴正方向移动		伺服ON,驱动器报警,CNC报警,伺服电源,伺服电动机,编码器及相关参数
−Z轴方向	按下机床Z轴反向点动键,机床向Z轴负方向移动		
倍率修调	在机床移动过程中,增减机床进给倍率,机床移动速度按比例变化		相关参数

(3)手轮方式下Z轴进给功能调试

+Z轴方向	手轮方式下选择Z轴,VAR增量选择×10,顺时针,机床向Z轴正方向移动		
−Z轴方向	手轮方式下选择Z轴,VAR增量选择×10,顺时针摇动手轮,机床向Z轴负方向移动		
倍率修调	分别选择不同的倍率×1、×10、×100摇动手轮一格,机床相应移动0.001 mm、0.01 mm和0.1mm		

(4)Z轴回参考点功能调试

项目	检验方法	是否正常	检查方向
回参考点	按下"回零"键,软件操作界面的工作方式变为"回零",按下+Z键,Z轴正向移动回到参考点		接近开关,回参考点方式

4. HNC-21 Z轴伺服进给系统故障设置实验

当Z轴功能调试正常,且实验台各个部件运行正常情况下,进行以下常见的故障现象的设置实验(见表5-7),记下设置故障后的故障现象,并得出相应的结论分析。

表5-7　Z轴进给伺服系统故障设置

序号	故障设置方法	故障现象	故障原因
1	将伺服驱动器的电源线拆掉一相,观察伺服电动机运行状态		
2	将伺服电动机的电源线拆掉一相,观察电动机运行状态		
3	将伺服驱动器上面的直流短接端子拆下,观察伺服电动机状态		

在设置故障的过程中,首先根据电气原理图中的连线图,找出实物,然后在断电的情况下拆线,用绝缘胶带将电线包裹,开机观察故障现象并做相应的记录,然后断电并将线接好,再进行下一个故障的设置。在设置完故障后,将实验台的连线恢复原样,开机进行功能测试。

5. 任务总结与点评

1)总结

(1)各组选派一名学生代表陈述本次任务的完成情况;

（2）各组互相提问，探讨工作体会；

（3）各组最终上交成果。

2）点评要点

（1）松下 MSDA10 系列交流伺服驱动器的接口和功能；

（2）HNC-21 Z 轴伺服进给系统功能调试；

（3）故障现象及原因。

6. 任务评价

（1）成果验收：根据评价标准进行自评、组评、师评，最后给出考核成绩。

（2）评价标准：可参考表 5-8。

表 5-8　评价标准

序号	考核内容	配分	评 分 标 准
1	伺服系统各部件认识	10	(1)部件名称每说错一处扣 1 分； (2)功能描述不清每处扣 2 分
2	伺服系统连接	20	(1)说出 MSDA10 系列伺服驱动器接口名称，每错一处扣 1 分； (2)描述 MSDA10 系列伺服驱动器接口功能，每错一处扣 1 分； (3)写出伺服电动机的型号与含义，不符合要求扣 3 分； (4)接线不正确每处扣 1 分，漏接每处扣 2 分
3	Z 轴功能调试与故障排查	40	(1)不同方式下 Z 轴功能调试达不到要求或实现不了每项扣 3 分； (2)Z 轴功能调试达不到要求或实现不了，经故障排查后仍不能达到要求，每项再扣 5 分； (3)碰伤或损坏设备，扣 10 分
4	团结协作精神	10	小组成员分工协作不明确，不能积极参与扣 10 分
5	安全文明生产	10	违反安全文明生产规程扣 5 分
6	总结汇报	10	口头答辩，实训报告，改进意见，经验交流

【拓展与提高】

一、测速发电机

测速发电机是一种反映转速信号的测速元件，它的作用是将输入的机械转速转换为电压信号输出。在自动控制及计算装置中，测速发电机可以作为检测元件、阻尼元件、计算元件和角加速信号元件。自动控系统对测速发电机的主要要求如下。

（1）输出电压与转速保持严格的线性关系，输出电压与转速成正比，即

$$U_0 = Kn = KK' \frac{\mathrm{d}\theta}{\mathrm{d}t} \tag{5-2}$$

式中：K、K'——比例常数（即输出特性的斜率）；

n、θ——测速发电机的旋转速度及旋转角度。

（2）转动惯量小，响应快。

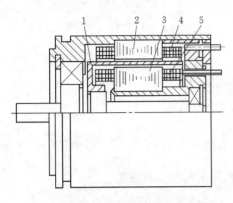

图 5-14 空心杯转子测速发电机结构

1—杯式转子；2—外定子；3—内定子；

4—励磁绕组；5—输出绕组

(3)输出电压对转速的变化灵敏，即测速发电机的输出特性斜率要大。

按照测速发电机输出信号分类，测速发电机可分为交流测速发电机和直流测速发电机两种形式。

1．交流测速发电机

交流测速发电机有异步式和同步式两种，下面介绍在自动控制系统中应用较广的交流异步测速发电机。

1）交流异步测速发电机的基本结构

交流异步测速发电机的结构与两相交流伺服电动机相似，空心杯转子测速发电机主要由定子、转子组成，如图 5-14 所示。转子有鼠笼式转子和空心杯转子两种，用得较多的是空心杯转子。

定子分内定子和外定子。内定子上嵌有输出绕组 WC，外定子上嵌有励磁绕组 WF，两绕组在空间位置上相差 90°电角度，如图 5-15(a)所示。内定子和外定子的相对位置是可以调节的，如可通过转动内定子的位置来调节剩余电压，使剩余电压为最小值。

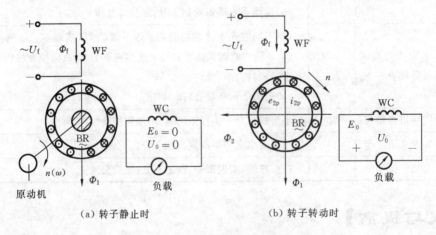

（a）转子静止时　　　　　　　　　　　（b）转子转动时

图 5-15 异步测速发电机的工作原理

2）交流测速发电机的工作原理

交流测速发电机的工作原理可以由图 5-15 来说明。空心杯转子可以看成一个导条非常多的鼠笼式转子。当频率为 f_1 的激磁电压 U_f 加在绕组 WF 上以后，在测速发电机内、外定子气隙中会产生一个和 WF 轴线一致、频率为 f_1 的磁通 Φ_f。当转子静止不动时，由于激磁绕组 WF 中产生的合成磁通和输出绕组 WC 的轴线相互垂直，在输出绕组 WC 中不产生感应电动势，所以，输出电压 $U_0 = 0$，如图 5-15(a)所示。当转子以 n 的转速沿顺时针方向旋转时，则空心杯转子切割合成磁通 Φ_1 在输出绕组 WC 中产生感应电动势 E_0，且 $E_0 \propto \Phi_1$，如图 5-15(b)所示。进一步分析可得：$E_0 \propto n$ 或 $U_0 = E_0 = Kn$。此式说明，在激磁电压一定的情况下，当输出绕组的负载很小时，异步测速发电机的输出电压 U_0 与转速 n 成正比，这样，交流异步测速发电机就能将转速信号转变成电压信号，实现测速的目的。若转子反转，输出电压将反相。

3）异步测速发电机的输出特性

输出电压 U_o 与转速的关系曲线 $U_o = f(n)$ 称为输出特性曲线，如图 5-16 所示，图中曲线 1 为工程上选取的理想输出特性曲线，曲线 2 为实际输出特性曲线。实际上，由于存在漏阻抗、负载变化等问题，磁通是变化的，输出电压与转速不是严格的正比关系，输出特性呈非线性，如图 5-16 中曲线 2 所示。

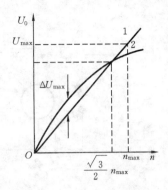

图 5-16　异步测速发电机的
输出特性曲线

选用测速发电机时，应根据系统的频率、电压、工作速度范围、精度要求以及系统中所起的作用等来选。我国生产的空心杯转子交流测速发电机为 CK 系列。

特别提示

交流测速发电机在使用中应注意以下几个问题：

（1）负载阻抗的性质及负载阻抗的大小对输出电压的影响，负载阻抗要大，最好为阻容负载；

（2）温度变化会使输出特性不稳定，可外加温度补偿装置，如串联一个负温度系数的电阻。

2. 直流测速发电机

直流测速发电机的结构与普通小型直流发电机的相同，通常是两极电动机，按励磁方式分为他励式直流测速发电机和永磁式直流测速发电机两种类型。

1）直流测速发电机的结构

永磁式直流测速发电机的磁极由永久磁铁构成，不需励磁电源，磁极的热稳定性较好，电动机工作温度的变化对磁通影响很小，所以应用广泛。

2）直流测速发电机的基本工作原理

直流测速发电机的电路图可由图 5-17(a) 来说明。当励磁电压 U_f 恒定且主磁通 Φ 不变时，测速发电机的电枢与被测机械连轴而随之以转速 n 旋转，电枢导体切割主磁通 Φ 生成感应电动势 E。电动势 E 的极性由测速发电机的转向决定，电动势 E 的大小与转速成正比，即

$$E = K_E \Phi n \tag{5-3}$$

直流测速发电机的输出特性曲线如图 5-17(b) 所示，其特点如下。

（1）空载时，电枢电流 $I_a = 0$，直流测速发电机的输出电压和电枢感应电动势 E 相等，由式 (5-3) 可看出，输出电压 U 正比于转速 n。

（2）加负载时，电枢绕组中因流过电枢电流 I_a 而在电枢绕组电阻 R_a 上产生的电压降为 $I_a R_a$。如果忽略电枢反应、工作温度对主磁通 Φ 的影响，忽略电刷与换向器之间的接触压降，则

$$U = E - I_a R_a \tag{5-4}$$

式中：R_a ——电枢绕组电阻。

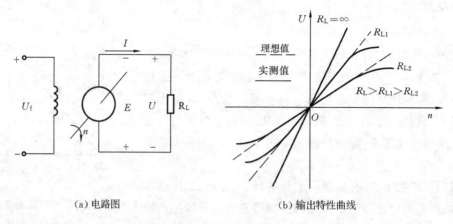

(a) 电路图　　　　　　　　　　　　(b) 输出特性曲线

图 5-17　直流测速发电机的电路图与输出特性曲线

电枢电流为

$$I_a = \frac{U}{R_L} \qquad\qquad (5\text{-}5)$$

式中：R_L——负载电阻。

将式(5-3)及式(5-5)代入式(5-4)可得

$$U = \frac{E}{1 + \dfrac{R_a}{R_L}} = \frac{K_E \Phi n}{1 + \dfrac{R_a}{R_L}} \qquad\qquad (5\text{-}6)$$

由式(5-6)可知,只要主磁通 Φ、接触电压降、电枢电阻 R_a 和负载电阻 R_L 为常数,则输出电压 U 与测速发电机的转速 n 呈线性关系。

输出电压 U 随电动机转速 n 变化而变化的关系曲线 $U = f(n)$,称为输出特性曲线。

实际上,由于电枢反应及温度变化的影响,输出特性曲线不完全是线性的。同时由图 5-17 还可得出,当负载电阻 R_L 的值越大时,$U = f(n)$ 的斜率越大,测速发电机的灵敏度越高;当负载电阻 R_L 的值越小和转速越高时,输出特性曲线弯曲得越厉害。因此,在精度要求高的场合,负载电阻应选得大一些,转速也应工作在较低的范围内。

3. 直流测速发电机与交流测速发电机的性能比较

直流测速发电机的主要优点是:没有相位波动,没有剩余电压,输出特性的斜率比交流测速发电机大。其主要缺点是:由于有电刷和换向器,因而结构复杂,维护不便,摩擦转矩大,有换向火花,会产生无线电干扰信号,输出特性不稳定,且正反向旋转时,输出特性不对称。

交流测速发电机的主要优点是:不需要电刷和换向器,因而结构简单,维护容易,惯量小,无滑动接触,输出特性稳定,精度高,摩擦转矩小,不产生无线电干扰信号,工作可靠,且正反向旋转时,输出特性对称。其主要缺点是:存在剩余电压和相位误差,且负载大小和性质会影响输出电压的幅值和相位。

实际选用测速发电机时,应注意以上特点并根据系统的频率、电压、工作速度范围、精度要求以及系统中所起的作用等来选。我国生产的空心杯转子交流测速发电机为 CK 系列,直流测速发电机有 CY、ZCF 和 CYD 等系列,近年来,无刷测速发电机的发展使直流测速发电机得到了广泛应用。

二、直线电动机

直线电动机是一种不需要任何中间传动机构就能产生直线运动的电动机,直线电动机因其系统结构简单、运行可靠、精度和效率较高而广泛应用于数控机床绘图、医疗器械、电子设备、精密精测量仪器、交通运输等行业。在铁路运输上,直线电动机可以用于 400 ～ 500 km/h的高速电力机车。

直线电动机可以由直流、同步、异步、步进等旋转电动机演变而成。直线电动机按工作原理可分为直线异步电动机、直线直流电动机和直线同步电动机(包括直线步进电动机)等三种。

1. 直线异步电动机

直线异步电动机可分为平板形、圆筒形(管形)和圆盘形等三种。其中平板形应用最为广泛。

1) 直线异步电动机的结构

直线异步电动机是将普通鼠笼式转子三相异步电动机沿径向剖开后展平而形成的,如图 5-18 所示。直线异步电动机主要由定子和转子组成,对应于旋转电动机定子的一边嵌有三相绕组,称为一次侧,对应于旋转电动机转子的一边称为二次侧或滑子。

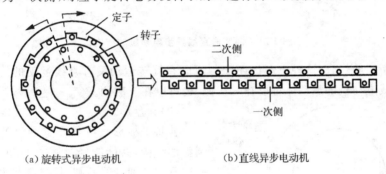

(a) 旋转式异步电动机   (b)直线异步电动机

图 5-18 直线异步电动机的结构

(1)平板形。

图 5-18 所示为直线异步电动机的一次侧和二次侧(滑子)长度是相等的,实际平板形直线异步电动机由于运行时一次侧和二次侧(滑子)之间要做相对运动,为了保证在所需的行程范围,一次侧和二次侧制作成不同长度,既可以是一次侧短,二次侧长(短一次侧),如图 5-19 (a) 所示;也可以是一次侧长、二次侧短(长一次侧),如图 5-19 (b) 所示。

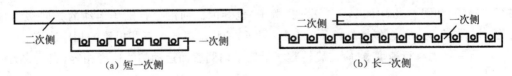

(a) 短一次侧   (b) 长一次侧

图 5-19 短、长一次侧

平板形直线异步电动机仅在一边安放一次侧,这种结构形式称为单边型直线电动机,如图 5-20(a)所示。单边型直线异步电动机工作时对二次侧存在着较大的电磁拉力。为了抵消一次侧磁场对二次侧(滑子)的单边磁拉力,可用两个一次侧将二次侧(滑子)夹在中间,这种结构形式称为双边型直线电动机,如图 5-20(b)所示。

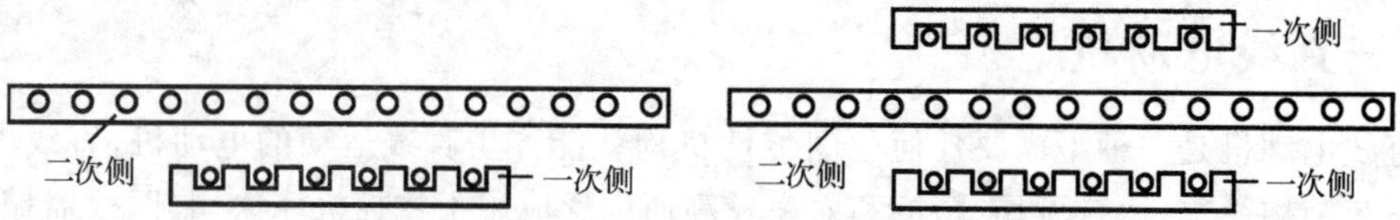

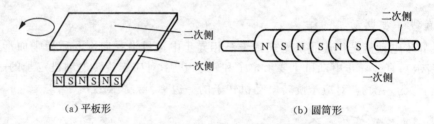

（a）单边型　　　　　　　　　　　　　　（b）双边型

图 5-20　单边型与双边型直线电动机

一次侧铁芯由硅钢片叠压而成,其表面的槽中嵌有三相绕组(有些是单相绕组或两相绕组),二次侧(滑子)由整块钢板或铜板制成片状,其中也有嵌入导条的。

（2）圆筒形(管形)。

如果把图 5-21(a)所示平板形直线异步电动机沿着和直线运动相垂直的方向卷成圆筒形,这就形成了圆筒形直线异步电动机,如图 5-21(b)所示。

（a）平板形　　　　　　　　　　　　　　（b）圆筒形

图 5-21　圆筒形直线异步电动机的结构

在一些特定的场合,这种电动机还能制成既有旋转运动又有直线运动的旋转直线电动机。旋转直线电动机的运动体可以在一次侧,也可以在二次侧。

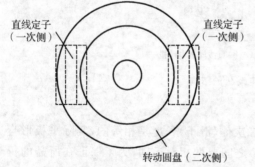

直线定子
（一次侧）　　　　　　　直线定子
　　　　　　　　　　　　（一次侧）

转动圆盘（二次侧）

图 5-22　圆盘形直线异步电动机的结构

（3）圆盘形。

若将平板形直线异步电动机的二次侧制成圆盘形结构,并能绕经过圆心的轴自由转动,使一次侧放在圆盘的两侧,且圆盘在电磁力作用下自由转动,便成为圆盘形直线异步电动机,如图 5-22 所示。

2）直线异步电动机的工作原理

当直线异步电动机一次侧的三相绕组中通入三相对称电流时,在其气隙中产生的磁场按正弦规律分布,沿直线方向移动,称之为移行磁场

或行波磁场,如图 5-23 中的 v_1。二次侧(滑子)也会因此而沿移行磁场运动的方向移动,速度为 v,如图 5-23 所示,移行磁场及二次侧(滑子)的移动方向由三相电流的相序决定。

移行磁场的移行速度 v_1 应与旋转磁场沿定子内圆表面运动的线速度相等,表达式为

$$v_1 = \frac{2\pi n_1}{60} \cdot \frac{D}{2} = \frac{2\pi}{60} \cdot \frac{60 f_1}{p} \cdot \frac{D}{2} = 2 \frac{\pi D}{2p} \times f_1 = 2\tau f_1 \tag{5-7}$$

式中:D——　旋转电动机定子内圆的直径;

　　　f_1——　电源的频率;

　　　p——　极对数;

　　　τ——　电动机极距。

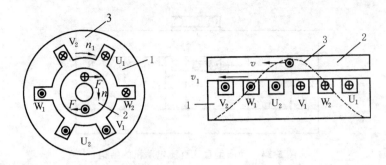

图 5-23 直线异电动机的工作原理
1——次侧；2—二次侧；3—行波磁场

由式(5-7)可见，表明直线异步电动机的速度与电动机极距及电源频率成正比，因此，改变极距或电源频率的数值时，可以改变直线异步电动机移行磁场的移动速度，从而使二次侧(滑子)的移动速度改变。二次侧(滑子)的移动速度 v 可以表示为：

$$v = (1-s)v_1 = 2\tau f(1-s) \tag{5-8}$$

式中：$s = \dfrac{v_1 - v}{v_1}$ ——直线异步电动机的滑差。

特别提示

(1)如果改变极距或电源频率，可以改变二次侧移动的速度；如果改变一次绕组中通电相序，就可以改变二次侧移动的方向。

(2)直线异步电动机的机械特性、调速特性等都与交流伺服电动机相似。

2. 直线直流电动机

直线直流电动机的类型较多，按励磁方式可分为永磁式直线直流电动机和电磁式直线直流电动机两大类。

1）永磁式直线直流电动机

永磁式直线直流电动机的磁极由永久磁铁制成，按其结构特征可分为动圈型和动铁型两种。动圈型在实际中用得较多，如图 5-24 所示，在铁架两端装有极性同向的两块永久磁铁，当移动绕组中通直流电流时，便产生电磁力。只要电磁力大于滑轨上的静摩擦阻力，绕组就沿着滑轨作直线运动，运动的方向由左手定则确定。改变绕组中直流电流的大小和方向，即可改变电磁力的大小和方向。电磁力的大小为

$$F = NBLI \tag{5-9}$$

永磁式带有平面矩形磁铁的动圈型直线直流电动机用于驱动功率较小的负载，如自动控制仪器、仪表；带有环形磁铁的动圈型永磁式直线电动机多用于驱动功率较大的负载。

2）电磁式直线直流电动机

任何一种永磁式直线直流电动机，只要把永久磁铁改成电磁铁，就成为电磁式直线直流电动机。对于动圈型直线直流电动机，电磁式的成本要比永磁式的低。这是因为永磁式电动机所用的永磁材料在整个行程上都存在，电磁式可通过串、并联励磁绕组和附加补偿绕组等方式改善电动机的性能，灵活性较强，但电磁式比永磁式多了励磁损耗。

电磁式动铁型直线直流电动机通常做成多极式，这种电动机用于短行程和低速移动时，

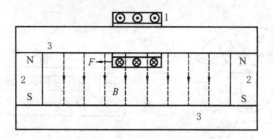

图 5-24　动圈型直线直流电动机的结构

1—移动绕组;2—永久磁铁;3—软铁

可以省掉滑动的电刷。

3. 直线电动机的应用

笔式记录仪由直线直流电动机、运算放大器和平衡电桥三个基本环节组成,如图 5-25 所示。

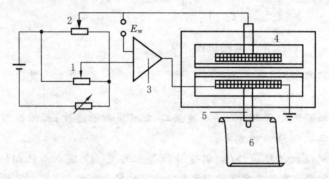

图 5-25　笔式记录仪工作原理

1—调零电位器;2—反馈动圈;3—运算放大器;

4—动圈式直线直流电动机;5—记录笔;6—记录纸

当电桥平衡时,没有电流输出,这时直线电动机所带的记录笔处在仪表的指零位置。当外来信号 E_w 不等于零时,电桥失去平衡产生一定的输出电压和电流,推动直线电动机的可动绕组作直线运动,从而带动记录笔在记录纸上把信号记录下来。同时,直线电动机还带动反馈电位器滑动,使电桥趋向新的平衡。

◀ 学习任务 2　步进电动机及其电气控制 ▶

【任务导入】

图 5-26 所示为 HNC-21 数控实验台 X 轴进给驱动系统原理图,X 轴采用步进进给驱动系统,X 轴进给配置为雷赛 M535 步进驱动加步进电动机,试根据原理图,将交流伺服电动机、交流伺服驱动器与数控系统连接起来,检查正确,并通电调试。

【任务分析】

本任务以华工 HNC-21 数控实验台的 X 轴步进电动机驱动系统的调试为工作对象。

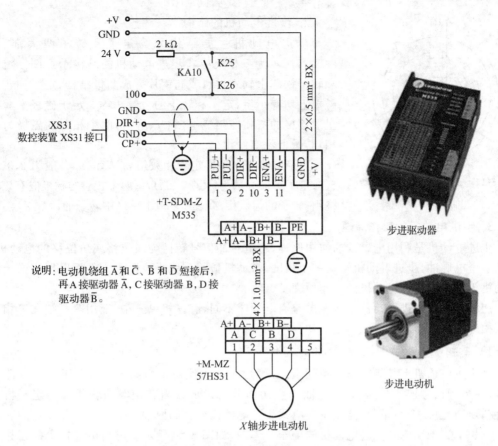

图 5-26 HNC-21 步进电动机控制系统原理图

完成本任务的步骤是：先学习步进电动机的种类、结构与工作原理，再查阅步进驱动器资料，掌握步进驱动器的工作原理及使用方法，最后进行 X 轴步进电动机驱动系统的功能调试。

【相关知识】

一、步进电动机

步进电动机是将电脉冲信号转换成角位移或线位移的控制电机，在自动控制系统中常常作为执行元件使用。步进电动机每输入一个电脉冲信号时，它就转过一个角度或移动一个步距，由于其输出的角位移或直线位移可以不是连续的，因此称为步进电动机（脉冲电动机）。

步进电动机作为数字量执行元件，除用于各种数控机床外，在平面绘图机、自动记录仪表、航空航天系统和数/模转换装置等，也得到广泛应用。

1. 步进电动机的类型

步进电动机的种类较多，按步进电动机的励磁方式，可分为反应式、永磁式和混合式三种；按步进电动机的相数，可分为单相、两相、三相和多相等形式；按步进电动机的运动方式，可分为旋转型和直线型两种；按步进电动机输出转矩大小，可分为快速步进电动机和功率步进电动机两种。

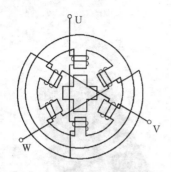

图 5-27 三相反应式步进电动机
的结构示意图

2. 步进电动机的结构

步进电动机主要结构分为定子和转子两大部分。图 5-27 所示为三相反应式步进电动机的结构示意图。定子和转子铁芯由软磁材料或硅钢片叠成凸极结构,定子和转子磁极上均有小齿,定子和转子的齿数相等。定子磁极上套有星形连接的三相控制绕组 U、V、W,每两个相对的磁极为一相,转子上没有绕组。

反应式步进电动机定子相数用 m 表示。m 一般为 2、3、4、5、6;定子磁极个数为 $p(p=2m)$,每两个相对的磁极嵌有该相绕组。转子的齿数用 Z_r 表示。如图 5-27 中转子的齿数 $Z_r = 4$。

3. 步进电动机的工作原理

步进电动机是利用电磁铁的作用原理,将电脉冲信号转换为线位移或角位移的电动机,每来一个电脉冲,步进电动机转动一个角度,带动机械移动一小段距离。下面以反应式步进电动机为例介绍步进电动机的工作原理。

三相反应式步进电动机按各相电流通电顺序不同,有三相单三拍、三相双三拍和三相单双六拍等三种工作方式。

1) 三相单三拍式步进电动机的工作原理

当步进电动机上某相定子绕组通电之后,由于磁力线总是力图要通过磁阻最小的路径闭合,在控制信号切换时,磁力线扭曲产生切向分力形成磁阻转矩驱动转子齿与定子齿对齐,使转子转过一个步距角,这就是反应式步进电动机旋转的原理。

三相单三拍反应式步进电动机的工作原理图,如图 5-28 所示。三相单三拍中的三相是指定子的三相绕组,单是指每次只有一相绕组通电。从一相通电切换到另一相通电称为一拍,三拍是指完成一次通电循环要经过三次切换。

(a) U 相通电　　　　　　(b) V 相通电　　　　　　(c) W 相通电

图 5-28 三相单三拍反应式步进电动机的工作原理图

工作时假设按 U→V→W→U 的通电顺序,使三相绕组轮流通电。当 U 相绕组通电时,气隙中生成以 U—U' 为轴线的磁场。在磁阻转矩的作用下,转子转到使 1、3 两转子齿与磁极 U—U' 对齐的位置上,如图 5-28(a) 所示。如果 U 相绕组不断电,1、3 两转子齿就一直被磁极 U—U' 吸引住而不改变其位置,即转子具有自锁能力。

当 U 相绕组断电,V 相通电时,转子会转过 30° 角,2、4 齿和 V—V' 磁极轴线对齐,如图 5-28(b) 所示;同理,当 V 相绕组断电,W 相通电时,转子再转过 30° 角,1、3 齿和 W—W' 磁极轴线对齐,如图 5-28(c) 所示。如此循环往复按 U→V→W→U→ …… 的顺序给三相绕组轮流通电,气隙中产生脉冲式旋转磁场,磁场旋转一周,转子前进三步,转过一个 90°齿距角。转子每步转过 30°,该角度称为步距角,用 θ_b 表示。

由于单独一相控制绕组通电时容易使转子在平衡位置附近来回摆动(振荡),会使运行不稳定,因此,实际上很少采用三相单三拍的运行方式。

特别提示

(1)控制输入的脉冲数量和频率就可控制步进电动机的转速,脉冲频率越高,步进电动机的转速就越高;脉冲数量越多,总位移量就越大。

(2)改变步进电动机各相绕组通电的脉冲顺序就可改变步进电动机的运转方向。例如,当通电顺序为 U→V→W→U 电动机正转,当通电顺序为 W→U→V→W 电动机反转。

2) 三相双三拍反应式步进电动机的工作原理

三相双三拍按 UV→VW→WU 的顺序给三相定子绕组轮流通电,每次有两相绕组同时通电。三相双三拍反应式步进电动机的工作原理图如图 5-29 所示。步距角 $\theta_b=30°$ 与三相单三拍方式相同,但双三拍每一步的平衡点,转子受到两个相反方向的转矩而平衡,不会产生振荡,因而稳定性好于单三拍方式,不易失步。反转时定子绕组按 UV→WV→UW 顺序通电。

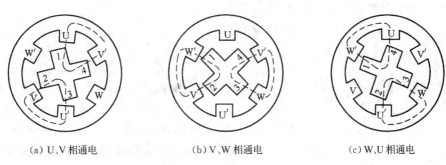

(a) U、V 相通电　　　　(b) V、W 相通电　　　　(c) W、U 相通电

图 5-29　三相双三拍反应式步进电动机的工作原理图

3) 三相单双六拍反应式步进电动机的工作原理

三相单双六拍反应式步进电动机的工作原理图如图 5-30 所示。工作时,按 U→UV→V→VW→W→WU→U 的顺序给三相绕组轮流通电。当 U 相通电时,转子 1、3 齿与 U—U' 磁极对齐,如图 5-30(a)所示;当 U、V 相同时通电时,U—U' 磁极拉住 1、3 齿,V—V' 磁极拉住 2、4 齿,转子转过 15°,到达图 5-30(b)所示位置;当 V 相通电时,转子 2、4 齿与 V—V' 磁极对齐,又转过 15°,到达图 5-30(c)所示位置,依此规律,按 U→UV→V→VW→W→WU→U 顺序循环通电,则转子逆时针旋转 15°,即步距角 $\theta_b=15°$。一个通电循环周期有六拍($N=6$),转子前进的齿距角为 90°。若按 U→UW→W→WV→V→VU→U 顺序循环通电,则转子顺时针方向旋转,步进电动机反转。

三相单双六拍工作方式可以使步进电动机获得更精确的控制特性,其运行稳定性比前两种方式更好。

4. 步进电动机的齿距角、步距角与转速

1) 齿距角

对应用于转子上,相邻两个齿间的中心距离称为步进电动机的齿距角。

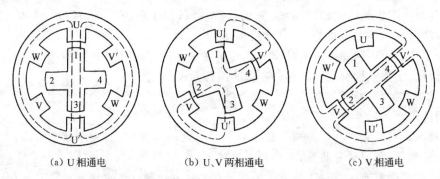

(a) U相通电　　　　　　　　(b) U、V两相通电　　　　　　　(c) V相通电

图 5-30　三相单双三拍反应式步进电动机工作原理图

2) 步距角

控制绕组改变一次通电状态后,转子转过的角度称为步进电动机的步距角。

$$\theta_b = \frac{360°}{Z_r km} \tag{5-10}$$

式中:θ_b——步距角;

　　　k——通电方式,当相邻两次通电相数一样时,$k=1$,不同时,$k=2$;

　　　Z_r——转子齿数;

　　　m——定子相数。

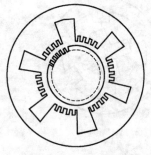

图 5-31　小步距角步进
电动机结构

3) 转速

$$n = \frac{60f\theta_b}{360} = \frac{60f}{Z_r m} \tag{5-11}$$

式中:f——电脉冲的频率。

当步距角 θ_b 一定时,通电状态的切换频率越高,即电脉冲频率越高时,步进电动机的转速越高。当电脉冲频率一定时,步距角越大,步进电动机的转速越高,但频率太高,会出现失步现象。

为了使步进电动机平稳运行,要求步距角 θ_b 很小,通常为 $3°/1.5°$。为此,实际中步进电动机的定子和转子往往做成多齿,如图 5-31 所示,最小步距角可小至 $0.5°$。国内常见的反应式步进电动机的步距角有 $1.2°/0.6°、1.5°/0.75°、2°/1°、3°/1.5°$ 等。

从式(5-10)可见,增加步进电动机的相数和转子数,可减小步距角,但相数越多,驱动电源越复杂,成本越高,一般步进电动机做成二相、三相、四相、五相和六相等。

【例 5-1】 一台五相反应式步进电动机,转子为 48 齿、采用五相十拍运行方式,求:(1)步距角 θ_b 是多少?(2)若脉冲电源的频率为 3 000 Hz,转速是多少?

【解】（1）因是五相十拍运行方式,即相邻两次通电相数一样,故 $k=1$。根据式(5-10)得

$$\theta_b = \frac{360°}{Z_r km} = \frac{360°}{48 \times 1 \times 5} = 1.5°$$

（2）步进电动机的转速 n,根据式(5-11)得

$$n = \frac{60f\theta_b}{360°} = \frac{60 \times 3\,000 \times 1.5°}{360°} = 750 \text{ r/min} \quad 或 \quad n = \frac{60f}{Z_r m} = \frac{60 \times 3\,000}{48 \times 5} = 750 \text{ r/min}$$

因此,该进电动机的步距角为 $1.5°$,转速为 $750\ \mathrm{r/min}$。

4. 步进电动机的术语及特点

1）步进电动机的术语

相数:产生不同极 N、S 磁场的励磁线圈的对数即定子相数,用 m 表示。

步距角:控制绕组改变一次通电状态后转子转过的角度称为步进电动机的步距角,用 θ_b 表示。

失调角:定子齿轴线偏移转子齿轴线的夹角称为失调角,用 θ 表示。步进电动机运转必定存在失调角,由失调角产生的误差,采用细分驱动是不能解决的。

失步:控制器给步进电动机发 N 个脉冲,步进电动机并没有转 N 个步距角。在电动机力矩小,加速度偏大,速度偏高,摩擦力不均匀等情况下都有可能出现失步现象。

静力矩:步进电动机通电但没有转动时定子锁住转子的力矩。它是步进电动机最重要的参数之一,通常步进电动机在低速时的力矩接近于静力矩。

定位力矩:步进电动机在不通电状态下,转子自身的锁定力矩。

精度:步进电动机每转过一个步距角 θ_b 的实际值与理论值的误差,用百分数表示,即(误差/步距角)×100%,步距角的误差不累积。

最大空载启动频率:步进电动机在某种驱动形式、电压及额定电流下,在不加负载的情况下,能够保证电动机在不失步启动时,所能加的最高控制脉冲频率。启动频率比连续运行频率要低得多。

最大运行频率:步进电动机在某种驱动形式、电压及额定电流下,在不加负载的情况下,步进电动机运行的最高频率。

最大跟踪频率:限制步进电动机高速运行的极限条件,若超过最大跟踪频率,则步进电动机的动态转矩减小,负载能力变差,出现失步现象,此外还会造成内损耗增加,寿命降低。

电动机矩频特性:电动机在某种测试条件下,测得运行中输出力矩与脉冲频率之间的关系曲线称电动机矩频特性。它是选择步进电动机的重要依据。一般当脉冲频率很高时,电动机转矩将减小,负载能力变差。

电动机共振点:步进电动机均有固定的共振区域,反应式步进电动机步距角为 $1.8°$ 左右,为使电动机输出力矩大、不失步和降低噪声,一般工作点偏移共振区较多。

2）步进电动机的特点

步进电动机的特点有惯性小,控制性能好,响应快,精度高,抗干扰能力强。

二、步进电动机驱动控制系统

步进电动机驱动系统完成由弱电到强电的转换和放大,也就是将电脉冲信号变换成电动机绕组所需的具有一定功率的电流脉冲信号。

1. 步进电动机驱动系统的组成

步进电动机驱动系统主要由环形分配器和功率放大驱动电路组成,如图 5-32 所示。

环形分配器用于控制步进电动机的通电方式,其作用是将控制器送来的一系列指令脉冲按照一定的顺序和分配方式加到功率放大器上,控制各相绕组的通电、断电。环形分配器按功能可分为硬件环形分配器和软件环形分配器两种。

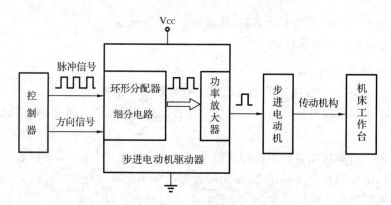

图 5-32　步进电动机驱动系统的组成

（1）硬件环形分配器。

硬件环形分配器采用逻辑门电路和双稳态触发器来实现。随着电气元件的发展,目前,已经有各种专用集成环形分配器芯片可供选用,如用于三相反应式步进电动机的 CH250 芯片,用于两相步进电动机斩波控制的 PMM8713 和用于五相步进电动机控制的 PMM8714 等。关于硬件环形分配器的相关知识可查阅有关资料,这里就不做介绍。

（2）软件环形分配器。

软件环形分配器是一种采用软件完成脉冲分配的方式,实现起来较为简单、方便。对于采用计算机控制的步进电动机驱动系统,使用软件实现脉冲分配,常用的是查表法。具体实现方法可查阅单片机应用技术,这里也不做介绍。

2. 步进电动机驱动电路与控制方式

步进电动机驱动电路实际上是一种脉冲放大电路,它的作用是将环形分配器发出的电脉冲信号放大送至步进电动机各绕组,每一相绕组分别有一组功率放大电路。步进电动机驱动电路有单电压驱动、双电压驱动、恒流斩波驱动和细分驱动等四种形式。

1）步进电动机的驱动电路

图 5-33(a)所示为单电压驱动电路,图 5-33(b)所示为双电压驱动电路,图 5-33(c)所示为恒流斩波驱动电路,L 为步进电动机励磁绕组的电感。步进电动机驱动电路要解决的核心问题是如何提高步进电动机的快速性和平稳性。

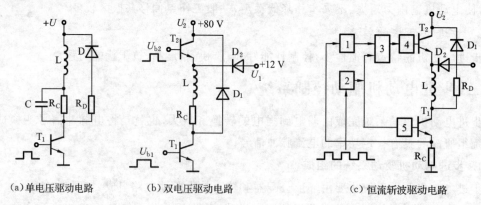

(a)单电压驱动电路　　(b)双电压驱动电路　　(c)恒流斩波驱动电路

图 5-33　步进电动机驱动电路

在图 5-33(c)中,1 为整形电路,2 为脉冲分配器,3 为控制门,4、5 为前置高压放大器。

2) 步进电动机的细分驱动电路

上述提到的三种步进电动机的驱动电路都是按照环形分配器决定的分配方式,控制电动机各相绕组的导通或截止,从而使电动机产生步进运动,步距角的大小只有两种,即整步工作或半步工作,步距角已由步进电动机结构所限定。为了使步进电动机获得更小的步距角或者减小电动机振动、噪声等原因,可以采用细分驱动技术。

(1)细分驱动技术。

细分驱动技术是把步进电动机的一个步距角 θ_b 再细分成若干个小步距角的驱动方法,其本质是一种电流波形控制技术。它的基本思想是控制每相绕组的电流波形,使其阶梯上升或下降,电流在 0 和最大值之间给出多个稳定的中间状态,定子磁场的旋转过程也就有了多个稳定的中间状态,这样相对于一个步距角 θ_b 来讲,步进电动机转子旋转步数增多了,步距角相对减小了。图 5-34 所示为两相混合式步进电动机 A、B 两相电流按 40 等份细分控制电流的波形图。

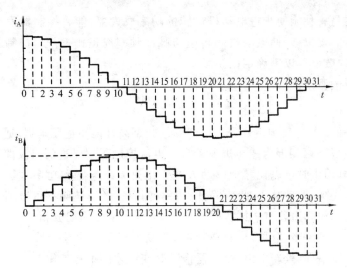

图 5-34 两相混合式步进电动机 A、B 两相电流按 40 等份细分控制电流的波形图

若两相混合式步进电动机转子的齿数 $Z_r=30$,细分后,则步进电动机的步距角 θ_b 为

$$\theta_b = \frac{360^\circ}{mZ_r} = \frac{360^\circ}{40 \times 30} = 0.3^\circ$$

式中:m——细分数,整步为 1,半步为 2。细分后,步距角 θ_b=电动机固有步距角/细分数。

采用细分驱动技术,可大大提高步进电动机的步距分辨率,减小步距角 θ_b 和转矩波动,避免低频共振及降低运行噪声。但细分技术并不能提高电动机的精度,能使电动机的转动更加平稳。

(2)细分驱动电路。

为了实现阶梯波供电,细分驱动电路有以下两种形式。

①先放大后叠加。这种方法就是将细分环形分配器所形成的各个等幅等宽的脉冲,分别进行放大,然后在电动机绕组中叠加起来形成阶梯波,如图 5-35 (a)所示。

②先叠加后放大。这种方法利用运算放大器来叠加,或采用公共负载的方法,把方波合成阶梯波,将阶梯波进行放大再去驱动步进电动机,如图 5-35(b)所示。其中的放大器可采用线性放大器或恒波斩波放大器等。

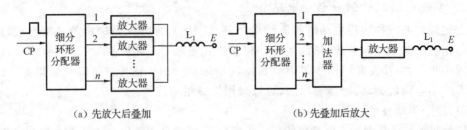

(a) 先放大后叠加   (b) 先叠加后放大

图 5-35 细分驱动电路

3）步进电动机的控制方式

步进电动机的控制方式一般可分为开环控制（见图 5-31）和反馈补偿闭环控制两种。

三、M535 步进驱动器

步进驱动器是一种能使步进电动机运转的功率放大器，能将控制器发出的脉冲信号转化为步进电动机的角位移，使电动机的转速与脉冲频率成正比，所以，控制脉冲频率可以精确调速，控制脉冲数就可以精确定位。

1. M535 步进驱动器

1）概述

M535 步进驱动器为美国雷赛公司生产的细分型高性能步进驱动器，适合驱动中小型任何 3.5 A 相电流以下两相混合式步进电动机。电流控制采用先进的双极性等角度恒力矩技术，使用同样的电动机时可以比其他驱动方式输出更大的速度和功率。其细分功能能使步进电动机运转精度提高，振动减小，噪声降低。每秒两万次的斩波频率可以消除驱动器中的斩波噪声。在驱动器的侧边装有一排拨码开关组，可以用来选择细分精度，以及设置动态工作电流和静态工作电流。当过电压或过电流时，驱动器指示灯由绿变红，清除保护状态，需解除过电压或过电流条件，重新上电，驱动器指示灯变绿才能正常工作。

2）电气规格

M535 步进驱动器的电气规格如表 5-9 所示。

表 5-9 M535 步进驱动器的电气规格

说　明	最　小　值	典　型　值	最　大　值
供电电压/V	18	36	46
均值输出电流/A	1.2	—	3.5
逻辑输出电流/mA	6	10	30
步进脉冲响应频率/kHz	—	—	300
脉冲低电平/μs	3	—	—
过电压保护/V	—	—	47

3）接线信号描述

M535 步进驱动器的接线信号描述如表 5-10 所示。

表 5-10 M535 步进驱动器的接线信号描述

信 号		功 能
PUL	PUL+（+5 V）	脉冲信号：单脉冲控制方式时为脉冲控制信号,此时脉冲上升沿有效;双脉冲控制方式时为正转脉冲信号,脉冲上升沿有效。为了可靠响应,脉冲的低电平时间应大于 3 μs
	PUL—	
DIR	DIR+（+5 V）	方向信号：单脉冲控制方式时为高/低电平信号,双脉冲控制时为反转脉冲信号,脉冲上升沿有效。单/双脉冲控制方式设定由驱动器内部跳线排实现。为保证电动机可靠响应,方向信号应先于脉冲信号至少 5μs 建立,电动机的初始运行方向与电动机的接线有关,互换任一相绕组（如 A+、A—交换）可以改变电动机初始运行的方向
	DIR—	
ENA	ENA+（+5 V）	使能信号：此输入信号用于使能/禁止,高电平时使能,低电平时驱动器不能工作,电动机处于自由状态
	ENA—	
GND		直流电源接地
+V		直流电源正极,+18 V～+46 V 间任何值均可,但推荐理论值（对应 AC220V）+40V 左右
A+		电动机 A 相
A—		电动机 A 相
B+		电动机 B 相
B—		电动机 B 相

4）相电流设定

M535 步进驱动器的相电流由 SW_1、SW_2、SW_3 三个拨码开关设定,如表 5-11 所示;而第四拨码开关 SW_4 则用于设定静止时的电流（静态电流）。

表 5-11 M535 步进驱动器的相电流设置

电流	SW_1	SW_2	SW_3
1.3	ON	ON	ON
1.6	OFF	ON	ON
1.9	ON	OFF	ON
2.2	OFF	OFF	ON
2.5	ON	ON	OFF
2.9	OFF	ON	OFF
3.2	ON	OFF	OFF
3.5	OFF	OFF	OFF

5）细分数设定

M535 步进驱动器的细分精度由 SW_5、SW_6、SW_7、SW_8 四位拨码开关设定,如表 5-12 所示。

表 5-12　M535 步进驱动器的细分数设置

细分数	SW$_5$	SW$_6$	SW$_7$	SW$_8$
2	ON	ON	ON	ON
4	ON	OFF	ON	ON
8	ON	ON	OFF	ON
16	ON	OFF	OFF	ON
32	ON	ON	ON	OFF
64	ON	OFF	ON	OFF
128	ON	ON	OFF	OFF
256	ON	OFF	OFF	OFF

6）全流/半流设定

SW$_4$:ON＝全流。SW$_4$:OFF＝半流。

7）脉冲控制模式的设定

在 M535 步进驱动器内部有两个跳线排 J$_1$、J$_2$，用于设置脉冲控制模式和有效的脉冲沿：

（1）当 J$_1$、J$_2$ 均开路时，为脉冲＋方向模式，脉冲上升沿有效（出厂默认值设置）；

（2）当 J$_1$ 短路、J$_2$ 开路时，为脉冲下降沿有效；

（3）J$_1$ 开路、J$_2$ 短路时，为脉冲＋方向模式（不发脉冲时，另一个口的电位停在高电平或光耦不导通状态），J$_1$、J$_2$ 出厂时自带跳线帽。

2. M535 步进驱动器接线图

M535 步进驱动器的控制信号有共阳极接法、共阴极接法和差分信号等三种接法，M535 步进驱动器采用差分接口电路，内置高速光电耦合器，允许接收长线驱动器、集电极开路和 PNP 输出电路的信号。一般推荐使用长线驱动器电路，抗干扰能力力强，接口完全匹配。但不管什么接法都要确保驱动器光耦的电流在 10～15 mA 范围内。否则，电流过小，驱动器工作不可靠、不稳定，会有失步等问题；电流过大，又会损坏驱动器。

一个完整的步进电动机控制系统应包含有步进电动机、步进驱动器、直流电源以及控制器，由 M535 步进驱动器组成的步进电动机控制系统的接线图如图 5-36 所示。

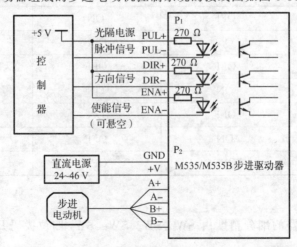

图 5-36　M535 步进驱动器组成的步进电动机控制系统的接线图

特别提示

许多两相混合式步进电动机有 8 根引线,这种电动机既可以串联连接又可以并联连接。串联连接的电动机,线圈长度增加,力矩加大;并联连接的电动机,电感较小,启动和停止较快。

【任务实施】

一、实施环境

(1)HNC-21 数控综合实验台。

(2)任务实施所需的设备、工具及材料明细表如表 5-13 所示。

表 5-13 任务实施所需设备、工具及材料明细表

名称	型号或规格	单位	数量
实验台	HNC-21 数控综合实验台	台	1
万用表	MF-47 或自定	块	1
电工通用工具	验电笔、钢丝钳、螺丝刀(一字和十字)、电工刀、尖嘴钳、活动扳手、剥线钳等	套	1
导线	自定	根	若干

二、实施步骤

1. 实训前的准备

(1)各组组长对任务进行描述并提交本次任务实施计划书(见表 5-14)和完成任务的措施。

(2)各组根据任务要求列出元件清单并依据元件清单备齐所需工具、仪表及材料。

(3)组内任务分配。

表 5-14 任务实施计划书

步骤	内 容	计划时间	实际时间	完成情况
1	阅读和查找相关知识及技术资料,熟悉实训任务,确定实训方案			
2	了解 X 轴步进驱动系统的组成,解释各主要部件的功能			
3	认真阅读 M535 步进驱动器使用手册,认识 M535 步进驱动器接口名称并解释其功能			
4	阅读和分析实训电路图(见图 5-26),弄清 X 轴步进驱动系统的工作原理			
5	完成 CNC 到 M535 步进驱动器的连接			

续表

步骤	内　　容	计划时间	实际时间	完成情况
6	上电并完成参数设定,观察步进电动机运行情况并做好实验数据的记录			
7	熟悉步进电动机绕组的结构,进行绕组的串、并联连接,通电并观察运行情况			
8	实训报告(资料整理)			
9	总结与评价			

2. X 轴步进驱动系统的连接

1) X 轴步进驱动系统的组成

了解 X 轴步进驱动系统的组成,主要部件的名称及功能。

2) 阅读电路图

仔细阅读图 5-26 所示的电路图,熟悉 X 轴步进驱动系统的工作原理。

3) X 轴步进驱动系统的连接

完成 CNC 到 M535 步进驱动器的连接。

3. M535 步进驱动器的参数设置

1) 步进驱动器电流的选择

本驱动器可进行电流设定,表 5-12 是拨码开关不同状态对应相电流的大小,可使用拨码开关 SW_1、SW_2、SW_3 选择驱动器的电流大小并进行设定。

2) 步进驱动器细分数的设定

本驱动器最大可提供 256 个细分数,在步进电动机步距角不能满足使用要求的条件下,可采用细分驱动器来驱动步进电动机,根据表 5-12 可对驱动器所采用的细分数进行设定,拨码开关 5、6、7、8 可以选择细分数。

3) 半流功能测试

步进电动机由于静止时的相电流很大,所以驱动器提供半流功能,其作用是步进电动机驱动器如果一定时间内没有接收到脉冲,那么它会自动将电动机的相电流减小为原来的一半,防止驱动器过热,M535 步进驱动器的 SW_4 拨至 OFF,半流功能开;拨至 ON,半流功能关。

4. 步进电动机绕组的并联与串联接法试验

步进驱动器是两相驱动器,利用两相驱动器来控制四相步进电动机,可以利用绕组的串、并联来实现四相步进电动机的两相运行。现将绕组的串联接法改为并联接法:

(1)将电动机绕组端子 A＋、C－并在一起接到驱动器 A＋端子上;

(2)将电动机绕组端子 A－、C＋并在一起接到驱动器 A－端子上;

(3)将电动机绕组端子 B＋、D－并在一起接到驱动器 B＋端子上;

(4)将电动机绕组端子 B－、D＋并在一起接到驱动器 B－端子上。

5. X 轴步进驱动系统的故障设置与分析

上述实训任务完成后,将系统恢复到原样后,进行表 5-15 所示的故障实验,仔细观察故障现象,并分析故障原因。

表 5-15　典型故障及分析

序号	故障设置方法	故障现象	故障原因
1	步进驱动器 A+与 A-互换,手动运行 X 轴,观察故障现象		
2	将步进驱动器的电流设定值调到最小,运行 X 轴,与正常情况下比较		
3	将 X 轴指令线中的 CP+、CP-进行互换,运行 X 轴,与正常情况下比较		
4	将 X 轴指令线中的 DIR+、DIR-任意取消 1 根,运行 X 轴,与正常情况下比较		
5	将 X 轴指令线中的 DIR+、DIR-互换,运行 X 轴,与正常情况下比较		
6	只将线圈 A、B 与步进驱动器连接,将 C、D 两线圈与驱动器断开,运行 X 轴,观察现象		
7	只将线圈 A、C 与步进驱动器连接,将 B、D 两线圈与驱动器断开,运行 X 轴,观察现象		

6. 任务总结与点评

1) 总结

(1)各组选派一名学生代表陈述本次任务的完成情况;

(2)各组互相提问,探讨工作体会;

(3)各组最终上交成果。

2) 点评要点

(1)M535 步进驱动器的接口和功能;

(2)电流设定和细分设定;

(3)步进电动机绕组连接;

(4)故障现象及原因。

7. 任务评价

(1)成果验收:根据评价标准进行自评、组评、师评,最后给出考核成绩。

(2)评价标准:可参考表 5-16 所示。

表 5-16　评价标准

序号	项　　目	配分	评 分 标 准
1	X 轴步进驱动系统部件认识	10	(1)部件名称每说错一处扣 1 分; (2)功能描述不清每处扣 2 分
2	M535 步进驱动器到 CNC 系统连接	20	(1)说出 M535 步进驱动器接口名称,每错一处扣 1 分; (2)描述 M535 步进驱动器接口功能,每错一处扣 1 分; (3)写出步进电动机的型号与含义,不符合要求扣 3 分; (4)连接不正确每处扣 1 分,漏接每处扣 2 分

续表

序号	项 目	配分	评 分 标 准
3	M535 步进驱动器参数设定与故障排查	40	(1)不同方式下,X 轴功能调试达不到要求或实现不了每项扣3 分; (2)X 轴功能调试达不到要求或实现不了,经故障排查后仍不能达到要求,每项再扣 5 分; (3)碰伤或损坏设备扣 10 分
4	团结协作精神	10	小组成员分工协作不明确,不能积极参与扣 10 分
5	安全文明生产	10	违反安全文明生产规程扣 5 分
6	总结汇报	10	口头答辩,实训报告,改进意见,经验交流

【拓展与提高】

一、力矩电动机

力矩电动机是无需齿轮等减速机构就能直接驱动负载,可以连续工作在低速或堵转状态,以输出转矩为主要特征的一种特殊电动机。

力矩电动机是一种具有软机械特性和宽调速范围的特种电动机,具有低转速、大扭矩、过载能力强、响应快、特性线性度好、力矩波动小等特点。这种电动机的轴不是以恒功率输出动力而是以恒力矩输出动力。

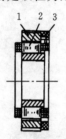

图 5-37 永磁式直流力矩电动机的结构示意图

1—定子;2—电枢;3—刷架

力矩电动机有直流力矩电动机、交流力矩电动机和无刷直流力矩电动机三种。它广泛应用于机械制造、纺织、造纸、橡胶、塑料、金属线材和电线电缆等工业的卷绕装置上。

1. 直流力矩电动机

1)直流力矩电动机的结构

直流力矩电动机是一种特殊形式的直流伺服电动机,大多采用永磁励磁,它主要由定子、电枢和刷架组成,如图 5-37 所示。

2)直流力矩电动机的工作原理

直流力矩电动机的工作原理和传统的直流伺服电动机相同,一般直流伺服电动机为了减小其转动惯量,大部分做成细长圆柱形,而直流力矩电动机为了在相同体积和电压的前提下产生较大的转矩及较低的转速,一般做成扁平状(直径 D 要大),电动机电枢铁芯长度和外径之比很小,为 0.2 左右,以满足要求。

3)直流力矩电动机的转矩、转速

(1)转矩。

设直流电动机每个磁极下磁感应强度平均值为 B,电枢绕组上的电流为 I_a,导体的有效长度为 l,则每根导体所受的电磁力 F 为

$$F = BI_a l$$

电磁转矩 T 为

$$T = NF\frac{D}{2} = \frac{BI_aNl}{2}D \tag{5-12}$$

式中:N——电枢绕组总匝数;

D——电枢铁芯直径。

式(5-12)说明电磁转矩与电动机结构参数 l、D 的关系。在电枢体积相同的条件下,保持 $\pi D^2 l$ 不变,当 D 增大时,电枢铁芯长度 l 就应减小;另外,在相同电流 I_a 以及相同用铜量的条件下,电枢绕组的粗细不变,则总导体数 N 应随 l 的减小而增加,以保持 Nl 不变。若满足上述条件,则式(5-12)中的 $BI_aNl/2$ 近似为常数,故转矩与直径近似成正比关系。

(2)转速。

导体在磁场中运动切割磁力线产生感应电势为

$$e_a = Blv$$

式中:v ——导体运动的线速度。

线速度的大小为

$$v = \frac{\pi Dn}{60}$$

设一对电刷之间的并联支路数为 2,则一对电刷间 $N/2$ 根导体串联后总感应电势为 E_a,理想空载条件下,外加电压 U_a 应与 E_a 相平衡,所以

$$E_a = NBl\pi Dn_0/120$$

此时,理想空载转速 n_0 为

$$n_0 = \frac{120U_a}{\pi NBlD} \tag{5-13}$$

式(5-13)说明,在保持 Nl 不变的情况下,理想空载转速 n_0 和电枢铁芯直径 D 近似成反比的关系。电枢铁芯直径 D 越大,电动机的理想空载转速 n_0 就越低。

由以上分析可知,在其他条件相同的情况下,增大电枢铁芯直径,减少轴向长度,有利于增加电动机的转矩和降低空载转速,故力矩电动机都做成扁平圆盘状结构。

4）直流力矩电动机的特点及应用

直流力矩电动机的特点是电气时间常数小、精度高、反应速度快、线性度好、振动小,机械噪声低、结构紧凑、运行可靠和较好的动态性能,但有电刷和换向器。

直流力矩电动机在一些低速、需要转矩调节和需要一定张力的随动系统中作为执行元件来使用。例如,人造卫星天线的驱动、X-Y 自动记录仪、雷达系统中用于无线定位及电焊枪的焊条传动等。它与直流测速发电机等检测元件配合,可以组成高精度的宽调速伺服系统,调速范围可达 0.000 17～25 r/min（即 4d 转一转）,故常称为宽调速直流力矩电动机,常用的直流力矩电动机的型号为 LY 型。

2. 无刷直流力矩电动机

无刷直流力矩电动机是近年来随着电子技术迅猛发展而发展起来的一种新型直流电动机,它是现代工业设备、现代科学技术和军事装备中重要的机电部件之一。

无刷直流力矩电动机的结构和工作原理与无刷直流电动机相似,它是采用电子换向技术代替传统直流电动机的电刷换向,如借助于霍尔元件换向和磁敏二极管换向的无刷直流力矩电动机。无刷直流力矩电动机的特点是没有电刷和换向器,无换向火花、没有无线电干扰、寿命长、运行可靠和维修方便等,在医疗器械、仪器仪表、轻纺化工和家用电器等方面得

到广泛应用。

3. 交流力矩电动机

交流力矩电动机与一般鼠笼式交流异步电动机的运转原理是完全相同的,其基本要求又和交流伺服电动机相同,但结构上有所不同,它是采用电阻率较高(如黄铜等)作转子的导条及端环,以此增加转子的电阻,获得宽广的调速范围和较软的机械特性。与一般同机座的交流异步电动机相比,交流力矩电动机的输出功率要小好几倍,堵转转矩大,堵转电流小。

交流力矩电动机的速度控制是通过测速发电机速度反馈和控制张力大小两种方法并利用调压器来实现速度调节。

通过不同的参数设计,交流力矩电动机可设计成有卷绕特性或恒转矩特性的力矩电动机。具有卷绕特性的交流力矩电动机适用于生产过程需要使产品维持恒定的张力和用恒定的线速度把物品卷绕在辊筒上的场合,而恒转矩特性的交流力矩电动机适用于传送物品,但物品并不卷绕在辊筒上,只是贴在辊轴表面上靠辊轴来传动的场合。例如,用于印染机械上的卷绕织物及印染机械上的传送织物。

二、同步电动机

同步电动机是交流电动机的一种,它与异步电动机不同,其转速与电源频率之间有着严格的关系,广泛用于需要恒速的机械设备。同步电动机可作为电动机和调相机使用,而微型同步电动机在一些自动装置中也被广泛应用。

1. 同步电动机的特点与结构

同步电动机按其用途可分为同步电动机和同步调相机两种。

1)同步电动机的特点

同步电动机的转速 n 与定子电源频率 f、磁极对数 p 之间应满足以 $n = n_0 = 60 f / p$,上式表明,当定子电流频率 f 不变时,同步电动机的转速为常数,在不超过其最大拖动能力时,转速 n 与负载大小无关,这是它的一大优点。另外,同步电动机的功率因数可以调节,当处于过励状态时,还可以改善电网的功率因数,这也是它的另一优点。

2)同步电动机的结构

同步电动机有旋转电枢式和旋转磁极式两种。旋转电枢式应用在小容量电动机中,旋转磁极式用在大容量电动机中,图 5-38 所示为三相旋转磁极式同步电动机的结构。从图 5-38 中可以看出,同步电动机是由定子和转子两大部分组成。定子部分与三相异步电动机完全一样,是同步电动机的电枢。同步电动机转子上装有磁极,分为凸极式和隐极式两种。

2. 同步电动机的基本工作原理

同步电动机在工作中是可逆的,也可用于发电机。工作时,同步电动机的定子绕组中要通入三相交流电流,而在转子励磁绕组中则通入直流电流。

图 5-39 所示为同步电动机的基本工作原理。当定子三绕组通入三相交流电流时,在定子气隙中将产生旋转磁场。该磁场以同步转速 $n_0 = 60 f / p$ 旋转,其转向取决于定子电流的相序。转子励磁绕组通入直流电流后,产生一个大小和极性都不变的恒定磁场,而且转子磁场的极数与定子旋转磁场相同。当同步电动机以某种方法启动后,根据异性磁极相互吸引的原理,转子磁极在定子旋转磁场的电磁吸引力作用下,产生电磁转矩,使转子跟随定子

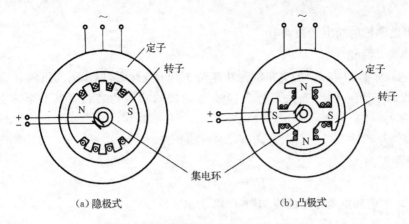

(a) 隐极式　　　　　　　　　(b) 凸极式

图 5-38　旋转磁极式同步电动机的结构

旋转磁场一起转动,将定子侧输入的交流电能转换为转子轴上输出的机械能。由于转子与旋转磁场的转速和转向相同,故称为同步电动机。

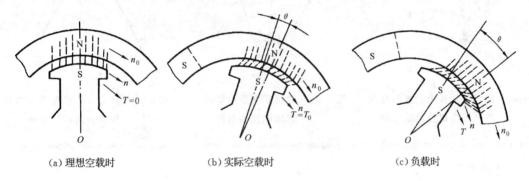

(a) 理想空载时　　　　　(b) 实际空载时　　　　　(c) 负载时

图 5-39　同步电动机的基本工作原理

在理想空载情况下,即 $T_0 = 0$ 时,由于 $T = T_0 = 0$,同步电动机转子的磁极轴线与旋转磁场轴线重合 $\theta = 0°$,如图 5-39(a) 所示,转子与定子旋转磁场完全同步;实际空载时,由于空载总存在阻力,因此,转子的磁极轴线总要滞后旋转磁场轴线一个很小的角度 θ,促使产生一个切向力,产生电磁转矩 T,如图 5-39(b) 所示;负载时,定子和转子磁场间的夹角 θ 增大,电磁场转矩 T 随之增大,如图 5-39(c) 所示。由于切向力产生电磁转矩 T 的作用,在实际空载和负载运行时,同步电动机仍能保持同步状态。

当负载转矩太大时,同步电动机定子的旋转磁场就无法拖动转子一起旋转,称为失步,此时电动机不能正常工作。

3. 同步电动机的基本方程式

根据电磁感应的原理,同步电动机运转时,转子励磁电流产生恒定的主极磁通随着转子以同步转速旋转,该磁通切割定子绕组产生感应电动势 E_0。以隐极式同步电动机为例,根据图 5-40 给出的同步电动机定子绕组各电量的正方向,可列出 U 相回路的电压平衡方程式(忽略定子绕组电阻 r_a)。

$$\boldsymbol{U} = \boldsymbol{E}_0 + j\boldsymbol{I}X_c \tag{5-14}$$

式中:X_c——电枢绕组的等效电抗,称同步电抗。

根据式(5-14),并假设此时同步电动机的功率因数角 φ 为领先时的相量图,如图 5-41

所示。

4. 同步电动机的功率因数调节

(1)功率角 θ 特性。

如图 5-41 所示，U 与 E_0 的夹角即为功率角 θ，当 θ 变化时，同步电动机的有功功率 P 也随之变化，我们把 $P=f(\theta)$ 的关系称为同步电动机的功率角特性。其数学表达式（隐极式）为

$$P = 3E_0 U \sin\theta / X_c \tag{5-15}$$

电磁转矩 T 为

$$T = 3E_0 U \sin\theta / \omega_0 X_c \tag{5-16}$$

同步电动机功率角和矩角特性曲线如图 5-42 所示。

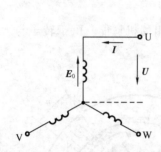 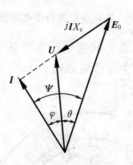 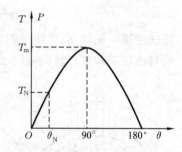

图 5-40　隐极式同步电动机的等效电路及各电量的正方向　　图 5-41　隐极式同步电动机的电动势相量图　　图 5-42　隐极式同步电动机功率角及矩角特性曲线

特别提示

当 $0<\theta<90°$ 时，同步电动机稳定运行，输出机械功率增加，功率角增大。

当 $\theta=90°$ 时，同步电动机达到稳定运行极限，极限功率为 $P_{max}=3UE_0/X_c$。

当 $\theta>90°$ 时，同步电动机不稳定运行，输出机械功率超过 P_{max}，同步电动机将失去同步。

(2)V 形曲线。

同步电动机的 V 形曲线是指在电网恒定和电动机输出功率恒定的情况下，电枢电流和励磁电流之间的关系曲线，即 $I=f(I_f)$，如图 5-43 所示。

如果电网电压恒定，则 U 与 f 均保持不变。忽略励磁电流 I_f 改变时引起的附加损耗的微小变化，则电动机的电磁功率 P 也保持不变，即

$$P = mUE_0 \sin\theta / X_c = mUI\cos\varphi \tag{5-17}$$
$$E_0 \sin\theta = 常数, \quad I\cos\varphi = 常数$$

当同步电动机带有不同的负载时，对应有一组 V 形曲线。输出功率越大，在相同励磁电流条件下，定子电流增大，V 形曲线向右上移。对应每条 V 形曲线定子电流最小值处，即为正常励磁状态，此时 $\cos\varphi=1$。左边是欠励区，右边是过励区，欠励时，功率因数 $\cos\varphi$ 是滞后的，电枢电流为感性电流，从电网吸收的无功电流，产生的磁通增量弥补转子磁场的减小；过励时，功率因数 $\cos\varphi$ 是超前的，电枢电流为容性电流，产生的增量磁通是去磁的，以抵消转子磁场增加。

由于 P 与 E_0 成正比,所以当减小励磁电流时,它的过载能力也要降低,而对应功率角 θ 则增大,这样在某一负载下,励磁电流减少到一定值时,θ 就超过 $90°$,隐极式同步电动机就不能同步运行。图 5-43 虚线表示了同步电动机不稳定运行的界限。

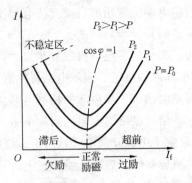

图 5-43 同步电动机的 V 形曲线

(3)同步电动机的功率因数调节(同步调相机)。

三相同步电动机 P 一定,调节 I_f 的大小时,会使转子磁场的大小产生变化。此时,为保持定子和转子合成磁场不变,定子磁场必定要发生变化,因而会引起定子交流电流的大小和相位发生变化,而相位变化就起到调节同步电动机功率因数的作用。

改变励磁电流就可以调节同步电动机的功率因数,这是同步电动机的特性。由于电网上的负载多为异步电动机等感性负载,因此,如果将运行在电网上的同步电动机工作在过励状态下,则除拖动生产机械外,还可用它吸收超前的无功电流去弥补异步电动机吸收的滞后无功电流,从而可以提高工厂或系统的总功率因数。所以,为了改善电网的功率因数,现代同步电动机的额定功率因数一般均设计为 $0.8 \sim 1$。

如果将同步电动机接在电网上空载运行,专门用来调节电网的功率因数,则称为同步调相机,或称同步补偿机。

5. 同步电动机的启动、调速、反转与制动

1)同步电动机的启动

同步电动机本身是没有启动转矩的,所以,当定子绕组通电以后,转子是不能自行启动的。这是因为同步电动机启动时,转子尚未转动,即转子转速 $n=0$,转子绕组中通入直流励磁电流,产生一个静止不动的恒定磁场。此时,定子和转子磁场之间存在着相对运动,两者相互作用的情况是一会儿产生吸引力,使转子逆时针方向旋转,如图 5-44(a)所示;一会儿又产生排斥力,使转子顺时针方向旋转,如图 5-44(b)所示。在定子旋转磁场旋转一周内,定子旋转磁场与转子磁场的电磁吸引力所产生的转矩在一个周期内要改变两次方向,作用于转子的平均电磁转矩为零,因此,同步电动机不能自行启动,必须采取必要的启动措施。

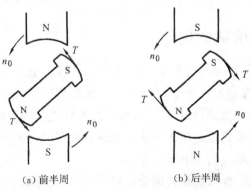

(a) 前半周   (b) 后半周

图 5-44 同步电动机的启动

同步电动机常用的启动方法有异步启动法、辅助电动机启动法和调频同步启动法三种，应用最多的是异步启动法。

为了实现同步电动机的异步启动，在转子磁极的极靴上装有类似于异步电动机的鼠笼绕组，也称启动绕组。同步电动机的启动绕组一般用铜条制成，两端用铜环短接。

同步电动机异步启动的控制电路如图 5-45 所示。启动时，先在转子励磁回路中串入一个 $5 \sim 10$ 倍励磁绕组电阻的附加电阻，开关 S_2 合至位置 A，使转子励磁绕组构成闭合回路。然后，将定子电源开关 S_1 闭合，定子绕组通入三相交流电流产生旋转磁场，利用异步电动机的启动原理将转子启动。当转速上升到接近同步转速 $95\% \ n_0$ 时，迅速将开关 S_2 由位置 A 合至位置 B 上，给转子的励磁绕组通入直流电励磁，依靠定、转子磁极之间的吸引力产生同步转矩将转子牵入同步运行。

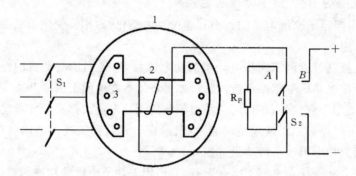

图 5-45　同步电动机异步启动的控制电路

1—同步电动机；2—同步电动机励磁绕组；3—鼠笼启动绕组

2）同步电动机的调速

一般由三相同步电动机、变频器及磁极位置检测器，再配上控制装置等，就构成了自控式同步电动机调速系统。改变自控式同步电动机电枢电压即可调节其转速，并具有类似直流电动机的调速特性，但不像直流电动机那样需要换相器，所以也称无换相器电动机。

3）同步电动机的反转与制动

同步电动机的反转与三相异步电动机反转的方法相同，只需将三相电源进线中的任意两相对调，定子的旋转磁场方向就会改变，使同步电动机反转。同步电动机的制动均采用能耗制动。

三、其他类型的控制电机

在实际应用中，作为控制电机的还有自整角机、旋转变压器和小功率同步电动机（微型同步电动机）等。详细情况读者可查阅有关资料，下面只是简单介绍一下其应用情况。

自整角机在应用中通常组成自整角机组，通常由两台或多台自整角机组成，有力矩式和控制式两种。力矩式自整角机组适用于要求远距离再现转角的场合，控制式自整角机组可以将转角信号远距离传输后转换成电压信号。

旋转变压器的实质是一台可以旋转的变压器，可以作为坐标变换、三角运算、转角测量的工具。旋转变压器通常采用原边补偿法使其输出电压与转角之间保持正、余弦关系或线性关系。

　　小功率同步电动机通常在驱动仪器仪表、走纸和打印记录机构、自动记录仪、电钟、电唱机、录像机、电影摄影机和无线电传真机这些要求速度恒定不变的控制设备和自动装置中。连续运转的小功率同步电动机实际上是一种交流电动机,在结构上与异步电动机相差不大,但在原理上与异步电动机有些区别。连续运转的小功率同步电动机根据转子的机械结构或转子的材料可分为永磁式、磁阻式和磁滞式等三种形式。

思考与练习 5

一、选择题

1. 交流测速发电机的输出电压与( )成正比。

　　A. 励磁电压频率　　　B. 励磁电压幅值　　　C. 输出绕组负载　　　D. 转速

2. 步进电动机是将输入的电信号转换成( )的电动机。

　　A. 角位移或线位移　　B. 转速　　　　　　C. 转矩　　　　　　D. 电动势

3. 反应式步进电机的基本结构是( )。

　　A. 定子和转子均有绕组　　　　　　　B. 定子有绕组,转子无绕组

　　C. 定子无绕组,转子有绕组

4. 下列方法中哪一个不是消除交流伺服电动机自转的方法?( )

　　A. 增大转子转动惯量　　　　　　　　B. 增大转子电阻

　　C. 减小转子转动惯量

5. 单相异步电动机的运行特点是( )。

　　A. 启动转矩大　　　　B. 启动转矩小　　　C. 启动转矩为零

二、简答题与计算题

1. 有一台交流伺服电动机,若加上额定电压,电源频率为 50 Hz,极对数 $p=1$,试问它的理想空载转速是多少?

2. 何为自转现象? 交流伺服电动机是怎样克服这一现象,使其当控制信号消失时能迅速停止?

3. 有一台直流伺服电动机的励磁电压一定,当电枢电压 $U_c=100$ V 时,理想空载转速 $n_0=3\,000$ r/min;当 $U_c=50$ V 时,n_0 为多少?

4. 为什么直流力矩电动机要做成扁平圆盘结构?

5. 为什么多数数控机床的进给系统宜采用大惯量直流电动机?

6. 步进电动机的运行特性与输入脉冲频率有什么关系?

7. 步进电动机的步矩角的含义是什么? 一台步进电动机可以有两个步距角,如 3°/1.5° 这是什么意思? 什么是单三拍、单双六拍和双三拍?

8. 一台五相反应式步进电动机,采用五相十拍运行方式时,步距角为 $\theta_b=1.5°$,若脉冲电源的频率 $f=3\,000$ Hz,试问转速是多少?

9. 负载转矩和转动惯量对步进电动机的启动频率和运行频率有什么影响?

10. 一台五相反应式步进电动机,转子为 48 齿,采用五相十拍运行方式时,求(1)步距角 θ_b 是多少? (2)若脉冲电源的频率为 3 000 Hz,试问转速是多少?

项目 6
典型机械设备的电气控制

本项目通过对一些典型机床电气控制 图 6-1 典型机械设备及电气控制电路的分析,使学生掌握其分析方法,提高阅读电气控制图的能力;加深对电气设备中机械、液压与电气配合的理解;培养分析与解决电气设备故障的能力,为以后从事电气设备的设计、安装、调试、维护打下基础。

◀ **知识目标**

(1)了解典型机床的主要结构、运动形式和电力拖动控制要求。

(2)掌握典型机床电气控制的工作原理。

(3)掌握阅读和分析电气控制图的方法与步骤。

(4)进一步熟悉电气设备故障诊断和排除的方法与步骤。

◀ **能力目标**

(1)会阅读分析电气控制图。

(2)能分析典型机床电气控制电路工作原理并能总结其电气控制特点。

(3)对典型机床电气控制系统中常见故障能进行诊断并能排除。

(4)能完成典型机床电气控制系统的调试和维修并编写设备维修单、填写维修记录。

(5)能设计与绘制电气设备的电气原理图、电气元件安装布置图和电气元件接线图。

◀ 学习任务 1　C650 型普通卧式车床电气控制电路分析 ▶

【任务导入】

电气控制设备中电气原理图、电气元件安装布置图、电气元件接线图及电气元件明细表（也称三图一表）是设备电气控制系统的重要文件，也是维修人员在进行电气设备的设计、安装、调试、维护的重要资料。通过对图 6-1 所示 C650 型普通卧式车床进行电气测绘，要求绘制 C650 型普通卧式车床的三图一表；分析 C650 型普通卧式车床电气原理图并编写电气作业工艺文件。

图 6-1　C650 型普通卧式车床

【任务分析】

根据 C650 型普通卧式车床，采用电气测绘的方法，绘制出 C650 型普通卧式车床的三图一表，完成 C650 型普通卧式车床电气原理图的分析并编写电气作业工艺文件，为电气设备的设计、安装、调试、维护做准备。

完成本任务的步骤是：先进行现场观察和实际操作了解 C650 型普通卧式车床的操作手柄的位置及电气元件的布局；再阅读相关资料了解 C650 型普通卧式车床的用途结构、运动形式及拖动要求，阅读分析电气原理图掌握它的电气控制原理；最后对 C650 型普通卧式车床进行电气测绘，完成 C650 型普通卧式车床三图一表的绘制及电气作业工艺文件的编写。

【相关知识】

一、电气控制电路分析基础

1. 电气控制分析的内容与要求

通过对各种技术资料的分析，掌握电气控制电路的工作原理、技术指标、使用方法、调试维护要求等。

1）电气控制分析的依据

电气控制分析的依据是机械设备本身的基本结构、运动情况、加工工艺要求、电力拖动方式、控制对象和控制要求等。

2) 电气控制分析的内容

(1)设备说明书。

设备说明书由机械(包括液压部分)与电气两部分组成。在分析时先要阅读这两部分说明书,了解设备的构造、主要技术指标、机械、电气部分的传动方式和工作原理。同时,还要了解设备的使用方法、各操作手柄、开关、旋钮、指示装置的布置及在控制电路中的作用。明确设备电气传动方式,具体有电动机及执行元件的数目、规格型号、安装位置、用途和控制要求。

(2)电气控制原理图。

电气控制原理图是控制电路分析的核心内容。电气控制原理图由主电路、控制电路、辅助电路、保护、连锁环节和特殊控制电路等部分组成。在分析电气控制原理图时,必须与阅读其他技术资料结合起来。如各种电动机及执行元件的控制方式、位置及作用,各种与机械有关的位置开关等,这些只有通过阅读说明书才能了解。

在电气控制原理图分析中还可以通过所选用的电气元件的技术参数,分析出控制电路的主要参数和技术指标,估计各部分的电流、电压值,以便在调试或检修中合理地使用仪表。

(3)电气元件布置图。

电气元件布置图是制造、安装、调试和维护电气设备必需的技术资料。在调试、检修中可通过元件布置图方便地找到各种电气元件和测试点,进行必要的检测、调试和维护保养。

(4)电气设备的总装接线图。

电气设备的总装接线图包括电气元件接线图和设备总装接线图,通过阅读分析可以了解系统的组成分布状况,各部分的连接方式,主要电气部件的布置、安装要求,导线和穿线管的规格型号等,这些都是安装设备不可缺少的资料。阅读分析电气设备的总装接线图要与阅读分析说明书、电气原理图结合起来。

(5)电气元件明细表。

电气元件明细表是安装、调试和维护电气设备必需的元件参数技术资料。在安装、调试和检修过程中可方便地查找各种电气元件参数,以便调试、检测和维修。

2. 电气原理图的阅读分析方法

仔细阅读设备说明书,从中了解到生产机械的构成、运动方式、相互关系以及各种电动机及执行元件的用途和控制要求后,便可以阅读分析电气原理图。

1) 阅读分析电气原理图的基本原则

电气原理图阅读分析的基本原则是:先机后电、先主后辅、化整为零、顺藤摸瓜、集零为整、安全保护、全面检查、总结特点。

2) 电气原理图的分析方法

电气原理图的分析方法最常用的方法是查线分析法。即采用化整为零的原则以某一电动机或电气元件为对象,从电源开始,自上而下、自左而右,逐一分析其接通和断开关系(逻辑条件),并区分出主令信号、连锁条件、保护要求。根据图区坐标标注的检索和控制流程的方法可以方便地分析出各控制条件与输出结果之间的因果关系。

3) 电气原理图的分析步骤

(1)应详细阅读设备说明书。

通过阅读说明书来了解设备的主要结构、运动方式、主要技术性能,液压气压传动系统的工作原理,设备对电气控制系统的要求。

(2)分析主电路。

无论是电路的设计还是电路的分析都是先从主电路入手。主电路的作用是保证整机拖动要求的实现,通过分析可了解各电动机及执行元件的用途、类型、传动方案、采用的控制方法及其工作状态和保护要求等内容。

(3)分析控制电路。

主电路各控制要求是由控制电路来实现的,运用化整为零、顺藤摸瓜的原则,将控制电路按功能分块分区域的划分,从电源和主令电器(如操作手柄、开关、按钮等)开始,能按工艺过程、工作方式,经过逻辑判断,分块分区域总结出控制电路的功能、规律、信号的走向,并以简便明了的方式写出控制流程及电路的工作过程。

(4)分析辅助电路。

辅助电路包括执行元件的工作状态的显示、电源显示、参数测定、照明和故障报警等。这部分电路相对独立,起辅助作用但又不影响主要功能。辅助电路中很多部分是受控制电路中的元件来控制的。

(5)分析连锁与保护环节。

生产机械对于安全性、可靠性有很高的要求,实现这些要求,除了合理地选择拖动、控制方案外,在控制电路中还设置了一系列电气保护和必要的电气连锁。在电气控制原理图的分析过程中,电气连锁和电气保护环节是一个重要内容,分析时不能遗漏。

(6)分析特殊控制环节。

在某些控制电路中,还设置了一些与主电路、控制电路关系密切而又相对独立的某些特殊环节。如产品的计数装置、自动检测系统、晶闸管触发电路、自动调温装置等。这些部分往往自成一个小系统,其读图的方法可参照上述分析过程,并灵活运用所学的电子技术、变流技术、自控原理、检测与转换技术等知识逐一分析。

(7)总体检查。

经过化整为零,逐一分析了每一个局部电路的工作原理以及各部分之间的控制关系后,必须通过集零为整的方法检查整个控制电路,看是否有遗漏。从整体的角度上检查和理解各控制环节之间的联系,达到对整个电气控制系统的正确理解。

阅读分析电气原理图时,有时也应与阅读分析元件的布置图和接线图结合起来,可起到相互补充的作用。

二、C650 型普通卧式车床电气控制系统分析

C650 型普通卧式车床是车床中应用最广泛的一种,主要用来车削外圆、内孔、端面、钻孔、铰孔、切槽切断、螺纹及成形表面等加工工序。

1. 车床的主要结构及运动形式

C650 型普通卧式车床属中型车床,加工工件回转直径最大可达 1 020 mm,长度可达 3 000 mm。其结构主要由床身、主轴变速箱、进给箱、溜板箱、刀架、尾架、丝杆和光杆等部分组成,如图 6-2 所示。

车床有两种主要运动:一是轴卡盘带动工件的旋转运动,称为主运动(切削运动);另一种是溜板刀架或尾架顶针带动刀具的直线运动,称为进给运动。两种运动出同一台电动机

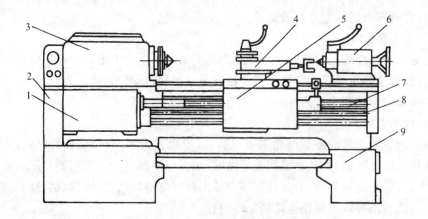

图 6-2 C650 型普通卧式车床结构示意图

1—进给箱;2—挂轮箱;3—主轴变速箱;4—溜板与刀架;

5—溜板箱;6—尾架;7—光杆;8—丝杆;9—床身

带动并通过各自的变速箱调节主轴转速或进给速度。此外,为提高效率、减轻劳动强度、便于对刀和减小辅助工时,C650 型普通卧式车床的刀架还能快速移动,称为辅助运动。

2. 拖动方式与控制要求

C650 型普通卧式车床由三台三相鼠笼式异步电动机拖动,分别是主电动机 M_1、冷却电动机 M_2 和刀架快速移动电动机 M_3。

从车削工艺要求出发,对各电动机的控制要求如下。

(1)主电动机 M_1(30 kW)完成主运动的驱动,主拖电动机与主轴间使用齿轮变速箱连接,要求能直接启动连续运行方式并有点动功能以便调整;能正反转以满足螺纹加工需要;由于加工工件转动惯量大,停车时带有反接制动。此外,还要求显示电动机的工作电流以监视切削状况。

(2)冷却电动机 M_2(0.15 kW)在加工时提供冷却液,采用直接启动、单向运行、连续工作方式。

(3)快速移动电动机 M_3(2.2 kW)采用单向点动、短时工作方式。

(4)要求有局部照明和必要的电气保护与连锁。

3. 电气控制电路分析

根据上述控制要求设计的 C650 型普通卧式车床电气原理图如图 6-3 所示,其电气控制电路分析如下。

1)主电路分析

整机电源由隔离开关 QS 控制。由主电路的构成并运用所学知识,可以确定各电动机的类型(电动机符号)、工作方式(有无过载保护)、启动方式、转向、停车制动方式、控制要求和保护要求等。例如,主电动机 M_1 是采用直接启动、连续工作(有 FR 保护)、正反向运行(KM_1、KM_3 得电为正转,KM_2、KM_3 得电为反转);正反向停车都带有反接制动控制(由 KS 和 KM_3 等器件实现);启动完成进入加工状态,由电流表 A 指示 M_1 的电流值;冷却电动机 M_2 由 KM_4 控制为单向连续运行工作方式;快速电动机由 KM_5 控制为单向点动、短时工作方式(无 FR 保护)。

2)控制电路的分析

电源由控制变压器 TC(380 V/110 V,36 V)的接线和参数标注可知各接触器、继电器线

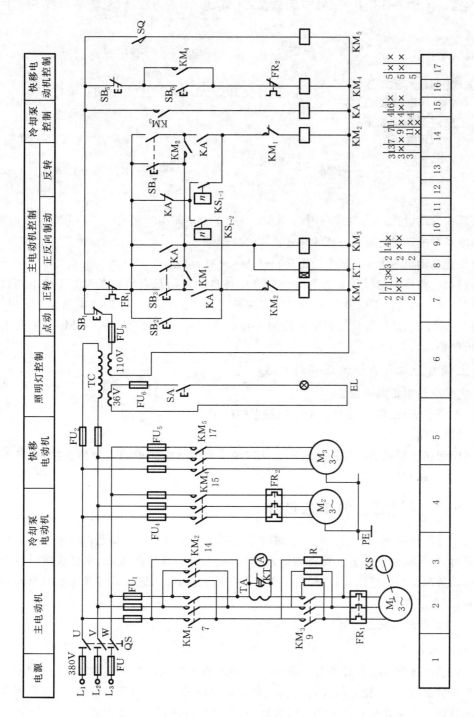

图 6-3 C650 型普通卧式车床电气原理图

项目 6　典型机械设备的电气控制

251

圈电压等级为～110 V,而照明为～36V 安全电压由主令开关 SA 控制。

(1)主电动机 M_1 控制如下。

正向点动:$QS^+ \rightarrow SB_2 \downarrow \rightarrow KM_1^+$(无自保)$\rightarrow M_1$ 串 R 正向点动(SB_2^+ 表示按 SB_2 并保持)。

正向启动:$SB_3 \downarrow \rightarrow \begin{array}{c} KM_3^+ \\ KT^+ \end{array} \rightarrow \begin{array}{c} 短接 R \\ KA^+ \end{array} \rightarrow KM_1^+$（自保）$\rightarrow M_1$ 全压正向启动 $\xrightarrow{n \geqslant 120\ r/min}$

$KS_{1-1} \xrightarrow[\text{启动完成}]{\oplus\ KT\ 延时到} \begin{array}{c} 转速达\ n_N \\ 电流表\ A\ 接入 \end{array}$ ($SB_3 \downarrow$ 表示按 SB_3,KM_1 得电保持后松开 SB_3)。

(2)正向停车制动如下。

$SB_1 \downarrow \rightarrow \begin{array}{c} KM_1^- \\ KM_3^- \\ KT^- \\ KA^- \end{array} \xrightarrow{(KS_{1-1}{}^\oplus)} KM_2^+ \rightarrow \begin{array}{c} M_1\ 串\ R \\ 反接制动 \end{array} n \downarrow \xrightarrow{n<100\ r/min} KS_{1-1}{}^\ominus \rightarrow KM_2^-$。

(3)反向启动(按 SB_4^+)与停车制动($KS_{1-2}{}^+$)过程的正向相类似。

(4)冷却泵电动机 $SB_6 \downarrow \rightarrow KM_4^+$(自锁)$\rightarrow M_2$ 启动。

(5)快速电动机 SQ^+(刀架手柄压动)$\rightarrow KM_5^+ \rightarrow M_3$ 启动。

(6)整机电路连锁与保护。由 KM_1 与 KM_2 各自的常闭触点串接在对方工作电路以实现正反转运行互锁。由 FU 及 $FU_1 \sim FU_6$ 实现短路保护。由 FR_1 与 FR_2 实现 M_1 与 M_2 的过载保护。$KM_1 \sim KM_4$ 等接触器采用按钮与自锁控制方式,因此使 M_1 与 M_2 具有欠电压与零电压保护。

3)主轴电动机负载检测及辅助电路

(1)主轴电动机负载检测。

通过电流表 A 来实现(注意 KT 常闭触点的作用)。

(2)辅助电路。

由照明变压器提供 36 V 安全电压,由 EL 提供照明。保护电路有短路保护、过载保护和失电压(欠电压)保护。

三、电气控制装置的工艺设计

工艺设计的目的是为了满足电气控制设备的制造和使用要求。工艺设计必须在原理设计之后进行,工艺设计包括电气设备的结构设计、电气设备总体配置图、总接线图设计及各部分的电器装配图与接线图设计,同时还要有部件的元件目录、进出线号及主要材料清单等技术资料,编写使用说明书。

1. 电气设备总体配置设计

1) 部件与组件

电气设备总体配置设计任务是根据电气原理图的工作原理和控制要求,将控制系统划分为几个组成部分,再根据电气设备的复杂程度,把每一部件划成若干组件,然后根据电气原理图的接线关系整理出各部分的进出线号,并调整它们之间的连接方式。

(1)组件的划分原则如下。

①功能类似的元件组合在一起,如用于操作的各类按钮、开关、指示检测、键盘等元件集中为控制面板组件;各种继电器、接触器熔断器、控制变压器等控制电器集中为电气组件。

②尽可能减少组件之间的连线数量,同时把接线关系密切的控制元件置于同一组件中。

③让强、弱电控制器分离,以减少干扰。

④为力求整齐美观,可把外形尺寸、质量相近的元件和器件组合在一起。

⑤为便于检查与调试,把需经常调节、维护和易损元件组合在一起。

(2)电气控制设备的各部分及组件的接线方式。

在划分组件的同时要解决组件之间、电气箱之间以及电气箱与被控制装置之间的连线方式。电气控制设备各部分及组件之间的接线方式一般应遵循以下原则:①开关电器、控制板的进出线一般采用接线端头或接线鼻子连接,这可按电流大小及进出线数选用不同规格的接线端头或接线鼻子;②电气柜(箱)、控制箱、柜(台)之间以及它们与被控制设备之间,采用接线端子排或工业连接器连接;③弱电控制组件、印制电路板组件之间应采用各种类型的标准接插件连接;④电气柜(箱)、控制箱、柜(台)内的元件之间的连接,可以借用元件本身的接线端子直接连接,过渡连接线应采用端子排过渡连接,端头应采用相应规格的接线端子处理。

2)总体配置设计

总体配置设计是以电气系统的总装配图与总接线图形式来表达的,图中应以示意形式反映出各部分主要组件的位置及各部分接线关系、走线方式及使用的行线槽、管线等。

总装配图、接线图(根据需要可以分开,也可并在一起)是进行分部设计和协调各部分组成为一个完整系统的依据。总体设计要使整个系统集中、紧凑,同时在空间允许条件下,把发热元件、噪声振动大的电气部件尽量放在离其他元件较远的地方或隔离起来;对于多工位的大型设备,还应考虑两地操作的方便性;总电源开关、紧急停止控制开关应安放在方便而明显的位置。总体配置设计得合理与否关系到电气系统的制造、装配质量,更将影响到电气控制系统性能的实现及其工作的可靠性。

2. 电气元件布置图的设计与绘制

1)电气元件布置图设计

电气元件布置图是某些电气元件按一定原则的组合,电气元件布置图的设计依据是部件原理图、组件的划分情况等。其设计时应遵循以下原则。

(1)同一组件中,电气元件的布置应注意把体积大的和较重的元件安装在控制板的下面。

(2)安放发热元件时,必须注意电气柜内所有元件的温升保持在它们的允许极限内,对散热量很大的元件,必须隔开安装,必要时可采用风冷。

(3)为提高电子设备的抗干扰能力,除采取接参考电位电路或公共连接等措施外,还必须把灵敏的元件分开并屏蔽。

(4)元件的安排必须遵守规定的间隔和爬电距离,并考虑有关的维修条件,经常需要维护检修操作调整的元件和器件,安装位置要适中,应符合人体工程学原理。

(5)在电气布置图设计中,还要根据部件进出线的数量、采用导线规格及出线位置等,选择进出线方式及接线端子排、连接器或接插件,并按一定顺序标上进出线的接线号。

(6)尽量把外形尺寸相同的电气元件安装在一起,以利于安装和补充加工,布置要适当、匀称、整齐、美观。

（7）大型电气柜中的电气元件，宜安装在两个安装横梁之间，这样，可减轻柜体质量，节约材料，另外便于安装，所以设计时应计算纵向安装尺寸。

2）电气元件位置图的绘制

各电气元件的位置确定以后，便可绘制电气元件布置图，如图 6-4 所示。电气布置图是根据电气元件的外形轮廓绘制的，即以其轴线为准，标出各元件的间距尺寸。每个电气元件的安装尺寸及其公差范围，应按产品说明书的标准标注，以保证安装板的加工质量和各元件的顺利安装。

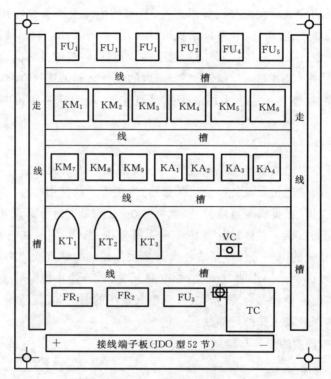

图 6-4　电气元件布置图

元件位置图上必须明确电气元件（如接线板、插接件、部件和组件等）的安装位置。其代号必须与有关电路图和清单上所用的代号一致，并注明有关接线安装的技术条件。位置图一般还应留出为改进设计所需的空间及导线槽（管）的位置。

3. 电气元件接线图的设计与绘制

电气元件接线图是根据部件电气原理及电气元件布置图绘制的，它表示成套装置的连接关系，是电气安装、维修、查线的依据。接线图应按以下原则绘制。

（1）接线图与接线表的绘制应符合《顺序功能表图用 GRAF CET 规范语言》（GB/T 21654—2008）的规定。

（2）所有电气元件及其引线应标注与电气原理图中相一致的文字符号及接线号。原理图中的项目代号、端子号及导线号的编制分别应符合《工业系统、装置与设备以及工业产品结构原则与参照代号　第3部分：应用指南》（GB/T 5094.3—2008）、《人机界面标志标识的基本和安全规则　设备端子和导体终端的标识》（GB/T 4026—2010）及《绝缘导线的标记》（GB4884—1985）等规定。

（3）与电气原理图不同，在接线图中，同一电气元件的各个部分（如触头、线圈等）必须画在一起。

（4）电气接线图一律采用细线条绘制。走线方式分板前走线和板后走线两种，一般采用板前走线，对于简单电气控制部件，电气元件数量较少，接线关系又不复杂的，可直接画出元件间的连线；对于复杂部件，电气元件数量多，接线较复杂的情况，一般是采用走线槽，只要在各电气元件上标出接线号，不必画出各元件间连线。

（5）接线图中应标出配线用的各种导线的型号、规格、截面面积及颜色要求等。

（6）部件与外电路连接时，大截面导线进出线宜采用连接器连接，其他应经接线端子排连接。图 6-5 所示为某电气设备电气板接线图。

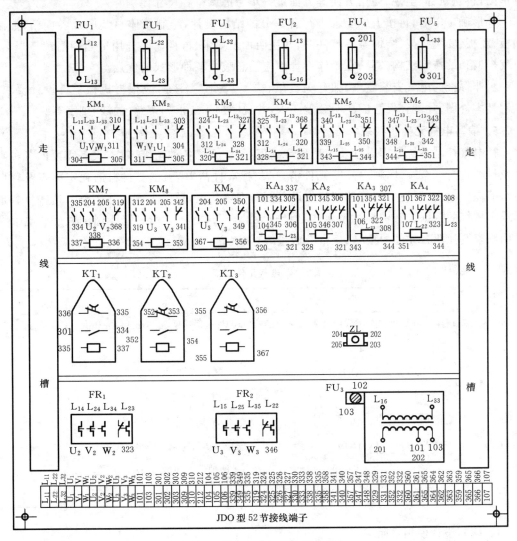

图 6-5　某电气设备电气板接线图

4. 电气柜、箱及非标准零件图的设计

电气控制装置通常都需要制作单独的电气柜（箱），其设计需要考虑以下几方面。

（1）根据操作需要及控制面板、柜（箱）内各种电气元件的尺寸确定电气柜、箱的总体尺寸及结构形式，非特殊情况下，应使总体尺寸符合结构基本尺寸与系列。

（2）根据总体尺寸及结构形式、安装尺寸，设计箱内安装支架，并标出安装孔、安装螺栓及接地螺栓尺寸，同时注明配合方式。电气柜（箱）的材料一般应选用电气柜（箱）的专用型材。

（3）根据现场安装位置、操作、维修方便等要求，设计开门方式及形式。

（4）为利于箱内电器的通风散热，在箱体适当部位设计通风孔或通风槽，必要时应在箱体上部设计通风装置与通风孔。

（5）为便于电气柜（箱）的运输，应设计合适的起吊钩或在箱体底部设计活动轮。

总之，根据以上要求，应先勾画出箱体的外形草图，估算出各部分尺寸，然后按比例画出外形图，再从对称、美观、使用方便等方面进一步考虑调整各尺寸比例。

外形确定以后，再按上述要求进行各部分的结构设计，绘制箱体总装图及各面门、控制面板、底板、安装支架、装饰条等零件图，并注明加工要求，再视需要选用适当的门锁。当然，电气柜（箱）的造型结构各异，在箱体设计中应注意吸取各种形式的优点。

对非标准的电气安装零件，如开关支架、扶手、装饰零件等，应根据机械零件设计要求，绘制其零件图，凡配合尺寸应注明公差要求，并说明加工要求如镀锌、油漆、刻字等。

5. 编写电气元件明细表

在电气控制系统原理设计及工艺设计结束后，应根据各种图纸，对本设备需要的各种零件及材料进行综合统计，列出外购元件清单表、标准件清单表、主要材料消耗定额表及辅助材料消耗定额表，以便生产管理部门按设备制造需要备料，做好生产准备工作。这些资料也是成本核算的依据。特别是对于生产批量较大的产品，此项工作一定要仔细做好。电气元件明细表要注明各元件的型号、规格及数量等，如表 6-1 所示。

表 6-1　电气元件明细表

代　号	名　　称	型　　号	规　　格	数　量
M	三相异步电动机	Y112M-4	4kW、380 V、△形接法、8.8A、1440r/min	1
QS	组合开关	HZ10-25/3	三极、15A	1
FU_1	螺旋式熔断器	RL1-60/25	60A、配熔体 25A	3
FU_2	螺旋式熔断器	RL1-15/2	15A、配熔体 2A	2
KM	交流接触器	CJ10-20	20A、线圈电压 380V	1
FR	热继电器	JR16-20/3	三极、20A、完整电流 8.8A	1
$SB_{1\sim3}$	按钮	LA10-3H	保护试按钮数 3，5A	1
XT	端子排	JKL-1015	10 A、15 节	1

6. 编写设计使用说明书

新型生产设备的设计制造中，电气控制系统的投资占有很大比重。同时，控制系统对生产机械运行可靠性、稳定性起着重要的作用。因此，控制系统设计方案完成后，在投入生产前应经过严格的审定，为了确保生产设备达到设计指标，设备制造完成后，又要经过仔细的调试，使设备运行处在最佳状态。设计说明及使用说明是设计审定及调试、使用、维护过程中必不可少的技术资料。

1) 检查与试验

(1)各种需要的技术文件是否齐全,是否无差错。

(2)各种安全保障措施是否安全。

(3)控制电路能否满足机床操作的各种功能。

(4)各个元件安装是否正确和牢靠。

(5)按规定进行绝缘试验、耐压试验、保护导线连续性试验、机床的空载例行试验及机床的负载试验。

2) 编写设计使用说明书

设计及使用说明书应包含以下主要内容:

(1)拖动方案选择依据及本设计的主要特点;

(2)主要参数的计算过程;

(3)设计任务书中要求各项技术指标的核算与评价;

(4)设备调试要求与调试方法;

(5)使用、维护要求及注意事项。

【任务实施】

一、实施环境

提供一台 C650 型普通卧式车床,根据 C650 型普通卧式车床电气控制板上的接线图,绘制 C650 型普通卧式车床的电气作业工艺文件(三图一表)。

二、实施步骤

1. 工作前的准备

(1)各组组长对任务进行描述并提交本次任务实施计划书(见表 6-2)。

表 6-2　任务实施计划

步骤	内　　容	计划时间	实际时间	完成情况
1	阅读 C650 型普通卧式车床使用说明书及本项目相关内容,了解 C650 型普通卧式车床的结构、运动形式、电气拖动要求及三图一表的设计与绘制			
2	分析 C650 型普通卧式车床电气原理图,掌握 C650 型普通卧式车床的电气控制原理			
3	在教师的指导下,对 C650 型普通卧式车床进行操作,了解 C650 型普通卧式车床的各种工作状态及操作方法			
4	观察 C650 型普通卧式车床电气控制板正常工作时低压电器的工作状态			
5	根据电器安装情况绘制电器安装图,通过接线端子导线编号绘制接线图			

步骤	内　　容	计划时间	实际时间	完成情况
6	根据低压电器安装图和接线图绘制电气原理图			
7	编写电气元件明细表			
8	资料整理并编写工艺文件			
9	总结与评价			

(2)各组根据任务要求列出完成本任务所需工具及仪表,将其准备好并进行组内任务分配。

2. 编写电气元件明细表

观察 C650 型普通卧式车床电气控制板上低压电器型号、铭牌,列写 C650 型普通卧式车床电气元件明细表,其编写可参考表 6-1。

3. 绘制电气元件布置图和接线图

观察 C650 型普通卧式车床电气控制板上低压电器各元件的布置情况,认真测绘其位置,绘制出电气元件布置图,仔细观察接线端子上导线编号,绘制出电气接线图。

4. 绘制电气原理图

根据低压电器安装图和接线图绘制电气原理图。电气原理图、电气元件安装图、电气接线图的绘制原则及注意事项见项目 3 中的任务 1 有关内容。

5. 编写工艺文件

按规范要求编写电气作业工艺文件。

6. 任务总结与点评

1)总结

(1)各组选派一名学生代表陈述本次任务的完成情况;

(2)各组互相提问,探讨工作体会;

(3)各组最终上交成果。

2)点评要点

(1)三图一表中的三图(电气原理图、电气元件安装图、电气接线图)的正确性和规范性。

(2)编写电气元件明细表的目的。

7. 验收与评价

(1)成果验收:教师根据实训考核标准,结合各组完成的实际情况,给出考核成绩。

(2)评价标准:考核标准可参考表 6-3。

表 6-3 评价标准

序号	考核内容	配分	评 分 标 准
1	绘制安装接线图	30	(1)绘制电气安装接线图时,图形符号或文字符号错一处扣 3 分; (2)绘制电气安装接线图时,接线图错一处扣 5 分; (3)绘制电气安装接线图不规范及不标准扣 10 分
2	绘制电气原理图	20	(1)绘制电气原理图时,图形符号或文字符号错一处扣 5 分; (2)绘制电气原理图时,原理图错一处扣 5 分; (3)绘制电气原理图不规范及不标准扣 5 分
3	简述原理	20	(1)缺少一个完整独立部分的电气控制电路的动作扣 5 分; (2)在简述每一个独立部分电气控制电路的动作时不完善扣 5 分; (3)描述电气动作过程错误扣 5 分
4	元件明细表	10	(1)编写元件明细表每错一处扣 2 分; (2)编写元件明细表每漏一处扣 3 分
5	工艺文件	10	没按照工艺文件要求完成、内容不正确扣 10 分
6	团结协作精神	5	小组成员分工协作不明确、不能积极参与扣 5 分
7	安全文明生产	5	违反安全文明生产规程扣 3~5 分

【拓展与提高】

一、机床电气控制设计

机床一般由机械与电气两大部分组成。设计一台机床,首先要明确该机床的技术要求,如工艺要求和电力拖动要求等,根据它们拟定总体技术方案。机床的电气设计是机床设计的重要组成部分,机床的电气设计应满足机床的总体技术方案要求。

机床的种类繁多,其电气控制系统也各不相同,但电气控制的设计原则和设计方法基本相同。作为一个电气工程技术人员,必须掌握电气控制系统设计的基本原则、设计内容和设计方法,以便根据机床的拖动要求和工艺要求去设计各类图纸和必要的技术资料。

1. 机床电气控制设计的一般原则及基本要求

机床电气控制的设计原则是设计者在设计时应遵循的基本原则,正确的设计思想和工程观点是高质量完成设计任务的保证。

1) 机床电气设计的一般原则

(1)应最大限度地满足生产机械和工艺对电气控制的要求。生产机械和工艺对电气控制的要求是电气设计的主要依据,它常常以工作循环图、执行元件动作节拍表和检测元件状态表等形式提供。

(2)力求控制电路安全可靠、简单、经济,不宜盲目追求自动化和高指标。

(3)合理选择各种电气元件。

(4)妥善处理机械与电气关系。很多机床常常采用机电结合方式来实现控制要求的,要从工艺要求、制造成本、结构的复杂性、使用维护方便等方面协调处理好两者间的关系。

(5)便于操作和维修,造型美观,符合人机关系。

(6)确保使用安全、可靠。

2)机床电气设计的基本要求

(1)熟悉所设计机床(设备)的总体技术要求及工作过程,弄清其他系统对电气控制系统的技术要求。

(2)了解所设计机床(设备)的现场工作条件、电源及测量仪表种类等情况。

(3)依据总体技术要求,通过技术经济分析,选择出最佳的传动方案和控制方案。

(4)设计机构简单、技术先进、工作可靠、维护方便、经济耐用的电气控制电路,并进行模拟试验,验证其能满足所设计机床的工艺要求。

(5)保证使用安全,贯彻最新的国家标准。

2. 机床电气设计的基本任务与内容

1)机床电气设计的基本任务

机床电气设计的基本任务是根据控制要求设计和编制出设备制造、使用和维修过程中所必需的图样和资料,包括电气原理图,电气系统组件划分与电气元件布置图、安装接线图,电气箱图,控制面板及电气元件安装底板,非标准件加工图,编制外购元件目录、单台材料消耗清单、设备说明书等资料。

2)机床电气控制系统的设计内容

机床电气控制的设计内容包括电气原理图设计和电气工艺设计两个方面。

(1)电气原理图设计内容如下。

①拟定电气设计任务书(电气技术条件);②选择并确定电气传动形式与控制方案;③确定电动机类型、型号、容量、转速;④设计电气控制原理框图,确定各部分之间的关系,拟订各部分技术指标与要求;⑤设计并绘制电气控制原理图,计算主要技术参数;⑥选择电气元件,制订电动机和电气元件明细表;⑦编写设计说明书。

(2)电气工艺设计内容如下。

①根据设计出的电气原理图及选定的电气元件,设计电气设备的总体配置,绘制电气控制系统的总装配图及总接线图;②按照原理框图或划分的组件,对总原理图进行编号,绘制各组件原理电路图,列出元件目录表;③根据组件原理电路图及选定的元件目录表,设计组件电气装配图、接线图,图中应反映元件的安装方式和接线方式;④根据组件装配要求,绘制电气安装板和非标准的电气安装零件图纸;⑤设计电气柜(箱)及非标准电气和专用安装零件;⑥汇总总原理图、总装配图及各组件原理图等资料,列出外购件清单、标准件清单、主要材料消耗定额等;⑦编写使用维护说明书。

3. 机床电气控制设计的一般程序

1)拟定机床电气设计的技术条件

电气设计的技术条件通常是以设计技术任务书的形式表达的。它是整个电气设计的依据。在任务书中,除了简要说明所设计的机械设备的型号、用途、工艺过程、技术性能、传动参数以及现场工作条件,还必须说明:

(1)用户供电电网的种类(直流或交流)、电压、频率及容量;

(2)有关电气传动的基本特性,如运动部件的数量和用途、负载特性、调速范围和平滑性,电动机的启动、反向和制动的要求等;

(3)有关电气控制的特性,如电气控制的基本方式、自动工作循环的组成、自动控制的动作程序、电气保护及连锁条件等；

(4)有关操作方面的要求,如操作台的布置,操作按钮的设置和作用,测量仪表的种类以及显示、报警和照明要求等；

(5)机床主要电气设备(如电动机、执行电器和行程开关等)的布置草图。

2) 选择拖动方案与控制方式

电动拖动方案与控制方式的确定是设计的重要部分,因为只有在总体方案正确的前提下,才能保证机床设备的各项技术指标有实施的可能性。

(1)电动拖动方案。

电动拖动方案的确定包括传动方式,调速性能,负载特性,启动、制动和反向要求以及电动机的结构形式的确定等。例如:是选择单电动机拖动还是多电动机拖动;是采用齿轮变速箱、液压调速装置、双速或多速电动机还是采用电气无级调速传动方案;负载特性是恒功率负载还是恒转矩负载等。这些往往作为电气控制原理图的设计及电气元件选择的依据。

(2)电气控制方式的选择。

合理选择电气控制方式是简便、可靠、经济地实现工艺要求的重要步骤。电气控制方式的选择与传动形式的选择紧密相关。在选择传动形式时,要预先考虑如何实现控制方式,而选择控制方式时,一定要在传动形式选择之后才能进行。

选择控制方式所要遵循的原则有如下几点。

①控制方式应与设备通用化和专用化的程度相适应。如一般普通机床专用机床往往选用继电器-接触器控制系统;万能机床一般选用可编程序控制器；数控机床则选择 CNC 系统。

②控制系统的工作方式应在经济、安全的前提下最大限度地满足工艺要求。作为控制方案,应考虑采用自动循环或半自动循环、手动调整、动作程序的变更、控制系统的检测,各个运动之间的连锁、各种保护、故障诊断、信号指示、照明以及操作方便等问题。

③合理选择控制电路的电源,可参考表 6-4 进行选择。

表 6-4　机床电气控制电路常用的电源电压

控制电路的类型		常用的电压值/V	电源设备
交流电力传动的控制系统中控制电路较简单	交流	380、220	直接采用动力电源
交流电力传动的控制系统中控制电路较复杂		220、110	采用控制变压器
照明及信号指示电路		48、36、24、6	采用电源变压器
直流电力传动的控制电路	直流	220、110	整流器
直流电磁铁及离合器的控制电路		24	整流器

3) 电动机的选择

正确选择电动机具有重要意义,合理地选择电动机要从机床的使用条件出发,从经济、合理、安全等方面来考虑,使电动机能够安全、可靠地运行。

4) 电气控制原理图的设计

设计电气控制原理图并合理选用电气元件,编制电气元件目录清单。

5) 各种施工图样的设计

设计电气设备制造、安装、调试所必需的各种施工图样,并以此为根据编制各种材料的定额清单。

6）设计说明书和使用说明书的编写

编写设计说明书和使用说明书,完成机床电气控制的设计。

二、机床电气控制电路原理图的设计

机床电气控制原理电路的设计是电气控制设计的核心内容,在总体方案确定之后,具体设计是从电气原理图开始的。如上所述,各项设计指标是通过控制原理图来实现的,同时它又是工艺设计和编制各种技术资料的依据。

1. 机床电气控制电路原理图的设计

1）控制电路电源的选择

可根据经验和有关手册进行选择。如表 6-4 所示,机床电气控制电路常用的电源电压的等级参考值,控制电路的电源可按此选择。

2）动力电路的设计

对于三相鼠笼式异步电动机,主要问题是根据工艺要求来选择动力电路中电动机的启动、制动、正反转控制及动力电路的保护环节。设计时主要应注意以下几个问题:

(1)确定电动机是全压启动还是降压启动;

(2)对于正反转控制方式,应防止误操作而引起的电源相间短路,必须在控制电路中考虑互锁保护;

(3)必须注意动力电路中的熔断器保护、过载保护、过流保护及其他安全保护等元件的选择与设置;

(4)动力电路与控制电路应保持严格的对应关系。

3）控制电路的设计

控制电路的设计通常有控制电路的经验设计法和逻辑设计法两种,下面只介绍控制电路经验设计法。

(1)经验设计法的基本步骤如下。

①收集分析国内外现有同类设备的相关资料,使所设计的控制系统合理,满足设计要求。

②控制电路设计。一般机床电气控制电路设计包括主电路、控制电路和辅助电路等设计内容。首先进行主电路设计,此时主要是考虑从电源到执行元件之间的电路设计。其次进行控制电路设计,此时主要考虑如何满足电动机的各种运动功能及生产工艺要求,包括实现加工过程自动化或半自动化的控制等。最后考虑如何完善整个控制电路的设计、各种保护、连锁以及信号、照明等辅助电路的设计。

③全面检查所设计电路,有条件时应进行模拟试验,以进一步完善设计。

④合理选择各电气元件。

(2)经验设计法的基本特点如下。

①其设计过程是逐步完善的,一般不易获得最佳设计方案,但该方法简单易行,使用很广;

②需反复修改,影响设计速度;

③需要一定的经验,设计中往往会因考虑不周而影响电路的可靠性;

④一般需要进行模拟试验。

4)提高经验设计法可靠性的注意事项

(1)应尽量避免许多电器依次动作才能接通另一个电器的现象。如图 6-6 所示,图 6-6 (a)中继电器 K_1 得电动作后,K_2 才动作,最后 K_3 才能接通得电。K_3 的动作要通过 K_1 和 K_2 两个继电器的动作;但图 6-6(b)中 K_3 的动作只需 K_1 动作,而且只需经过一对触头,工作可靠。

(2)设计电路时,首先应合理安排电气元件及触头的位置,然后应正确连接电器的线圈。

①在设计控制电路时,电器线圈的一端应接在电源的同一端。如图 6-7(a)所示,继电器、接触器以及其他电器的线圈一端统一接在电源的同一侧,使所有电器的触头在电源的另一侧。这样,当某一电器的触头发生短路故障时,不致引起电源短路,同时安装接线也方便。

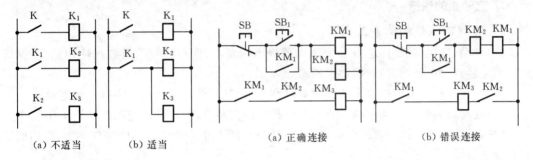

(a) 不适当　　(b) 适当　　　　　(a) 正确连接　　　　(b) 错误连接

图 6-6　继电器的合理使用　　　　**图 6-7　电器线圈的连接**

②交流电器线圈不能串联使用。两个交流电器的线圈串联使用,一个线圈最多得到 1/2 的电源电压,又由于吸合的时间不尽相同,只要有一个电器吸合动作,它的线圈上的压降也就增大,从而使另一电器达不到所需要的动作电压。如图 6-7(b)所示,KM_1 与 KM_2 的线圈串联是错误的。

(3)在控制电路中应尽量减少电器触头数。在控制电路中,应尽量减少触头,以提高电路的可靠性。在简化、合并触头过程中,主要着眼点应放在同类性质触头的合并,能一个触头完成的动作,不用两个触头。在简化过程中应注意触头的额定电流是否允许,也应考虑对其他回路的影响。如图 6-8 所示,列举了一些触头简化的例子。

(4)要注意避免出现寄生电路。在控制电路中,如果出现不是由于误操作而产生的意外接通电路,称为寄生回路。如图 6-9 所示,存在寄生电路的控制电路,正常时电路能完成启动、正反转和停车操作,但当电动机出现过载时,FR 触点断开时,接触器 KM_1、KM_2 之间就存在寄生回路,如图 6-9 中虚线所示。

(5)在设计控制电路时,应尽量减少连接导线的数量与长度。

(6)在设计控制电路时应考虑各种连锁关系,以及电气系统具有的各种电气保护措施,例如过载、短路、欠电压、零位、限位等保护措施。

(7)在设计控制电路时,也应考虑有关操作、故障检查、检测仪表、信号指示、报警以及照明等要求。

(8)控制电路应力求简单经济。

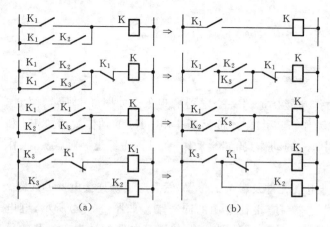

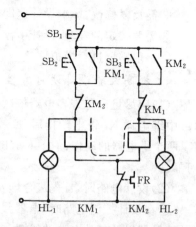

图 6-8　触头简化　　　　　　　　图 6-9　存在寄生电路的控制电路

2. 电动机的选择

1) 电动机选择的基本原则

(1)电动机的机械特性应满足生产机械提出的要求,要与负载的负载特性相适应,保证运行稳定且具有良好的启动、制动性能。

(2)工作过程中电动机容量能得到充分利用,使其温升尽可能达到或接近额定温升。

(3)电动机的结构形式应满足机械设计提出的安装要求,并能适应周围环境工作条件。

(4)在满足设计要求前提下,应优先采用结构简单、价格便宜、使用维护方便的三相鼠笼式异步电动机。

2) 电动机容量的选择

电动机容量的选择通常有分析计算法和统计类比法两种。

(1)分析计算法。

根据生产机械负载图预选一台电动机,再用该电动机的技术数据和生产机械负载图求出电动机的负载图,最后按电动机的负载图从发热的方面进行校验,并检查电动机的过载能力与启动转矩是否满足要求,若不合格,另选一台电动机重新计算,直到合格为止。

电动机分析计算法的步骤如下。

第一步,计算负载功率 P_L,绘制负载图。

第二步,根据负载功率和工作方式,预选电动机的额定功率。

第三步,校验预选电动机。一般先校验发热温升,再校验过载能力,必要时还要校验启动能力,若都通过,则预选的电动机合格;否则,从第二步重新进行预选电动机的工作,直至通过校验为止。

由于用分析计算法选择电动机容量涉及的因素较多,情况也比较复杂,这里就不一一介绍,具体请参考有关资料。

(2)统计类比法。

将各国同类型、先进的电动机容量进行统计和分析,从中找出电动机容量与机床主要参数间的关系,再根据国情得出相应的计算公式来确定电动机容量的一种实用方法。针对不同机床具体选择如下。

卧式车床主电动机的功率为

$$P = 36.5D^{1.54}$$

式中：P——主拖动电动机功率，单位为 kW；

    D——工件最大直径，单位为 m。

立式车床主电动机的功率为

$$P = 20D^{0.88}$$

式中：D——工件最大直径，单位为 m。

摇臂钻床主电动机的功率为

$$P = 0.064\ 6D^{1.19}$$

式中：D——最大钻孔直径，单位为 mm。

卧式镗床主电动机的功率为

$$P = 0.004\ 6D^{1.7}$$

式中：D——镗杆直径，单位为 mm。

龙门铣床主电动机的功率为

$$P = \frac{1}{166}B^{1.15}$$

式中：B——工作台宽度，单位为 mm。

例如，我国 C650 型普通卧式机床，其加工工件的最大直径 $D = 1.25$ m，若按统计法计算主拖动电动机容量 $P = 36.5 \times 1.25^{1.54}\,\text{kW} = 51.4$ kW，而实际选用了 60 kW 的电动机，两者比较接近。

统计类比法虽然简单，且有实用价值，但这种方法不可能考虑到各种机床的实际工作特点和当前先进的技术条件，所以这种初选的电动机，最好再通过试验的方法加以校验。

3. 电动机种类、结构、电压和转速的选择

选择电动机种类应在满足生产机械对拖动性能的要求下，优先选用结构简单、运行可靠、维护方便、价格便宜的电动机。

1）电动机种类的选择

电动机种类选择时应考虑的主要内容如下。

(1)电动机的机械特性应与所拖动生产机械的机械特性相匹配。

(2)电动机的调速性能，如调速范围，调速的平滑性、经济性等应该满足生产机械的要求，对调速性能的要求在很大程度上决定了电动机的种类、调速方法以及相应的控制方法。

(3)电动机的启动性能应满足生产机械对电动机启动性能的要求，电动机的启动性能主要是启动转矩的大小，同时，还应注意电网容量对电动机启动电流的限制。

(4)在满足电源种类性能的前提下，应优先采用交流电动机。

(5)电动机的经济性包括：一是指电动机及其相关设备（如启动设备、调速设备等）的经济性；二是指电动机拖动系统运行的经济性，主要是效率高，能节省电能。

目前，各种形式异步电动机在我国应用非常广泛，用电量约占总发电量的 60%，因此，提高异步电动机运行效率所产生的经济效益和社会效益是巨大的。电动机的主要种类、性能特点及典型生产机械应用实例如表 6-5 所示。

需要指出的是，表 6-5 中的电动机主要性能及相应的典型应用基本上是指电动机本身而言的。随着电动机控制技术的发展，交流电动机拖动系统的运行性能越来越高，使得电动机在一些传统应用领域发生了很大变化，例如，原来使用直流电动机调速的一些生产机械，现在则改用可调速的交流电动机系统并具有同样的调速性能。

表 6-5　电动机的主要种类、性能特点及典型生产机械应用实例

电动机的主要种类			性能特点	典型生产机械实例
交流电动机	三相异步电动机	鼠笼式 普通鼠笼式	机械特性硬、启动转矩不大、调速时需要调速设备	调速性能要求不高的各种机床、水泵、通风机
		高启动转矩	启动转矩大	带冲击性负载的机械，如剪床、冲床、锻压机；静止负载或惯性负载较大的机械，如压缩机、粉碎机、小型起重机
		多速	有几挡转速（2～4速）	要求有级调速的机床、电梯、冷却塔等
		绕线式	机械特性硬（转子串电阻后变软）、启动转矩大、调速方法多、调速性能及启动性能较好	要求有一定调速范围、调速性能较好的生产机械，如桥式起重机；启动、制动频繁且对启动、制动转矩要求高的生产机械，如起重机、矿井提升机、压缩机、不可逆轧钢机
	同步电动机		转速不随负载变化，功率因数可调节	转速恒定的大功率生产机械，如大中型鼓风及排风机、泵、压缩机、连续式轧钢机、球磨机
直流电动机	他励、并励		机械特性硬、启动转矩大、调速范围宽、平滑性好	调速性能要求高的生产机械，如大型机床（车、铣、刨、磨、镗）、高精度车床、可逆轧钢机、造纸机、印刷机
	串励		机械特性软、启动转矩大、过载能力强、调速方便	要求启动转矩大、机械特性软的机械，如电车、电气机车、起重机、吊车、卷扬机、电梯等
	复励		机械特性硬度适中、启动转矩大、调速方便	

2）电动机结构形式的选择

电动机的工作环境是由生产机械的工作环境决定的。在很多情况下，电动机工作场所的空气中含有不同分量的灰尘和水分，有的还含有腐蚀性气体甚至含有易燃、易爆气体；有的电动机则要在水中或其他液体中工作。灰尘会使电动机绕组黏结上污垢而妨碍散热；水分、瓦斯、腐蚀性气体等会使电动机的绝缘材料性能退化，甚至会完全丧失绝缘能力；易燃、易爆气体与电动机内产生的电火花接触时将有发生燃烧、爆炸的危险。

因此，为了保证电动机能够在其工作环境中长期安全运行，必须根据实际环境条件合理地选择电动机的防护方式。电动机的外壳防护方式有开启式、防护式、封闭式和防爆式几种。

（1）开启式。

开启式电动机的定子两侧与端盖上都有很大的通风口，其散热条件好，价格便宜，但灰尘、水滴、铁屑等杂物容易从通风口进入电动机内部，因此只适用于清洁、干燥的工作环境。

（2）防护式。

防护式电动机在机座下面有通风口，散热较好，可防止水滴、铁屑等杂物，从与垂直方向成小于45°角的方向落入电动机内部，但不能防止潮气和灰尘的侵入，因此适用于比较干燥、少尘、无腐蚀性和爆炸性气体的工作环境。防护式的类型有 YR、YQ 等系列。

(3)封闭式。

封闭式电动机的机座和端盖上均无通风孔,是完全封闭的。这种电动机仅靠机座表面散热,散热条件不好。封闭式电动机又可分为自冷式、自扇冷式、他扇冷式、管道通风式及密封式等。对于前面四种,电动机外的潮气、灰尘等不易进入其内部,如 Y 型,多用于灰尘多、潮湿、易受风雨、有腐蚀性气体、易引起火灾等各种较恶劣的工作环境。密封式电动机能防止外部的气体或液体进入其内部,如 YQS 型和 YQB 型。密封式电动机适用于在液体中工作的生产机械,如潜水泵。

(4)防爆式。

防爆式电动机是在封闭式结构的基础上制成隔爆形式,机壳有足够的强度,适用于有易燃、易爆气体工作环境,如 YA、YB 等系列。防爆式电动机适用于油库、煤气站等。

3)电动机额定电压的选择

电动机的电压等级、相数、频率都要与供电电源一致。因此,电动机的额定电压应根据其运行场所的供电电网的电压等级来确定。

我国的交流供电电源,低压通常为 380 V,高压通常为 3 kV、6 kV 或 10 kV。中等功率(约 200 kW)以下的交流电动机,额定电压一般为 380 V;大功率的交流电动机,额定电压一般为 3 kV 或 6 kV;额定功率为 1 000 kW 以上的电动机,额定电压可以是 10 kV。需要说明的是,鼠笼式异步电动机在采用 Y—△降压启动时,应该选用额定电压为 380 V、△接法的电动机。

直流电动机的额定电压一般为 110 V、220 V、440 V,最常用的电压等级为 220 V。直流电动机一般由单独的电源供电,选择额定电压时通常只要考虑与供电电源配合即可。

4)电动机额定转速的选择

对电动机本身来说,额定功率相同的电动机,额定转速越高,体积就越小,造价就越低,效率也越高,转速较高的异步电动机的功率因数也较高,所以,选用额定转速较高的电动机是合理的。但是,如果生产机械要求的转速较低,那么选用较高转速的电动机时,就需要增加一套传动比较高、体积较大的减速传动装置。因此,在选择电动机的额定转速时,应综合考虑电动机和生产机械两方面的因素来确定。

(1)对不需要调速的中、高速生产机械(如泵、鼓风机),可选择相应额定转速的电动机,从而省去减速传动机构。

(2)对不需要调速的低速生产机械(如球磨机、粉碎机),可选用相应的低速电动机或者传动比较小的减速机构。

(3)对经常启动、制动和反转的生产机械,选择额定转速时则应主要考虑缩短启动、制动时间以提高生产率。启动、制动时间的长短主要取决于电动机的飞轮转矩和额定转速,应选择较小的飞轮转矩和额定转速。

(4)对调速性能要求不高的生产机械,可选用多速电动机或者选择额定转速稍高于生产机械的电动机配以减速机构,也可以采用电气调速的电动机拖动系统。在可能的情况下,应优先选用电气调速方案。

(5)对调速性能要求较高的生产机械,应使电动机的最高转速与生产机械的最高转速相适应,直接采用电气调速。

4. 低压电器的选择

电气控制系统是由各电气元件组成的,一个大型的自动控制系统所需电气元件有几千甚至几万个。所以,如何正确选用电气元件,对电气控制系统的设计是非常重要的。

1) 低压电器的选择原则

(1)根据对控制元件功能的要求,确定元件类型。如继电器与接触器,当元件用于通、断功率较大的主电路时,应选交流接触器。若元件用于切换功率较小的电路(如控制电路)时,则应选择中间继电器;若伴有延时要求时,则应选用时间继电器。

(2)根据电气控制的电压、电流及功率的大小来确定元件的规格,满足元器件的承载能力及使用寿命。

(3)掌握元器件预期的工作环境及供应情况,如防油、防尘、货源等。

(4)为了保证一定的可靠性,采用相应的降额系数,并进行一些必要的计算和校核。

2) 控制变压器的选择

当机床的控制电器较多,电路又比较复杂时,最好采用经控制变压器降压的控制电源,以提高工作的可靠性。

(1)控制变压器的选择原则如下。

① 一次侧、二次侧应与电源、控制电路等电压相符;②控制变压器二次侧的元件启动时能可靠吸合;③温升不应超过允许温升。

(2)控制变压器容量的选择如下。

① 根据控制电路在最大工作负载时所需要的功率进行选择,以保证变压器在长期工作时不致超过允许温升,即

$$S_T = K_T \sum S_C \tag{6-1}$$

式中:S_T——变压器所需的容量,单位为 VA 或 kVA;

$\sum S_C$——控制电路在最大负载时的电器所需要的功率,单位为 VA,对于交流电器,S_C 应取该电器的吸持功率;

K_T——变压器的储备系数,一般取 1.1～1.25。

②变压器的容量应能保证部分已吸合的电器在启动其他电器时,仍能可靠地保持吸合,同时又能保证将要启动的电器也能启动吸合。此时 S_T 按下式计算:

$$S_T = 0.6 \sum S_C + 1.5 \sum S_{TC} \tag{6-2}$$

式中:$\sum S_{TC}$——所有同时启动的电磁铁在启动时所需要的总功率,单位为 VA;

$\sum S_C$ 应当按启动时已经吸合的电器进行计算。

变压器所需容量应由以上两式中所算出的最大容量决定。

3) 常见低压电器的选择

对于常见低压电器的选择可以参见项目1中常用低压电器的相关内容,这里就不再叙述。

◀ 学习任务2　X62W 型卧式万能铣床电气控制与维修 ▶

【任务导入】

X62W 型卧式万能铣床如图 6-10 所示。工人在操作 X62W 型卧式万能铣床时,发现工

作台纵向(左、右)进给不动作,圆工作台也不动作,检查其他进给则工作正常。维修人员根据故障现象进行现场调查,分析 X62W 型卧式万能铣床的电气原理图,找出故障原因,向工人描述维修方案,在机床工作现场快速排除故障,填写维修记录并交接验收。

【任务分析】

工人在操作 X62W 型卧式万能铣床时,发现该铣床左、右进给不动作,圆工作台不动作,其他进给可以进行,有进给冲动。根据这一现象,维修人员通过阅读机床分析电气原理图及现场诊断,发现故障出在左、右进给与圆工作台的公共部分:SA_1、SQ_{1-1}、SQ_{1-2},以及连接导线。进一步验证 SQ_{3-2}、SQ_{4-2} 触点是好的,唯一的故障落在 SQ_{2-1} 触点或导线上。

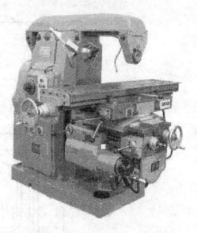

图 6-10 X62W 型卧式万能铣床

完成本任务的步骤是:先进行现场调查并进行实际操作了解故障现象;再阅读相关资料,了解 X62W 型卧式万能铣床的结构、运动形式、拖动要求,阅读分析电气原理图并掌握它的电气控制原理;最后对故障现象进行诊断、分析并处理故障。

【相关知识】

一、X62W 型卧式万能铣床电气控制系统分析

X62W 型卧式万能铣床主要是用于加工零件的平面、斜面、沟槽等型面的机床。装上分度头以后,可以加工直齿轮或螺旋面,装上回转圆工作台则可以加工凸轮和弧形槽。铣床用途广泛,在金属切削机床中使用数量仅次于车床。铣床的种类很多,有卧铣、立铣、龙门铣、仿形铣以及各种专用铣床。

1. X62W 型卧式万能铣床的主要结构与运动形式

X62W 型卧式万能铣床具有主轴转速高、调速范围宽、操作方便、工作台能自动循环加工等特点,其结构简图如图 6-11 所示。X62W 型卧式万能铣床主要由底座、床身、悬梁、刀杆支架、工作台、溜板和升降台等组成。箱型床身固定在底座上,它是机床的主体部分,用来安装和连接机床的其他部件,床身内装有主轴的传动机构和变速操纵机构,床身的顶部有水平导轨,其上装有带一个或两个刀杆支架的悬梁,刀杆支架用来支承铣刀心轴的一端,心轴的另一端固定在主轴上,并由主轴带动旋转。悬梁可沿水平导轨移动,以便调整铣刀的位置。床身的前侧面装有垂直导轨,升降台可沿导轨上下移动。在升降台上面的水平导轨上,装有可在平行于主轴轴线方向移动(横向移动,即前后移动)的溜板,溜板上部装有可以转动的回转台。工作台装在回转台的导轨上,可以作垂直于轴线方向的移动(纵向移动,即左右移动)。工作台上有固定工件的 T 形槽,固定于工作台上的工件可作上下、左右及前后 3 个方向的移动,便于工作调整和加工时进给方向的选择。此外,溜板可绕垂直轴线左右旋转 45°,因此,工作台还能在倾斜方向进给,以加工螺旋槽。该铣床还可以安装圆工作台以扩大铣削能力。

从上述分析可知,X62W 型卧式万能铣床有三种运动,即主运动、进给运动和辅助运动。主轴带动铣刀的旋转运动称为主运动;工作台带动工件的移动或圆工作台的旋转运动称为

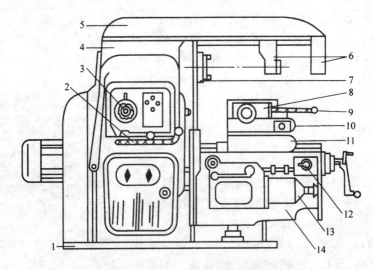

图 6-11 X62W 型卧式万能铣床结构简图

1—底座;2—主轴变速手柄;3—主轴变速数字盘;4—床身(立柱);5—悬梁;6—刀杆支架;7—主轴;
8—工作台;9—工作台纵向操作手柄;10—回转台;11—床鞍;12—工作台升降及横向操作手柄;
13—进给变速手轮及数字盘;14—升降台

进给运动;工作台带动工件在三个方向的快速移动则属于辅助运动。

2. 电力拖动方式及控制要求

(1)X62W 型万能卧式铣床的主运动和进给运动之间没有速度比例协调的要求,所以,主轴与工作台各自采用单独的鼠笼式异步电动机拖动。

(2)主轴电动机 M_1 是在空载时直接启动,为完成顺铣和逆铣,要求有正反转,可根据铣刀的种类预先选择转向,在加工过程中不变换转向。

(3)为了减小负载波动对铣刀转速的影响以保证加工质量,主轴上装有飞轮,其转动惯量较大,要求主轴电动机有停车制动控制,以提高工作效率。

(4)工作台的纵向、横向和垂直三个方向的进给运动由一台进给电动机 M_2 拖动,三个方向的选择由操纵手柄改变传动链来实现。每个方向有正反向运动,要求 M_2 能正反转。同一时间只允许工作台向一个方向移动,故三个方向的运动之间应有连锁保护。

(5)为了缩短调整运动的时间,提高生产效率,工作台应有快速移动控制。X62W 型卧式万能铣床是采用快速电磁铁吸合改变传动链的传动比来实现的。

(6)使用圆工作台时,要求圆工作台的旋转运动与工作台的上下、左右、前后 6 个方向的运动之间有连锁控制,即圆工作台旋转时,工作台不能向其他方向移动。

(7)为适应加工的需要,主轴转速与进给速度应有较宽的调节范围。X62W 型卧式万能铣床采用机械变速的方法,改变变速箱传动比来实现的。为保证变速时齿轮易于啮合,减小齿轮端面的冲击,要求电动机变速时有冲动(短时转动)控制。

(8)根据工艺要求,主轴旋转与工作台进给应有先后顺序控制,即进给运动要在铣刀旋转之后才能进行,加工结束必须在铣刀停转前停止进给运动。

(9)冷却泵由一台电动机 M_3 拖动,供给铣削时的冷却液。

(10)为操作方便,主轴电动机的启动、停止及工作台快速移动可以两处控制。

3. 电气控制电路分析

X62W 型卧式万能铣床电气控制原理图如图 6-12 所示。

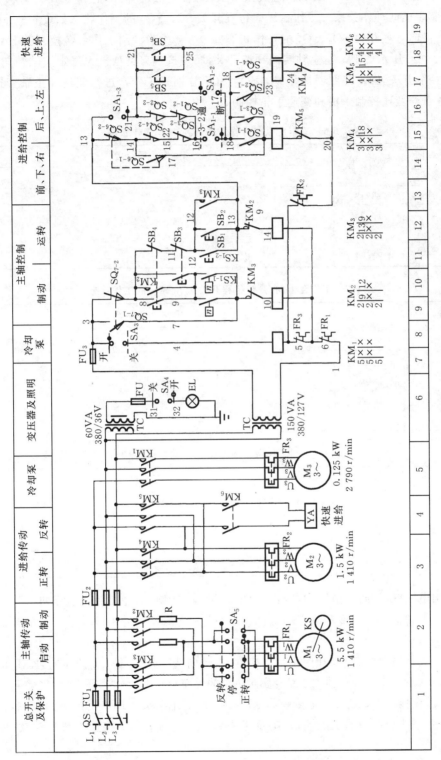

图 6-12 X62W 型卧式万能铣床电气控制原理图

这种机床控制电路的显著特点是控制由机械操作和电气操作密切配合进行。因此,在分析电气原理图之前,必须详细了解各转换开关、行程开关的作用,各指令开关的状态以及与相应控制手柄的动作关系。工作台纵向行程开关 SQ_1、SQ_2 的工作状态如表 6-6 所示。工作台升降/横向行程开关 SQ_3、SQ_4 的工作状态如表 6-7 所示。圆工作台转换开关 SA_1 的工作状态如表 6-8 所示。SA_5 是主轴转向预选开关,实现按铣刀类型预先选定主轴转向。SA_3 是冷却泵控制开关,SA_4 是照明灯开关。SQ_6、SQ_7 分别是工作台进给变速和主轴变速冲动开关,由各自的变速控制手柄和变速手轮控制。

表 6-6 工作台纵向行程开关 SQ_1、SQ_2 工作状态

纵向 触点	线端标号	操作手柄位置		
		向左	中间/停	向右
SQ_{1-1}	18、19	—	—	+
SQ_{1-2}	16、22	+	+	—
SQ_{2-1}	18、23	—	—	+
SQ_{2-2}	21、22	—	+	+

表 6-7 工作台横向/升降行程开关 SQ_3、SQ_4 的工作状态

升降/横向 触点	线端标号	操作手柄位置		
		向前/向下	中间/停	向后/向上
SQ_{3-1}	18、19	+	—	—
SQ_{3-2}	15、16	—	+	+
SQ_{4-1}	18、23	—	—	+
SQ_{4-2}	14、15	+	+	—

表 6-8 圆工作台转换开关 SA_1 的工作状态

触点	线端标号	操作手柄位置	
		圆工作台工作	圆工作台不工作
SA_{1-1}	16、18	—	+
SA_{1-2}	17、21	+	—
SA_{1-3}	13、21	—	+

由控制电路图可知,主电路中共有三台电动机,其中 M_1 为主轴拖动电动机,M_2 为工作台进给拖动电动机,M_3 为冷却泵拖动电动机。QS 为电源隔离开关。各电动机的控制过程分别如下。

(1)M_1 由 KM_3 实现启动和停止运行控制,由转向选择开关 SA_5 预选转向,KM_2 的主触头串联两相电阻与速度继电器 KS 配合实现 M_1 的停车反接制动。

(2)工作台拖动电动机 M_2 由接触器 KM_4、KM_5 的主触头实现正反向进给控制,由接触器 KM_6 的主触头控制快速电磁铁,并决定工作台移动速度;KM_6 接通为快速移动,断开为慢速自动进给。

(3)冷却泵拖动电动机由接触器 KM_1 控制,单方向运转。M_1、M_2、M_3 均为直接启动连续运行。

1）控制电路分析

（1）控制电路电源。

因为控制电器较多，所以控制电路电压为 127 V，由控制变压器 TC 供给。

（2）主轴电动机的启停控制。

在非变速状态，SQ_7 不受压。根据所用的铣刀，由 SA_5 选择转向，合上 QS，启动控制过程为：

$SB_1 \downarrow$（或 $SB_2 \downarrow$）$\rightarrow KM_3^+$（自锁）$\rightarrow M_1^+$ 直接启动 $\xrightarrow{n \geqslant 120 \text{ r/min}} KS_{1-1}^{\oplus}$（或 $KS_{1-2}^{\oplus}$）为反接制动作准备。

加工结束，需要停止时：

$SB_3 \downarrow \rightarrow KM_3^- \rightarrow KM_2^+$（自锁）$\rightarrow M_1$ 串 R 反接制动 $n \downarrow \downarrow \xrightarrow{n<100 \text{ r/min}} KS_{1-1}^{\ominus} \rightarrow$（或 $KS_{1-2}^{\ominus}$）

$KM_2^- \rightarrow n=0$（或 $SB_4 \downarrow$）。

（3）主轴变速冲动控制。

X62W 型卧式万能铣床主轴的变速采用孔盘机构，集中操纵。从控制电路的设计结构来看，既可以在停车时变速，也可以在 M_1 运转时进行变速。

图 6-13 所示为 X62W 型卧式万能铣床的主轴变速机构简图。变速时，拉出手柄 8，由扇形齿轮带动齿条 4 和拨叉 7，使变速孔盘 5 移出，由于扇形齿轮 2 同轴的凸轮 9 触动限位开关 10（SQ_7），然后转动变速数字盘 1 至所需的转速，再迅速将手柄 8 推回原处。当快接近终位时，应减慢推动的速度，以利于齿轮的啮合，使变速孔盘 5 顺利推入。此时，凸轮 9 又触动一下 SQ_7，当变速孔盘完全推入时，SQ_7 恢复原位。当手柄不能推到底（变速孔盘推不上）时，可将手柄扳回再推一两次，便可推回原处。

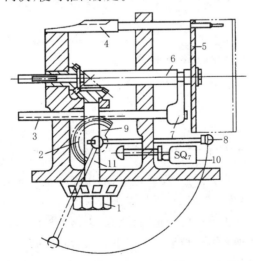

图 6-13 X62W 型卧式万能铣床的主轴主轴变速机构简图

1—变速数字盘；2—扇形齿轮；3、4—齿条；5—变速孔盘；
6、11—轴；7—拨叉；8—手柄变速；9—凸轮；10—限位开关

从上面的分析可知，在手柄推拉过程中，使变速触动开关 SQ_7 动作，即 SQ_{7-2} 分断，SQ_{7-1} 闭合。由于 SQ_{7-1} 短时闭合时，SQ_{7-2} 断开，所以 X62W 型卧式万能铣床能够在运转中直接进

行变速操作。其控制过程是:扳动手柄时,SQ_7短时受压,M_1反接制动,转速迅速降低,以保证转速过程顺利进行。变速完成后推回手柄,则主轴重新启动后,便运转于新的转速。

(4)工作台移动控制。

工作台移动控制电路的电源是从编号点13引出,串入KM_3的自锁触点,以保证主轴旋转与工作台进给的顺序动作要求。进给电动机M_2由KM_4、KM_5控制,实现正反转。工作台移动方向由各自的操作手柄来选择。各方向进给控制分述如下。

①工作台左右(纵向)移动。工作台纵向进给是由纵向操作手柄控制的。此手柄有左、中、右三个位置,各位置对应的限位开关SQ_1、SQ_2的工作状态如表6-6所示。扳动手柄合上纵向进给的机械离合器,则相应传动链接通,同时压下SQ_1或SQ_2,实现纵向按选定的进给速度自动进给。其控制过程如下。

工作台向右移动:启动M_1(KM_3^+),SA_1(SA_{1-1}^+ SA_{1-2}^-)置于断开圆工作台的十字开关位置居中(SA_{1-3}^+ SQ_3^-和SQ_4^-)。

其操作方法与电路工作过程是:

$$手柄扳向右 \rightarrow \begin{cases} 合上纵向进给机械离合器 \\ 压下\ SQ_1^+ \begin{pmatrix} SQ_{1-2}\ 分断 \\ SQ_{1-1}\ 闭合 \end{pmatrix} \end{cases} \rightarrow KM_4^+ \rightarrow M_2\ 正转 \rightarrow 工作台右移$$

电流流经的路径为:

$$13 \rightarrow SQ_{6-2} \rightarrow SQ_{4-2} \rightarrow SQ_{3-2} \rightarrow SA_{1-1} \rightarrow KM_4\ 线圈 \rightarrow \begin{matrix} KM_5 \\ 常闭触点 \end{matrix} \rightarrow 20$$

若停止向右移动,只要将手柄扳回中间位置,此行程开关SQ_1不受压,KM_4释放,工作台停止移动。

工作台向左移动:

$$将手柄扳向左 \rightarrow \begin{cases} 合上纵向进给机械离合器 \\ 压下\ SQ_2 \begin{pmatrix} SQ_{2-2}\ 分断 \\ SQ_{2-1}\ 闭合 \end{pmatrix} \end{cases} \rightarrow KM_5^+ \rightarrow M_2\ 反转 \rightarrow 工作台左移$$

电流流经的路径为:

$$13 \rightarrow SQ_{6-2} \rightarrow SQ_{4-2} \rightarrow SQ_{3-2} \rightarrow SA_{1-1} \rightarrow KM_5\ 线圈 \rightarrow \begin{matrix} KM_4 \\ 常闭触点 \end{matrix} \rightarrow 20$$

工作台纵向进给有限位保护,进给至终端时,利用工作台上安装的左右终端撞块撞击操纵手柄,使手柄回到中间停车位置,实现限位保护。

②工作台前后(横向)和上下(升降)进给控制。工作台横向和升降运动是通过十字开关操纵手柄来控制的。该手柄有五个位置,即上、下、前、后和中间零位。在扳动十字开关操纵手柄时,通过联动机构将控制运动方向的机械离合器合上,同时压下相应的行程开关SQ_3或SQ_4。各位置对应的限位开关SQ_3、SQ_4的工作状态如表6-7所示。

工作台向上运动条件:左右(纵向)操作手柄居中,启动M_1(KM_3^+),SA_1置于断开圆工作台位(SA_{1-1}^+ SA_{1-2}^-)。

SA_{1-3}^+

将手柄扳向上→┬→合上垂直进给的机械离合器
　　　　　　　└→压下 SQ_4 $\left(\begin{array}{l}SQ_{4\text{-}2} \text{ 分断}\\SQ_{4\text{-}1} \text{ 闭合}\end{array}\right)$ →KM_5^+→M_2 反转→工作台向上运动

电流流经的路径为：

$$13 \to SA_{1\text{-}3} \to SQ_{2\text{-}2} \to SQ_{1\text{-}2} \to SA_{1\text{-}1} \to SQ_{3\text{-}1} \to KM_5 \text{线圈}$$
$$20 \leftarrow KM_4 \text{ 互锁触点} \leftarrow$$

欲停止上升，只要把手柄扳回中间位置即可。

工作台向下运动：只要将手柄扳向下，则 KM_4 线圈得电，使 M_2 正转即可，其控制过程与上升类似。

工作台向前运动的条件与向上运动一样。电流流经的路径为：

$$13 \to SA_{1\text{-}3} \to SQ_{2\text{-}2} \to SQ_{1\text{-}2} \to SA_{1\text{-}1} \to SQ_{3\text{-}1} \to KM_4 \text{线圈}$$
$$20 \leftarrow KM_5 \text{ 互锁触点} \leftarrow$$

工作台向后运动，控制过程与向前类似，只需将手柄扳向后，则 SQ_4 被压下，KM_5 线圈得电，M_2 反转，工作台向后运动。

工作台向上、下、前、后运动都有限位保护，当工作台运动到极限位置时，利用固定在床身上的挡铁，撞击十字手柄，使其回到中间位置，工作台便停止运动。

每个方向的移动都有两种速度，上面介绍的六个方向的进给都是慢速自动进给移动。需要快速移动时，可在慢速移动过程中按下 SB_5 或 SB_6，则 KM_6 得电吸合，快速电磁铁 YA 通电，工作台便按原移动方向快速移动。快速移动为短时点动，松开 SB_5 或 SB_6，快速移动停止，工作台仍按原方向继续进给。

若要求主轴不转的情况下进行工作台的快速移动，可将主轴换向开关 SA_5 扳在停止位置，然后扳动进给手柄，按下主轴启动按钮和快速移动按钮，工作台就可进行快速调整。

（5）工作台各运动方向的连锁。

工作台向左、右、前、后、上、下六个方向进给运动分别由两套机械机构操作，而铣削加工时只许一个方向的进给运动，为了避免误操作，在采用机械连锁的同时还采用了电气连锁。如当工作台实现左、右方向进给运动时，工作台由同一个手柄操作的，手柄本身起到左右运动的连锁作用。同理，工作台的横向和升降运动四个方向的连锁是通过十字手柄本身来实现的。而工作台的纵向与横向、升降运动的连锁，则是利用电气方法来实现的。由纵向进给操作手柄控制的 $SQ_{1\text{-}2} \to SQ_{2\text{-}2}$ 和横向、升降进给操作手柄控制的 $SQ_{4\text{-}2} \to SQ_{3\text{-}2}$ 的两个并联支路控制着接触器 KM_4 和 KM_5 的线圈，若两个手柄都扳动，则这两个支路都断开，使 KM_4 和 KM_5 的线圈都断电，达到连锁的目的，防止因两个手柄同时操作而损坏机构。

（6）进给变速冲动。

进给变速冲动与主轴变速冲动一样，为了便于变速时齿轮的啮合，控制上电路中也设置了瞬时冲动控制环节，但应注意在进给变速时不允许工作台进行任何方向的运动。

进给变速的过程：先启动主轴电动机，将手柄拉出，使齿轮脱离啮合，然后转动变速盘至所选择的进给速度挡，最后推入手柄至原处。在推入手柄时，应先将手柄向极端位置拉一下，使行程开关 SQ_6 被压合一次，其常闭触点 $SQ_{6\text{-}2}$ 断开，常开触点 $SQ_{6\text{-}1}$ 闭合，控制电流经 $13 \to SA_{1\text{-}3} \to SQ_{2\text{-}2} \to SQ_{1\text{-}2} \to SQ_{3\text{-}2} \to SQ_{4\text{-}2} \to SQ_{6\text{-}1} \to KM_4$ 线圈 $\to KM_5$ 常闭触点 $\to 20$。KM_4 线圈通电，进给电动机 M_2 瞬时冲动，便于变速过程中齿轮啮合。

(7)圆工作台的控制。

为了扩大机床的加工能力,可以在工作台上安装圆工作台。圆工作台的回转运动由进给电动机 M_2 经传动机构驱动。在使用圆工作台时,工作台的纵向及十字操作手柄都应置于中间位置。在机床开动前,首先必须将圆工作台转换开关 SA_1 扳至接通位置,即圆工作台的工作位置。此时,SA_1 的触点 SA_{1-2} 闭合,SA_{1-1} 和 SA_{1-3} 断开,这样就切断了铣床工作台的进给运动控制回路,工作台就不能进行左、右、前、后和上、下方向的进给运动。当按下主轴启动按钮 SB_1 或 SB_2,主轴电动机启动,控制电路中电流流经 13 → SQ_{6-2} → SQ_{4-2} → SQ_{3-2} → SQ_{1-2} → SQ_{2-2} → SA_{1-2} → KM_4 线圈 → KM_5 常闭触点 → 20。KM_4 线圈通电,使电动机 M_2 带动圆工作台作回转运动。由于 KM_5 线圈回路被切断,所以进给电动机仅能以正向旋转。因此,圆工作台只能向一个方向作回转运动。

特别提示

圆工作台工作与六个方向进给运动间的连锁:圆工作台工作时不允许六个方向进给运动中作任一方向的进给运动。电路中除了通过 SA_1 开关定位连锁外,还必须使控制电路通过 SQ_1、SQ_2、SQ_3、SQ_4 的常闭触点实现电气连锁。

(8)冷却泵电动机的控制。

冷却泵电动机 M_3 通常在铣削时由转换开关 SA_3 操作。当转换开关扳至接通位置时,SA_3 的(3、4)被接通,接触器 KM_1 通电,M_3 启动旋转,拖动冷却泵送出冷却液。

2)辅助电路及保护环节

(1)照明电路。

机床的局部照明由变压器 T 输出 36 V 安全电压,由转换开关 SA_4 控制照明灯 EL。

(2)保护环节。

主电路(FU_1、FU_2)、控制电路(FU_3)和照明电路(FU_4)都具有短路保护。六个方向进给运动的终端限位保护,是由各自的限位挡铁来碰撞操作手柄,使其返回中间位置以切断控制电路来实现。

(3)电动机过载保护。

三台电动机的过载保护,分别由热继电器 FR_1、FR_2、FR_3 实现。为了确保刀具与工件的安全,要求主轴电动机、冷却泵电动机过载时,除两台电动机停转外,进给运动也应停止,否则撞坏刀具与工件,因此,FR_1、FR_3 应串接在相应位置的控制电路中。当进给电动机过载时,则要求进给运动先停止,允许刀具空转一会,再由操作人员全部停车。因此,FR_2 的常闭触点只串接在进给运动控制支路中。

4. X62W 型卧式万能铣床电气控制电路特点

X62W 型卧式万能铣床电气控制电路的特点如下。

(1)电气控制电路与机械操作配合相当密切,因此,分析中要详细了解机械结构与电气控制的关系。

(2)运动速度的调整主要是通过机械方法,因此简化了电气控制系统中的调速控制电路,但机械结构就相对比较复杂。

(3)控制电路中设置了变速控制,从而使变速顺利进行。

(4)采用两处控制,操作方便。

(5)具有完善的电气连锁,并具有短路、零电压、过载及超行程限位保护环节,工作可靠。

二、机床电气控制电路故障分析的一般方法

1. 检修前的调查研究

1)问

询问机床操作人员,故障发生前后的情况如何,这有利于根据电气设备的工作原理来判断发生故障的部位,分析出故障的原因。

2)看

观察熔断器内的熔体是否熔断;其他电气元件是否有烧毁、发热、断线,导线连接螺钉是否松动;触点是否氧化、积尘等。要特别注意高电压、大电流的地方,活动机会多的部位,容易受潮的接插件等。

3)听

电动机、变压器、接触器等正常运行的声音和发生故障时的声音是有区别的,听声音是否正常,可以帮助寻找故障的范围、部位。

4)摸

电动机、电磁线圈、变压器等发生故障时,温度会显著上升,可切断电源后用手去触摸判断电气元件是否正常。

注意 不论电路通电还是断电,要特别注意不能用手直接去触摸金属触点,必须借助仪表来测量。

2. 从机床电气原理图进行分析

首先熟悉机床的电气控制电路,结合故障现象,对电路工作原理进行分析,便可以迅速判断出故障发生的可能范围,有时还要阅读电气元件接线图和电气元件安装布置图。

3. 检查方法

根据故障现象分析,先弄清属于主电路的故障还是控制电路的故障,属于电动机的故障还是控制设备的故障。当故障确认以后,应该进一步检查电动机或控制设备。必要时可采用替代法,即用好的电动机或用电设备来替代。属于控制电路的,应该先进行一般的外观检查,检查控制电路的相关电气元件,如接触器、继电器、熔断器等有无硬裂、烧痕、接线脱落、熔体是否熔断等,同时用万用表检查线圈有无断线、烧毁,触点是否熔焊。

外观检查找不到故障时,将电动机从电路中卸下,对控制电路逐步检查,可以进行通电吸合试验,观察机床电气各元件是否按要求顺序动作,发现哪部分动作有问题,就在那部分找故障点,逐步缩小故障范围,直到全部故障排除为止,决不能留下隐患。有些电气元件的动作是由机械配合或靠液压推动的,应会同机修人员进行检查处理。

根据故障现象判断故障范围,检查故障的方法有电阻法、电压法、短接法等,这些方法的介绍可阅读项目 3 有关内容。

4. 无电路原理图时的检查方法

首先,查清不动作的电动机工作电路。在不通电的情况下,以该电动机的接线盒为起点开始查找,顺着电源线找到相应的控制接触器,然后,以此接触器为核心,一路从主触点开

始,继续查到三相电源,查清主电路;一路从接触器线圈的两个接线端子开始向外延伸,经过什么电器,弄清控制电路的来龙去脉。必要的时候,边查找边画出草图。若需拆卸时,要记录拆卸的顺序、电器结构等,再采取排除故障的措施。

5. 在检修机床电气故障时应注意以下问题

(1)检修前应将机床清理干净。

(2)电源断开。

(3)若电动机不能转动,要从电动机有无通电及控制电机的接触器是否吸合入手,决不能立即拆修电动机。通电检查时,一定要先排除短路故障,在确认无短路故障后方可通电,否则,会造成更大的事故。

(4)要更换熔断器的熔体时,必须选择与原熔体型号相同,不得随意扩大,以免造成意外的事故或留下更大的后患。因为熔体的熔断,说明电路存在较大的冲击电流,如短路、严重过载、电压波动很大等。

(5)电器的动作、烧毁,也要求先查明过载原因,故障还是会复发。并且修复后一定要按技术要求重新整定保护值,并要进行可靠性试验,以避免发生失控。

(6)万用表电阻挡测量触点、导线通断时,量程置于"×1Ω"挡。

(7)要用兆欧表检测电路的绝缘电阻,应断开被测支路与其他支路联系,避免影响测量结果。

(8)拆卸元件及端子连线时,特别是对不熟悉的机床,一定要仔细观察,理清控制电路,千万不能蛮干。要及时做好记录、标号,避免在安装时发生错误,方便复原。螺丝钉、垫片等放在盒子里,被拆下的线头要做好绝缘包扎,以免造成人为的事故。

(9)试车前应先检测电路是否存在短路现象。在正常的情况下进行试车,应当注意人身及设备安全。

(10)故障排除后,一切要复原。

【任务实施】

一、实施环境

一台 X62W 型卧式万能铣床,通过人为设置自然故障,学生扮演维修人员角色,根据故障现象找出故障原因,向教师描述维修方案,在机床现场快速排除故障,填写维修记录并交接验收。

二、实施步骤

1. 工作准备

1)学习准备

技术资料:X62W 型卧式万能铣床使用说明书、X62W 卧式万能铣床机床维修手册、X62W 卧式万能铣床电气控制原理图、电气元件安装布置图、电气元件接线图和电气元件明细表(三图一表)。

2)工具与仪表准备

常用电工工具:如试电笔、万用表、500 V 兆欧表、钳形电流表等。

3）应知的理论知识

X62W 型卧式万能铣床主要结构、运动形式、拖动控制要求；X62W 型卧式万能铣床电气控制原理；机床维修知识。

4）应会的技能

会操作 X62W 型卧式万能铣床，熟悉铣床正常时的各种工作状态、操作方法及操作手柄的位置；会阅读和分析电气原理图；具有一定故障诊断和故障排除能力。

2. 计划方案

1）工作计划

各组组长对任务进行描述并提交本次任务实施计划如表 6-9 所示。

表 6-9　任务实施计划

任务简述		
工作任务具体说明（小组讨论）		
小组人员安排	小组长	负责工作计划的制订，分配任务、监控操作过程、成本预算说明，填写设备维修单并进行答辩、总结反馈
	操作人员	负责操作，试机检查，填写故障现场调查记录和维修服务报告单
	维修人员	负责设备维修，填写维修记录表和验收结果
小组讨论记录		(1)先做什么，(2)再检查什么，(3)进一步检查什么，(4)最后得到结论，(5)具体维修方法
具体实施步骤		(1)先做什么，(2)再检查什么，(3)进一步检查什么，(4)最后得到结论，(5)具体维修方法
教师批准记录		

2）调查故障现象并记录

X62W 型卧式万能铣床发生故障时，操作人员应首先停止机床，保护现场，然后对故障进行尽可能的详细记录（见表 6-10），并及时通知维修人员（故障的记录可为维修人员排除故障提供第一手材料，应尽可能详细）。

表 6-10　故障现场调查记录

序号	情况记录	备注
1	在什么情况下出现的故障（如快移工作台时，工作台不能左右移动等）	
2	故障产生时有什么外观现象（如气味、火花电弧、撞击声等）	
3	故障发生后操作者采取什么措施（如是否按过急停按钮、是否断开机床总电源等）	
4	故障信息（如指示灯或发光管的状态）	

3）分析故障原因

维修人员应进行现场调查，详细询问操作人员并查看操作人员的故障记录，在确认不扩大事故范围的情况下，尽可能的进行机床操作并与操作人员一起分析故障可能的原因，制订处理方法。

(1)机械方面的原因。

(2)电气方面的原因。

(3)其他方向的原因。

4）制订机床故障的维修方案

(1)诊断流程。

(2)成本预算说明。

(3)向教师描述维修方案及总预算。

3. 实施（故障检测）

(1)下达设备维修单。

(2)按诊断流程排查故障点。按先外部后内部，先机械后电气，先静后动，先公用后专用，先简单后复杂，先一般后特殊进行排并记录维修过程。

(3)书写故障诊断结论。

4. 检查与验收

1）试机检查

(1)教师按照正常开机程序，启动机床，进行工作台纵向进给移动和其他进给移动，检查是否正常。

(2)操作圆工作台，观察是否正常。

(3)检查进出口冲动，观察是否正常。

以上试机都没有出现故障，说明书故障已经排除。请教师填写机床设备维修服务报告单（用户意见并签名）。

2）填写故障报告

填写故障报告，建立本台铣床的维修档案。

5. 总结与评价

(1)总结铣床工作台进给移动常见故障现象、故障原因及处理方法。

(2)记录本小组的工作失误以及导致失误的原因、改进方法，并写出小组自评结论。

(3)评价标准可参考表 6-11。

表 6-11   评价标准

序号	考核内容	配分	评 分 标 准
1	准备工作	10	(1)对工作台的故障描述错误或不清楚扣 1 分； (2)设备正确操作熟练不足扣 3 分； (3)设备图纸及各元件布局熟练不足扣 3 分
2	计划方案	25	(1)故障可能原因分析不正确扣 3 分； (2)维修思路、方案、诊断流程不合理扣 5 分； (3)维修费用预算不合理扣 5 分
3	检修过程及维修结果	25	(1)故障所在范围判断不到位扣 5 分； (2)故障排除能力（排故流程、方法简单合理及创新性）不合理扣 5 分； (3)工具及仪器仪表使用操作不规范扣 5 分； (4)机床恢复不合理扣 10 分

续表

序号	项目	配分	评 分 标 准
4	维修记录	10	(1)没有编写维修记录扣 3 分; (2)维修记录不完整,每少写一项扣 2 分
5	团结协作精神	10	小组成员分工协作不明确,不能积极参与扣 10 分
6	安全文明生产	10	违反安全文明生产规程扣 5 分
7	总结汇报	10	口头答辩、工作总结汇报、改进意见、维修经验交流不完整扣 5 分

【拓展与提高】

一、X62W 型卧式万能铣床故障诊断与维修

1. 故障排查前应注意的事项

(1)故障排查前必须熟悉 X62W 型卧式万能铣床的操作,掌握铣床电气控制的各个环节的工作原理,具有一定的机床维修知识。

(2)详细阅读和了解电阻测量法、电压测量法检查电路的步骤。

(3)熟悉带电检查注意事项。

(4)能正确使用工具及仪器仪表。

(5)带电检修时,必须由指导教师在现场监护。

2. 故障排查时的技术要求及注意事项

(1)带电操作时,应做好安全防护,穿绝缘鞋,身体各部分不得碰触机床,并且需要由教师监护。

(2)正确使用仪表,各点测试时表笔的位置要准确,特别是在带电操作时,表笔不得与相邻点相碰撞,防止发生短路事故,一定要在断电的情况下使用万用表的欧姆挡测电阻。

(3)发现故障部位后,必须用另一种方法复查,准确无误后,方可修理或更换有故障的元件,更换时要采用原型号规格的元件。

3. 设备维修单

1)设备维修单

表 6-12 所示为 X62W 型卧式万能铣床的设备维修单样式。

表 6-12 设备维修单

设备名称		规格型号		
资产编号		设备单价	购置日期	
使用地点				
故障现象	工人在手动操作 X62W 型卧式万能铣床时,发现工作台纵向(左、右)进给不动作,圆工作台也不动作,进一步操作其他方向进给发现工作正常。 使用单位负责人: 　　　　　年　　月　　日			

处理意见	小组初检意见： 组长签名： 年　　月　　日
	指导教师审批意见： 指导教师签名： 年　　月　　日
处理意见	维修记录： 维修人签名： 年　　月　　日

2）设备维修记录表

表 6-13 所示为 X62W 型卧式万能铣床的设备维修记录表，可用作存档资料。

表 6-13　设备维修记录表

使用部门		资产编号		
设备名称		设备型号		
维修时间		维修人员		
故障现象及部位		更换元件明细		
		1		
		2		
原因分析及结论		1		
		2		
检修方法及效果		自制检具明细		
		1		
		2		
改进措施		3		

二、X62W 型卧式万能铣床常见的故障

X62W 型卧式万能铣床是机电联合控制，工作台运动形式复杂，操作手柄又多，电气控制中有电气连锁，工作台各运动方向间有机械连锁，故障种类较多。为此，表 6-14 对 X62W 型卧式万能铣床的常见故障进行介绍。

表 6-14　X62W 型卧式万能铣床常见故障

故障现象	故障原因	处理方法
主轴停车时没有制动作用或产生短时反向旋转	速度继电器 KS 的动合触点不能按旋转方向正常闭合,如推动触点的胶木摆杆断裂损坏,轴身圆锥销扭弯、磨损、弹性连接元件损坏,螺钉、销钉松动或打滑	检查速度继电器 KS 的动合触点,更换胶木摆杆、圆锥销、螺钉、销钉等,并予以修复或更换速度继电器
	速度继电器 KS 触点弹簧调得过紧,使反接制动电路过早地切断,制动效果不明显	调整速度继电器 KS 触点弹簧,直到制动效果明显为止;检查 KS 永久磁铁的磁性,并予以修复或更换
	速度继电器 KS 永久磁铁的磁性消失,使制动效果不明显	
	当速度继电器 KS 触点弹簧调得过松时,使触点分断延迟,在反接制动的惯性作用下,电动机停止后仍有短时反转现象	
主轴停车时没有制动作用或产生短时反向旋转,工作台各个方向都不能进给	电动机 M2 不能启动,电动机接线脱落或电动机绕组断线	检查电动机 M2 是否完好,并予以修复
	接触器 KM1 不吸合	检查 KM1,控制变压器 TC 一次绕组和二次绕组,检查电源电压是否正常,熔断器熔丝是否熔断,并予以修复
	接触器 KM1 主触点接触不良或脱落	检查接触器 KM1 的主触点,并予以修复
	经常扳动操作手柄,开关受到冲击,行程开关 SQ1、SQ2、SQ3、SQ4 的位置发生变化或损坏	调整行程开关的位置或予以更换
	变速点动开关 SQ6 在复位时,不能接通或接触不良	调整变速点动开关 SQ6 的位置,检查触点接触情况并予以修复
主轴电动机不能转动	启动按钮损坏,接线松动或脱落、接触不良或接触器线圈导线断线	换按钮,紧固导线
	变速点动开关 SQ7 的触点(3、7)接触不良、开关位置移动或撞坏	检查点动开关 SQ7 的触点,调整开关位置,并予以修复
主轴电动机不能点动	行程开关 SQ7 经常受到频繁冲击,使开关位置改变,开关底座被撞碎或接触不良	检查点动开关 SQ7 的触点,调整开关位置并予以修复
进给电动机不能点动	行程开关 SQ6-1 经常受到频繁冲击,使开关位置改变,开关底座被撞碎或接触不良	修理或更换开关,调整开关的动作行程
工作台不能前/后,上/下进给,其他进给正常	限位开关 SQ1、SQ2 经常被压合,使螺钉松动开关移动,触点接触不良,开关机构卡住及电路断开	检查与调整 SQ1 或 SQ2 并予以修复或更换,紧固导线
	限位 SQ3-2 或 SQ4-2 被压开,使进给接触器 KM3、KM4 的通电回路均被断开	检查 SQ3-4 或 SQ4-2 是否复位并予以修复

续表

故障现象	故障原因	处理方法
工作台不能快速移动	电磁铁 YA 由于冲击力大、操作频繁,经常造成铜制衬垫磨损严重,产生毛刺划伤线圈绝缘层,引起匝间短路烧毁线圈	如果铜制衬垫磨损严重,则更换牵引电磁铁 YA;线圈烧毁重新绕制或更换
	线圈受震动,接线松脱	紧固线圈、导线
	控制回路电源故障或 KM₃ 线圈短路	检查控制回路电源及 KM₃ 线圈情况,并予以修复或更换
	按钮 SB₅ 或 SB₆ 接线松动或脱落	检查 SB₅ 或 SB₆ 接线,并予以紧固

思考与练习6

一、填空题

1. C650 型普通卧式车床的主要运动形式是 _____、_____、_____ 和 _____。

2. 在 X62W 型卧式万能铣床控制电路中,铣床的主运动是 _____ 旋转,进给运动是 _____ 和 _____ 移动,辅助运动是 _____ 的快速移动。

3. 在 X62W 型卧式万能铣床控制电路中,工作台纵向操作手柄作用于行程开关 _____ 和 _____;横向/升降操作手柄作用于行程开关 _____ 和 _____。上述行程开关的动合触头,控制 _____ 电动机启动、停止;动断触头则用于纵向和横向/升降运动间的 _____ 保护。

二、问答题和设计题

1. C650 型普通卧式车床的电气拖动要求有哪些?

2. X62W 型卧式万能铣床主轴不能迅速停车的故障原因是什么?如何调整?

3. 电气控制设计中应遵循的原则是什么?设计内容包括哪些主要方面?

4. 如何根据设计要求去选择拖动方案与控制方式?列举出你所知道的电气控制方式,说明其控制原理与使用场合。

5. 正确选用电动机容量有什么意义?如何根据拖动要求正确选择电动机容量?

6. 电气控制原理设计的主要内容有哪些?原理设计的主要任务是什么?

7. 电气原理图设计方法有几种?常用什么方法?绘制原理图的要求有哪些?

8. 如何绘制电气设备的总装配图、总接线图及电气元件的布置图与接线图?如何编制元件目录表与材料消耗定额表?

9. 设计说明书及使用说明书应包含哪些主要内容?

10. 设计一台 C650 型普通卧式车床的电气自动控制电路,画出电气原理图,绘制电气设备的总装配图、总接线图及电气元件的布置图与接线图,编写设计说明书,并制订电气元件明细表。机床电气传动的特点及控制要求如下:

(1)机床主运动和进给运动由主电动机 M₁ 集中传动,主轴运动的正反向(满足螺纹加工要求)是靠两组摩擦片离合器完成;

(2)主轴制动采用液压制动器;

(3)刀架快速移动由单独的快速移动电动机 M₃ 拖动;

(4)冷却泵由电动机 M_2 拖动；

(5)进给运动的纵向左右运动，横向前后运动以及快速移动都集中由一个手柄操纵。

其他要求可根据加工工艺需要自己考虑。

电动机型号如下：

(1)主电动机 M_1：　　　　Y160M-4　11 kW　　　380 V　　23.0 A　　1 460 r/min；

(2)冷却泵电动机 M_2：　　JCB-22　0.15kW　　　380 V　　0.43 A　　2 790 r/min；

(3)快速移动电动机 M_3：　JO2-21-4　1.1 kW　　380 V　　2.67 A　　1 410 r/min。

上网查找科技论文的格式，将上述设计改写成一篇科技小论文。

11.试设计一条自动运输线，有两台电动机，M_1 拖动运输机，M_2 拖动卸料机，要求：

(1)M_1 先启动后，M_2 才允许启动；

(2)M_2 先停止，经一段时间后 M_1 才自动停止，且 M_2 可单独停止；

(3)两台电动机均有短路、过载保护。

12.试设计某机床主轴电动机控制电路图，要求：

(1)可正反转，且可反接制动；

(2)正转可点动，可在两处控制启、停；

(3)有短路、过载保护；

(4)有安全工作照明及电源信号灯。

附录A 中级维修电工考试大纲

1. 知识要求

(1)相电流、线电流、相电压、线电压和功率的概念及计算方法,直流电流表扩大量程的计算方法。

(2)电桥和示波器、光电检流计的使用和保养知识。

(3)常用模拟电路和功率晶体管电路的工作原理和应用知识。

(4)三相旋转磁场产生的条件和三相绕组的分布原则。

(5)高低压电器、电动机、变压器的耐压试验的目的和方法及耐压标准的规范,试验中绝缘击穿的原因。

(6)绘制中小型的单、双速异步电动机定子绕组接线图,并掌握用电流箭头方向判别接线错误的方法。

(7)多速异步电动机的接线方式。

(8)常用测速电动机的种类、构造和工作原理。

(9)常用伺服电动机的构造、接线和故障检查知识。

(10)电磁调整电动机的构造,控制器的工作原理、接线、检查和排除故障的方法。

(11)同步电动机和直流电动机的种类、构造、一般工作原理和各种绕组的作用及连接方法、故障排除方法。

(12)交、直流电焊机的构造、工作原理和故障排除方法。

(13)电流互感器、电压互感器及电抗器的工作原理、构造和接线方法。

(14)中小型变压器的构造、主要技术指标和检修方法。

(15)常用低压电器交、直流灭弧装置的原理、作用和构造。

(16)机床电气连锁装置(动作的先后次序、相互的连锁)、准确停止(电气制动、机电定位器制动等)、速度调节系统的主要类型、调整方法和作用原理。

(17)根据实物绘制中等复杂系统的机床设备电气控制原理图的方法。

(18)交、直流电动机的启动、制动、调速的原理和方法。

(19)交磁电机扩大机的基本原理和应用知识。

(20)数显、程控装置的一般应用知识。

(21)焊接的应用知识。

(22)常用电器设备装置的检修工艺和质量标准。

(23)安全供电、节约用电和提高用电设备功率因数的方法。

(24)生产技术管理知识。

2. 技能要求

(1)使用电桥、示波器测量精度较高的电参数。

(2)计算常用电动机、电器、电缆等导线横截面积,并核算其安全电流。

(3)按图装接、调整一般的移相触发和调节器放大电路、晶闸管调速器、调功器电路。

(4)检修、调整各种继电器装置。

(5)拆装、修理55 kW以上异步电动机(包括绕线式和防爆式电动机)、60 kW以下直流电动机(包括直流电焊机),修理后接线及一般试验。

(6)检修和排除直流电动机故障和其控制电路的故障。

(7)拆装修理中小型多速异步电动机和电磁调速电动机,并接线试车。

(8)检查、排除交磁电动机扩大机及其控制电路的故障。

(9)修理同步电动机(如阻尼环、集电环接触不良,定子接线处开焊,定子绕组损坏等)。

(10)检查和处理交流电动机三相电流不平衡的故障。

(11)修理 10 kW 以下的电流互感器和电压互感器。

(12)保养 1 000 kVA 以下电力变压器,并排除一般故障。

(13)按图安装、检查较复杂电气设备和电路(包括机床)并排除故障。

(14)检修、调整桥式起重机的制动器、控制器及各种保护装置。

(15)检修低压电缆终端头和中间接线盒。

(16)无纬玻璃丝带、合成云母带等的使用工艺和保管方法。

(17)电气事故的分析和现场处理。

3. 工作实例

(1)对电动机零部件进行测绘制图。

(2)大修 75 kW 以上异步电动机,修理后接线并进行一般试验。

(3)修理 22 kW 四速异步电动机并接线和试车。

(4)拆装并检修 22 kW 以上直流电焊机或 60 kW 以下直流电动机,修理后接线试车。

(5)检修、调整电磁调速电动机控制器或各种稳压电源设备。

(6)检查直流电动机励磁绕组、电枢绕组的故障和电刷冒火、不能启动、发热及噪声大的原因。

(7)检查、修理交磁电机扩大机的故障,如电压过低、匝间短路等。

(8)装接、调整翻 KTZ-20 晶闸管调速器触发电路,并排除故障。

(9)按图装接、调整桥式起重机、镗床、摇臂钻床、万能铣床、磨床等电气装置,并排除故障。

(10)修理电压互感器和电流互感器。

(11)10 kW、1 000 kVA 电力变压器吊芯检查和换油。

(12)调整电动机与机械传动部分的连接。

(13)完成相应复杂程度的工作项目。

◀ 附录 B 中级维修电工鉴定要求 ▶

1. 适用对象

使用电工工具和仪器仪表,对设备电气部分(含机电一体化)进行安装、调试、维修的人员。

2. 鉴定方式

(1)知识:笔试。

(2)技能:实际操作。

3. 考试要求

(1)知识要求:考试时间为 120 min,满分 100 分,60 分为及格。

(2)技能要求:按实际需要确定时间,满分 100 分,60 分为及格;根据考试要求自备工具。

4. 鉴定内容

(1)知识要求,如表 B-1 所示。

表 B-1 知识要求

项目	鉴定范围及鉴定内容	鉴定比重/(%)
基本知识	1. 电路基础计算知识 (1)戴维南定律的内容及应用知识; (2)电压源和电流源的等效变换原理; (3)正弦交流电的分析表示方法,如解析法、图形法、相量法等; (4)功率、功率因数、效率、相电流、线电流、相电压、线电压的概念和计算方法	10
	2. 电工测量技术知识 (1)电工仪器的基本工作原理、使用方法和适用范围; (2)各种仪器、仪表的正确使用方法和减少测量误差的方法; (3)电桥和通用示波器、光电检流计的使用和保养知识	10
相关知识	1. 相关工种工艺知识 (1)焊接的应用知识; (2)一般机械零部件测绘制图的方法; (3)设备起运吊装知识	5
	2. 生产技术管理知识 (1)车间生产管理的基本内容; (2)常用电气设备、装置的检修工艺和质量标准; (3)节约用电和提高用电设备功率因数的方法	5

项目	鉴定范围及鉴定内容	鉴定比重/(%)
专业知识	1. 变压器知识 (1)中小型电力变压器的构造及各部分的作用,变压器负载运行的相量图、外特性、效率特性、主要技术指标,三相变压器连接标号及并联运行; (2)交、直流电焊机的构造、接线、工作原理和故障排除方法(包括整流式直流弧焊机); (3)中小型电力变压器的维护、检修项目及方法; (4)变压器耐压试验的目的、方法、应注意的问题,以及耐压标准的规范和试验中绝缘击穿的原因	10
	2. 电机知识 (1)三相旋转磁场产生的条件和三相绕组的分布原则; (2)中小型的单、双速异步电动机定子绕组接线图,用电流箭头方向判别接线错误的方法; (3)多速异步电动机出线盒的接线方法; (4)同步电动机的种类、构造、一般工作原理,各绕组的作用及连接,一般故障的分析及排除方法; (5)直流电动机的种类、构造、工作原理、接线、换向及改善换向的方法,直流电动机的运行特性,直流电动机的机械特性及故障排除方法; (6)测速发电机的用途、分类、构造及工作原理; (7)伺服电动机的作用、分类、构造、工作原理、接线和故障检查知识; (8)电磁调速异步电动机的构造,电磁转差离合器的工作原理,使用电磁调速异步电动机时,采用速度负反馈闭环控制系统的必要性、基本原理、接线、检查和故障排除方法; (9)交流电磁扩大机的应用知识、构造、工作原理及接线方法; (10)交、直流电动机耐压试验的目的、方法及耐压标准规范,试验中绝缘击穿的原因	15
	3. 电器知识 (1)晶体管时间继电器、功率继电器、接近开关等的工作原理及特点; (2)额定电压为 10 kV 以下的高压电器,如断路器、负荷开关、隔离开关、互感器等耐压试验的目的、方法及耐压标准规范,试验中绝缘击穿的原因; (3)常用低压电器交、直流灭弧装置的灭弧原理、作用和构造; (4)常用电器元件,如接触器、继电器、熔断器、断路器、电磁铁等的检修工艺和质量标准	10

项目	鉴定范围及鉴定内容	鉴定比重/(%)
专业知识	4.电力拖动自动控制知识 (1)交、直流电动机的启动、正反转、制动、调速的原理和方法(包括同步电动机的启动和制动); (2)数显、程控装置的一般应用知识(条件步进顺序控制器的应用知识,例如 KSJ-1型顺序控制器); (3)机床电气连锁装置(动作的先后次序、相互连锁)、准确停止(电气制动、机电定位器制动等)、速度调节系统(交磁电机扩大机自动调速系统,直流发电机-电动机调速系统,晶闸管-直流电动机调速系统)的工作原理和调速方法; (4)根据实物测绘较复杂的机床电气控制电路图的方法; (5)几种典型生产机械的电气控制原理,如桥式起重机、镗床、万能铣床、摇臂钻床、平面磨床	20
	5.晶体管电路知识 (1)模拟电路基础(共发射极放大电路、反馈电路、阻容耦合多级放大电路、功率放大电路、振荡电路、直接耦合放大电路)及其应用知识; (2)数字电路基础(晶体管、三极管的开关特性,基本逻辑门电路,集成逻辑门电路,逻辑代数的基础)及应用知识; (3)晶闸管及其应用知识(晶闸管的结构、工作原理、型号及参数;晶体管触发电路的工作原理;单相半波及全波、三相半波可控整流电路的工作原理)	15

(2)技能要求,如表 B-2 所示。根据考试要求和有关条件确定具体的鉴定内容,能按技术要求按时完成者,可得满分。

表 B-2　技能要求

项目	鉴定范围及鉴定内容	鉴定比重/(%)
操作技能	1.安装、调试操作技能 (1)主持拆装 55 kW 以上异步电动机(包括绕线式转子异步电动机和防爆电动机)、60 kW 以下直流电动机(包括电焊机)并做修理后的接线及一般调试和试验; (2)拆装中小型多速异步电动机并接线、试车; (3)装接较复杂电气控制电路的配电板并选择、整定电器及导线; (4)安装、调试较复杂的电气控制电路,如铣床、磨床、钻床、起重机等电路; (5)按图焊接一般的移相触发器放大电路、晶闸管调速器电路,并通过仪器仪表进行测试、调整; (6)计算常用电动机、电器、电缆等导线横截面积并核算其安全电流; (7)主持 10 kV、1 000 kVA 以下电力变压器吊芯检查和换油; (8)完成车间低压动力、照明电路的安装、检修; (9)接工艺使用及保管无纬玻璃丝带、合成云母带	40

项目	鉴定范围及鉴定内容	鉴定比重/(%)
操作技能	2.故障分析、修复及设备检修技能 (1)检查、修理各种继电器装置; (2)修理 55 kW 以上异步电动机(包括绕线转子异步电动机和防爆电动机)及 60 kW 以下直流电动机(包括直流电焊机); (3)排除晶闸管触发器电路和调节器放大电路的故障; (4)检修和排除直流电动机及其控制电路的故障; (5)检验较复杂的机床电气控制电路,如铣床、磨床、钻床等或其他电气设备(如桥式起重机)等,并排除故障; (6)修理中小型多速异步电动机、电磁调速电动机; (7)检查、排除直流发电机及其控制电路故障; (8)修理同步电动机(如阻尼环、集电环接触不良,定子接线处开焊,定子绕组损坏等); (9)检查和处理交流电动机三相绕组电流平衡故障; (10)修理 10 kV 以下电流互感器、电压互感器; (11)排除 1 000 kVA 以下电力变压器的一般故障,并进行维护、保养; (12)检修低压电缆终端和中间接线盒	40
工具、设备的使用与维护	(1)工具、设备的使用与维护,合理使用常用工具和专用工具,并做好维护保养工作 (2)仪器、仪表的使用与维护,正确选用测量仪表、操作仪表,并做好维护保养工作	10
安全及其他	(1)正确执行安全操作规程,如高压电气技术安全规程的有关要求、电气设备消防规程电气设备事故处理规程、紧急救护规程及设备起运吊装安全规程等; (2)按企业有关文明生产的规定,做到场地整洁,工件、工具摆放整齐; (3)认真执行交接班制度	10

附录C 中级维修电工技能试卷及评分标准

安装和调试断电延时带直流能耗制动的 Y—△降压启动控制电路,如图 C-1 所示,KT 整定时间为(3±1)s。

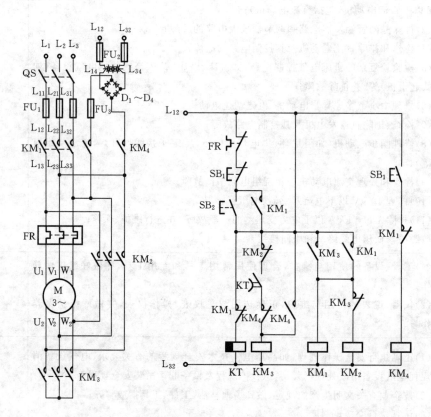

图 C-1 带直流能耗制动 Y—△降压启动控制电路

1. 考核要求

(1)按图样的要求正确熟练地安装,元件在配线板上布置要合理,安装要准确紧固,配线要求紧固美观,导线要进行线槽配线,正确使用仪表和工具。

(2)按钮盒不固定在板上,电源和电动机配线、按钮接线要接到端子排上,进出线槽的导线要有端子标号,引出端要用导线规格相匹配的整压端子(俗称线鼻子)。

(3)安全文明操作。

(4)满分 100 分,考试时间 120 分钟。

2. 评分标准

准考证号 _____ 姓名 _____ 考场号 _____ 工位号 _____

项目	配分	考核项	考核要求与评分标准	得分
元器件清点	5	清点、选择元器件，填写器件明细表	"元器件明细表"中，每错一项扣 0.5 分。"规格型号"项根据现场器件上的型号标志填写，无标志不填，也不扣分	
元器件测试	10	测试元器件	开考 20 min 内，对选定的元器件进行测试，功能不正常的可申请更换。20 min 后每损坏一个元器件扣 2 分(不用测试电动机)	
安装工艺	40	选择导线正确	主电路用 1.5 mm² 硬线，控制电路用 1 mm² 硬线，电源线、电动机连接用软线，按钮连接用 0.75 mm² 软线，每错一根扣 1 分(最多扣 3 分)	
		布线工艺规范	布线不横平竖直，每根扣 1 分(最多扣 3 分)	
			导线交叉，每处扣 1 分(最多扣 3 分)	
			导线不归类，布线不进线槽，每处扣 0.5 分(最多扣 3 分)	
			接头处转折过短(<3 mm)或过长(>30 mm)，每处扣 0.5 分(最多扣 3 分)	
			进入按钮盒的导线不通过进线孔，每根扣 1 分(最多扣 3 分)	
		电气连接正确	接头旋向错误，每处扣 1 分(最多扣 3 分)	
			接头露铜过长(>3 mm)，每处扣 1 分(最多扣 3 分)	
			接头松动，压绝缘层，标记线号不清楚，遗漏或误标，每处扣 0.5 分(最多扣 3 分)	
			电源、电动机及控制电路引线在接线端上按序分布，每错一根扣 1 分(最多扣 3 分)	
			按图接线，少接一处扣 1 分(最多扣 3 分)；电动机接成 Y—△，不会连接扣 5 分	
		整体布局美观	整体布局美观得 5 分，否则酌情扣分	
			导线乱线敷设，每根扣 1 分(最多扣 40 分，即将本大项扣完)	
电路功能(加电试车)	30	启动功能正常	电动机启动正常得 15 分	
		参数整定	时间继电器及热继电器整定值错误各扣 1 分	
		熔体的选择	主电路和控制电路配错熔体，每个扣 1 分(最多扣 3 分)	
		停止功能正常	在电动机运转时按下停止开关，电动机能停止得 10 分	
		通电试车	一次试车不成功扣 5 分；二次试车不成功扣 15 分；三次试车不成功扣 25 分	
安全文明操作	15	安全文明操作	发生重大安全事故，总分计 0 分	
			带电操作(不包括通电试车)每次扣 3 分	
			通电试车时烧熔断器、电动机等器件扣 5 分	
			结束后不整理现场环境扣 3 分	
			操作台、安装板上乱放工具、导线扣 3 分	
备注			不允许超时，每个考生最多有两次试车机会。每一项最高扣分不应超过该项配分(除特殊说明的项目外)。电动机为△连接，发生重大安全事故，应由两个评分员一致认定，并在说明栏记录	

评分员：_____

说明：

附录 D　电气图常用图形与文字符号的新旧标准对照表

编号	名　　称	新 国 标		旧 国 标	
		图形符号	文字符号	图形符号	文字符号
1	直流		—		—
	交流		—		—
	交直流		—		—
2	导线的连接	或	—		—
	导线的多线连接	或	—	或	—
	导线的不连接		—		—
3	接地一般符号		E		—
4	电阻的一般符号		R		R
5	电容器一般符号		C		C
	极性电容器				
6	半导体二极管		D		D
7	熔断器		FU		RD
8	换向绕组				HQ
	补偿绕组				BCQ
	串励绕组		—		CQ
	并励或他励绕组			并励	BQ
				他励	TQ
	电枢绕组				SQ

续表

编号	名 称	新 国 标		旧 国 标	
		图形符号	文字符号	图形符号	文字符号
9	发电机	Ⓖ	G	Ⓕ	F
	直流发电机	Ⓖ	GD	Ⓕ	ZF
	交流发电机	Ⓖ	GA	Ⓕ	JF
10	电动机	Ⓜ	M	Ⓓ	D
	直流电动机	Ⓜ	MD	Ⓓ	ZD
	交流电动机	Ⓜ	MA	Ⓓ	JD
	三相鼠笼式 感应电动机	Ⓜ 3~	M	◎	D
开 关					
11	单极开关	或	QS	或	K
	三极开关 刀开关 组合开关				
	手动三极开关 一般符号			—	—
	三极隔离开关				
(1)限 位 开 关					
12	动合触点		SQ		XWK
	动断触点				
	双向机械操作				

编号	名 称	新 国 标		旧 国 标	
		图形符号	文字符号	图形符号	文字符号
	(2)按 钮				
13	带动合触点的按钮		SB		QA
	带动断触点的按钮				TA
	带动合和动断触点的按钮				AN
	(3)接 触 器				
14	线圈		KM		C
	动合(常开)触点				
	动断(常闭)触点				
	(4)继 电 器				
15	动合(常开)触点		符号同操作元件		符号同操作元件
	动断(常闭)触点				
	延时闭合的动合触点	或	KT		SJ
	延时断开的动合触点	或		或	
	延时闭合的动断触点	或		或	
	延时断开的动断触点	或		或	

编号	名 称	新 国 标		旧 国 标	
		图形符号	文字符号	图形符号	文字符号
15	延时闭合和延时断开的动合触点		KT		SJ
	延时闭合和延时断开的动断触点				
	时间继电器线圈(一般符号)				
	中间继电器线圈	或	KA		ZJ
	欠电压继电器线圈	$U<$	KV	$V<$ $I>$	QYJ
	过电流继电器的线圈	$I>$	KI		QLJ
16	热继电器热元件		FR		RJ
	热继电器的常闭触点			或	
17	电磁铁		YA		DCT
	电磁吸盘		YH		DX
	接插器件		X		CZ

[1] 方承远,王炳勋.电气控制原理与设计[M].银川:宁夏人民出版社,1989.

[2] 胡幸鸣.电机及拖动基础[M].2版.北京:机械工业出版社,2010.

[3] 缴瑞山.机电技术实训[M].北京:机械工业出版社,2004.

[4] 辜承林,陈乔夫,熊永前.电机学[M].2版.武汉:华中科技大学出版社,2005.

[5] 姚永刚.机电传动与控制技术[M].北京:中国轻工业出版社,2005.

[6] 陈壁光,沈能士.电器试验和测量技术[M].北京:中国电力出版社,1999.

[7] 张忠夫.机电传动与控制[M].北京:机械工业出版社,2005.

[8] 秦曾煌.电工学(上册)[M].6版.北京:高等教育出版社,2003.

[9] 程宪平.机电传动与控制[M].3版.武汉:华中科技大学出版社,2011.

[10] 许建国.拖动与调速系统[M].武汉:武汉测绘科技大学出版社,1998.

[11] 郭燕.电气控制与PLC应用技术[M].北京:北京大学出版社,2012.

[12] 张运波.工厂电气控制技术[M].3版.北京:高等教育出版社,2012.

[13] 孙平.可编程控制器原理及应用[M].北京:高等教育出版社,2003.

[14] 王炳勋.电工实习教程[M].北京:机械工业出版社,2004.

[15] 陈跃安,贺刚.电工技术实训[M].北京:中国铁道出版社,2010.

[16] 田淑珍.工厂电气控制设备及技能训练[M].2版.北京:机械工业出版社,2012.

[17] 孙英伟,齐新生.电机与电力拖动[M].北京:北京大学出版社,2011.

[18] 陈吉红,杨克冲.数控机床实验指南[M].武汉:华中科技大学出版社,2003.